云南红土的干湿循环特性

黄 英 金克盛 贺登芳 等著

科学出版社

北 京

内 容 简 介

本书针对云南红土，以增湿、脱湿、干-湿循环、湿-干循环作为控制条件，考虑初始干密度、初始含水率、增湿时间、脱湿时间、循环次数、循环幅度、循环温度、循环顺序、酸雨等影响因素，通过室内宏微观试验结合理论分析和图像处理的方法，对比分析不同影响因素下增湿红土、脱湿红土、干-湿循环红土、湿-干循环红土的三轴不固结不排水、固结不排水、固结排水、无侧限抗压强度以及酸雨蚀变等干湿循环特性。

本书可供高等学校、科研机构及工程单位相关领域的教师、研究生、研究人员及工程技术人员参阅。

图书在版编目(CIP)数据

云南红土的干湿循环特性 / 黄英等著. —北京：科学出版社，2022.6
ISBN 978-7-03-072729-9

Ⅰ.①云… Ⅱ.①黄… Ⅲ.①红土-干湿循环-研究-云南 Ⅳ.①S157

中国版本图书馆 CIP 数据核字 (2022) 第 122987 号

责任编辑：陈 杰 / 责任校对：彭 映
责任印制：罗 科 / 封面设计：墨创文化

科 学 出 版 社 出版
北京东黄城根北街16号
邮政编码：100717
http://www.sciencep.com

成都锦瑞印刷有限责任公司 印刷
科学出版社发行　各地新华书店经销
*
2022 年 6 月第 一 版　　开本：787×1092 1/16
2022 年 6 月第一次印刷　　印张：14 1/2
字数：341 000

定价：139.00 元
（如有印装质量问题，我社负责调换）

前　言

云南红土广泛应用于修路、筑坝等建筑工程中，形成大量的边坡、坝坡、路基等红土型结构。在长期的运行过程中，这些红土型结构受到年复一年的降雨-干旱以及库水位的反复上升-下降产生的干湿循环作用，引起红土中的含水不断发生干、湿交替的变化，必然导致红土体不断发生胀缩变化，微观上表现为红土体的微结构损伤，宏观上表现为红土体的工程性能劣化，严重危及红土体结构的稳定性。因此，研究干湿循环作用下云南红土的干湿循环特性意义重大。

本书针对云南红土，以增湿、脱湿、干-湿循环、湿-干循环作为控制条件，考虑初始干密度、初始含水率、增湿时间、脱湿时间、循环次数、循环幅度、循环温度、循环顺序、酸雨等影响因素，通过室内宏微观试验结合理论分析和图像处理的方法，对比分析了不同影响因素下增湿红土、脱湿红土、干-湿循环红土、湿-干循环红土的三轴不固结不排水、固结不排水、固结排水、无侧限抗压强度以及酸雨蚀变等干湿循环特性。该研究成果为深入揭示干湿循环作用引起的红土型结构的劣化机理奠定了重要基础，对于有效保障实际红土型结构的长期安全运行具有重要的指导价值。

本书是国家自然科学基金"云南红土型大坝的干湿循环效应研究"（项目编号：51568031）项目的部分研究成果。本书的出版得到国家自然科学基金委员会和昆明理工大学的大力支持，在此表示衷心的感谢！

周丹、程富阳、唐芸黎、张浚枫、张祖莲参与了本书的编写工作，在此表示衷心的感谢！

由于作者水平有限，书中不妥之处在所难免，敬请广大读者批评、指正。

目　　录

第1章　土体的干湿循环问题

地处西南边陲的云南，素有"红土高原"之称。其广泛分布的红土资源是当地修路、筑坝等工程的良好建筑材料，形成大量的边坡、坝坡、路基等红土型结构。在长期的运行过程中，这些红土型结构受到年复一年的降雨-干旱以及库水位的反复上升-下降产生的干湿循环作用，存在干湿循环问题。在干湿循环作用下，红土中的含水不断发生干、湿交替的变化，必然导致红土体不断发生胀缩变化，微观上表现为红土体的微结构损伤，宏观上表现为红土体的工程性能劣化，严重危及红土体结构的稳定性。而云南特有的地形、地貌、地质条件以及干湿分明、降雨集中的气候特点，加剧了干湿循环的作用程度。因此，研究干湿循环作用下云南红土的干湿循环特性，对于有效保障红土型结构的长期安全运行具有重要的现实意义。

1.1　干湿循环作用下土体的三轴剪切特性

1.1.1　不固结不排水剪切特性

1. 一般土体

关于膨胀土在干湿循环作用下的三轴不固结不排水（unconsolidated-undrained，UU）剪切特性，黄文彪和林京松（2017）通过三轴 UU 试验，研究了干湿循环作用对膨胀土强度特性的影响，表明随着干湿循环次数的增加，膨胀土的胀缩性降低，表面裂隙发育，抗剪强度减小。曾召田等（2015，2012）通过三轴 UU 试验，研究了干湿循环作用下南宁膨胀土的强度衰减规律，表明膨胀土的抗剪强度随着干湿循环次数的增加而衰减，最终趋于稳定。吕海波等（2009）通过三轴 UU 试验，研究了干湿循环作用对南宁膨胀土的强度特性的影响，表明随着干湿循环次数的增加，膨胀土的黏聚力减小，内摩擦角基本不变；随着含水率的增大，黏聚力和内摩擦角减小。

关于黄土在干湿循环作用下的三轴不固结不排水（UU）剪切特性，郝延周等（2021）通过三轴 UU 试验，研究了干湿循环作用下压实黄土的三轴剪切特性，表明干湿循环对压实黄土的剪切强度具有劣化作用，随着干湿循环次数的增加，压实黄土的应力-应变曲线呈应变硬化特征，峰值应力、黏聚力和内摩擦角均先减小后增大，循环初期变化显著，存在临界循环次数。胡长明等（2018）通过三轴 UU 试验，考虑初始干密度、干湿循环幅度、干湿循环下限含水率三种影响因素，研究了干湿循环作用下黄土强度的劣化特性，表明随着干湿循环次数的增加，黄土的黏聚力和内摩擦角减小；随着初始干密度的增大，黄土的黏聚力和内摩擦角增大；干湿循环作用对黄土强度的影响可用"劣化度"来描述。袁志辉等（2017，2015）通过三轴 UU 试验，研究了干湿循环对黄土强度的影响，表明干湿循环作用下，随含水率的增大，黄土的强度减小，呈良好的对数关系；随围压的增大，黄土的强度增大，具有良好的线性关系；多次循环后，原状黄土的强度衰减值基本等于重塑黄土的强度衰减值与结构强度之和。

关于黏土，万勇等（2015）针对填埋场封场覆盖系统压实黏土防渗结构损伤等问题，通过三轴 UU 试验，系统开展了干湿循环作用下压实黏土的力学特性研究，表明随着干湿循环次数的增加，压实黏土的抗剪强度呈减小趋势，其减小幅度随初始压实度和围压的增大而减小；初始变形段区间割线模量增加，末段区间割线模量大幅度降低，变化幅度随初始压实度的增加而增大。

2. 红土

关于红土在干湿循环作用下的三轴不固结不排水（UU）剪切特性，彭小平和陈开圣（2018）、陈开圣（2017）通过三轴 UU 试验，研究了干湿循环作用下贵州红黏土的强度特性，表明干湿循环作用显著降低了红黏土的抗剪强度指标，增大了变形指标，循环 1 次时影响较大，循环多次后，强度指标和变形指标趋于稳定。武泽华（2018）通过三轴 UU 试验，研究了干湿循环作用下贵州红黏土的不固结不排水剪切特性，表明随着干湿循环次数的增加，红黏土的黏聚力单调减小，内摩擦角在 5° 以内波动；随着含水率的减小以及压实度的增大，黏聚力和内摩擦角两个抗剪强度指标增大；随着温度的升高，抗剪强度指标降低；湿-干循环下抗剪强度指标的衰减速度小于干-湿循环下的相应值。李子农（2017）通过三轴 UU 试验，研究了不同温度下干湿循环对红黏土力学性质的影响，表明干湿循环作用下，随着循环次数的增加，红黏土的抗剪强度降低并趋于稳定；循环温度越高，抗剪强度越低；围压越大，抗剪强度越大。

关于云南红土，程富阳等（2017）通过三轴 UU 试验，研究了干湿循环作用下云南红土的不固结不排水剪切特性，表明随着循环次数的增加以及循环幅度的增大，干-湿循环红土的峰值应力、黏聚力和内摩擦角减小，初始弹性模量、初始孔压模量、峰值孔压增大；随着初始干密度的增大，峰值应力、初始弹性模量、黏聚力和内摩擦角增大，初始孔压模量、峰值孔压减小；随着排水条件由 UU → CU → CD 依次变化，峰值应力、初始弹性模量增大，初始孔压模量、峰值孔压减小。

1.1.2 固结不排水剪切特性

1. 一般土体

关于一般土体在干湿循环作用下的三轴固结不排水（consolidation-undrained CU）剪切特性，涂义亮等（2017）通过三轴 CU 试验，研究了干湿循环下粉质黏土的强度及变形特性，表明随着干湿循环次数的增加，粉质黏土的强度峰值、有效黏聚力和割线模量都逐渐降低，有效内摩擦角保持稳定。刘文化等（2017）通过三轴 CU 试验，研究了干湿循环过程中粉质黏土在饱和条件下的力学特性变化与历史干燥应力的关系，表明经历干湿循环作用后，粉质黏土的初始剪切刚度增大；历史干燥应力越大，初始剪切刚度增长越明显；随着历史干燥应力的增加，粉质黏土的应力-应变曲线逐渐由应变硬化型转变为应变软化型，孔隙水压力的发展由先增加后减小转变为持续增长。刘文化等(2014)通过三轴 CU 试验，研究了不同初始干密度下干湿循环对大连地区粉质黏土的固结不排水剪切特性的影响，表明干湿循环作用下，初始干密度较小时，粉质黏土的应力-应变曲线由应变硬化型转变为应变软化型，孔隙水压力的发展由先增大后减小转变为持续增长；初始干密度较大时，应力-应变曲线未发生明显改变，但孔隙水压力的峰值增大。

刘宏泰等(2010)通过三轴 CU 试验，研究了干湿循环对重塑黄土固结不排水强度特性的影响，表明干湿循环作用下，重塑黄土的抗剪强度、黏聚力和内摩擦角均随着干湿循环次数的增加而衰减，循环 1 次时衰减最大，循环多次后，强度趋于稳定；初始含水率越低，干湿循环对强度影响越大。曹玲和罗先启(2007)针对三峡库区千将坪滑坡滑带土，通过三轴 CU 试验，研究了其干湿循环条件下的固结不排水强度特性，表明随干湿循环次数的增加，滑带土的黏聚力和内摩擦角降低。高玉琴等(2006)通过三轴 CU 试验，研究了循环失水过程中水泥改良土的强度衰减机理，表明干湿循环作用下，循环失水后，水泥土特别是粉质黏土的强度都降低，循环 2 次失水过程后，强度趋于稳定。

2. 红土

关于红土在干湿循环作用下的三轴固结不排水(CU)剪切特性，侯令强和黄翔(2017)通过三轴 CU 试验，研究了干湿循环作用下广西红黏土力学性质影响因素的显著性和交互作用，表明干湿循环作用对红黏土的黏聚力的影响较大，内摩擦角变化不明显；干湿循环次数、初始干密度、围压以及初始干密度与围压的交互作用对重塑红黏土割线模量的影响显著，初始干密度、围压对重塑红黏土峰值应力的影响显著，而干湿循环以及这些因素之间的两两交互影响较弱。

关于云南红土，周丹等(2019)以脱湿过程、增湿过程以及干-湿循环过程作为控制条件，通过三轴 CU 试验，研究了脱湿红土、增湿红土以及干-湿循环红土的固结不排水剪切特性，表明干湿循环作用下，随着脱湿时间、增湿时间的延长，以及干-湿循环次数的增加，脱湿红土、增湿红土以及干-湿循环红土的峰值应力减小；随着初始干密度和围压的增大，峰值应力增大。

1.1.3　固结排水剪切特性

1. 一般土体

关于一般土体在干湿循环作用下的三轴固结排水(consolidation-drain，CD)剪切特性，肖杰等(2019)针对膨胀土边坡塌滑多呈浅层性，以广西百色膨胀土为研究对象，通过三轴 CD 试验，研究了干湿循环及围压对膨胀土的应力-应变特性的影响，表明各级围压下，干湿循环作用引起膨胀土的应力-应变曲线均呈应变硬化特征；围压越大，初始模量越大，主应力差越大；随干湿循环次数的增加，膨胀土的黏聚力显著减小，内摩擦角变化微小。段涛(2009)通过三轴 CD 试验，研究了干湿循环作用下黄土强度的劣化特性，表明随着干湿循环次数的增加，黄土的抗剪强度降低，脆性增强。吴文(2018)通过三轴 CD 试验，研究了干湿循环作用对花岗岩残积土的剪切特性的影响，表明干湿循环 1 次时，残积土的黏聚力和内摩擦角两个抗剪强度指标的衰减率最大，随后趋于平缓。Sayem(2016)通过三轴CD试验，研究了干湿循环作用下原状残积土的固结排水剪切特性，表明随着干湿循环次数的增加，残积土的抗剪强度指标减小，内摩擦角的降低程度小于黏聚力的降低程度。

2. 红土

关于红土在干湿循环作用下的三轴固结排水(CD)剪切特性，周昊(2019)针对广西红黏土，通过三轴CD试验，开展了干湿循环下的固结排水特性研究，表明干湿循环作用引起红黏土的抗剪强度发生衰减，随着干湿循环次数的增加，抗剪强度的衰减幅度减小，最后趋于稳定。穆坤等(2016)通过三轴CD试验，研究了干湿循环作用下广西红黏土的剪切特性，表明随着干湿循环次数的增加，广西红黏土的黏聚力和内摩擦角呈衰减趋势，首次循环衰减最大，后趋于稳定。

关于云南红土，贺登芳等(2021)先针对干湿循环作用下的膨胀土、黄土等不同土类，就干湿循环次数、干湿循环幅度、初始干密度、含水率等影响因素，分析总结了不固结不排水(UU)、固结不排水(CU)以及固结排水(CD)条件下的三轴剪切特性；再通过三轴CD试验，研究了干湿循环作用下云南红土的固结排水剪切特性，表明随着循环次数的增加，以及循环幅度的增大，干-湿循环红土的峰值应力减小；随着初始干密度的增大，以及围压的增大，干-湿循环红土的峰值应力增大。

1.1.4　非饱和三轴剪切特性

以上的三轴UU、CU、CD试验研究针对的是干湿循环作用下的饱和土体，关于非饱和土体，张沛云(2019)以兰州黄土为研究对象，采用威克姆·法兰斯公司(Wykeham Farrance Ltd.)非饱和土三轴仪，研究了干湿循环条件下重塑非饱和黄土的强度特性，表明经历干湿循环作用后，非饱和黄土更易发生剪切破坏，吸力越大，循环次数越多，破坏越明显；随着干湿循环次数的增加，非饱和黄土的黏聚力和内摩擦角两个抗剪强度参数均减小，循环1次时影响较大。张芳枝和陈小平(2010)采用非饱和土三轴仪，研究了反复干湿循环作用对非饱和黏土的变形和强度特性的影响，表明干湿循环作用引起非饱和黏土的有效内摩擦角降低，力学特性的变化不可逆转。汪东林等(2007)采用全球数字系统公司(Global Digital Systems Ltd.)非饱和土三轴仪，开展了非饱和重塑黏土的干湿循环试验研究，表明在较低的净平均应力下，试样发生膨胀；在较高的净平均应力下，试样发生膨胀后产生一定的坍塌。施水彬(2007)开展了干湿循环作用下非饱和膨胀土的三轴试验，研究了合肥非饱和膨胀土的干湿循环强度特性，表明任何一次循环阶段，随着围压的增大，以及吸力的增大，非饱和膨胀土的抗剪强度增大；随着循环次数的增加，非饱和膨胀土的抗剪强度发生衰减，前2次循环影响较大，5次循环后强度趋于稳定。胡大为(2017)通过非饱和三轴试验，研究了干湿循环作用下贵州非饱和红黏土的强度特性，表明干湿循环作用下，非饱和红黏土的破坏形式属于应变硬化型，其抗剪强度随干湿循环的次数增多而降低。

1.2　干湿循环作用下土体的直接剪切特性

1.2.1　一般土体

关于膨胀土在干湿循环作用下的直接剪切特性，边加敏(2018)通过直剪试验，研究了干湿循环作用下南京弱膨胀土的直剪强度特性，表明随着干湿循环次数的增多，弱膨胀土的黏聚力减小，内摩擦角变化不明显。徐丹等(2018)通过直剪试验，研究了干湿循环对非饱和膨胀土抗剪强度特性的影响，表明干燥过程中，随着初始含水率的减小，膨胀土的刚度、脆性、抗剪强度以及黏聚力和内摩擦角均呈增加趋势；多次干湿循环后，其剪切特性越来越类似于超固结土，脆性显著增强。杨和平等(2018，2014)通过直剪试验，研究了有荷干湿循环条件下膨胀土的抗剪强度特性，表明随着循环次数的增加，膨胀土的黏聚力呈指数衰减，内摩擦角降幅不大。吴道祥等(2017)针对合肥膨胀土，通过直剪试验，研究了干湿循环作用下有侧限条件和无侧限条件对膨胀土强度的影响，表明每次干湿循环后，有侧限试样的强度高于无侧限试样的强度；侧限条件下，前 3 次循环对膨胀土的强度影响较大，但随着干湿循环次数的增加，侧限条件对膨胀土的强度衰减的影响明显减弱。陈永艾等(2017)开展了膨胀土的干湿循环直剪试验研究，表明膨胀土的抗剪强度随着循环次数的增加而减小，循环 5 次后趋于稳定。韦秉旭等(2015)通过直剪试验结合电子计算机断层扫描(computed tomography，CT)技术，研究了干湿循环对膨胀土的结构性及强度的影响，表明干湿循环作用引起膨胀土的强度衰减，黏聚力降幅加大，内摩擦角无明显变化；循环 1～4 次，对膨胀土的结构变化影响较大，循环 7～8 次时影响甚微。吴珺华和袁俊平(2013)开展了干湿循环下膨胀土的现场大型剪切试验研究，表明经历干湿循环后，膨胀土的应变软化特征不明显，峰值应力明显减小，黏聚力降幅较大，内摩擦角降幅较小。慕现杰和张小平(2008)针对江苏膨胀土，开展了干湿循环条件下的无侧限抗压强度试验研究，表明随着干湿循环次数的增加，膨胀土试样的大裂缝减少、微裂缝增多，引起抗剪强度以及黏聚力和内摩擦角的减小，黏聚力的减小程度大于内摩擦角的减小程度。

关于黄土在干湿循环作用下的直接剪切特性，潘振兴等(2020)通过直剪试验，研究了干湿循环作用下原状黄土的力学性质及细观损伤特性，表明干湿循环作用弱化了黄土颗粒之间的胶结作用，引起黄土的抗剪强度、黏聚力和内摩擦角随循环次数的增多而降低。慕焕东等(2018)通过直剪试验，开展了干湿循环对地裂缝带黄土抗剪强度的影响研究，表明干湿循环作用下，随着循环次数的增加，以及初始含水率的增大，地裂缝带黄土的抗剪强度逐渐减小，循环 1 次时影响明显。王晓亮(2017)通过直剪试验，研究了干湿循环作用对黄土的抗剪强度和结构强度的影响，表明干湿循环幅度越大，干湿循环次数越多，黄土的抗剪强度降低越快，干湿循环对黏聚力的影响大于对内摩擦角的影响。李丽等(2016)开展了干湿和冻融循环作用下黄土强度劣化特性的直剪试验研究，表明随着干湿循环次数的增加，黄土的抗剪强度和黏聚力逐渐减小，内摩擦角先增大后逐渐趋于稳定。程佳明等(2014)

通过直剪试验，研究了 SH 固化黄土的干湿循环特性，表明随着干湿循环次数的增加，固化黄土的抗剪强度减小，干湿循环对固化黄土的黏聚力影响明显。

关于其他土在干湿循环作用下的直接剪切特性，简文彬等 (2017) 开展了干湿循环下花岗岩残积土的直剪试验研究，表明干湿循环作用引起残积土的抗剪强度衰减，黏聚力在循环前期衰减明显，在循环后期衰减程度减弱并趋于稳定；而内摩擦角的变化规律性较差。周雄和胡海波 (2014) 通过大型直剪试验，研究了干湿循环作用下高液限黏土的抗剪强度特性，表明随着干湿循环次数的增加，高液限黏土的抗剪强度、黏聚力和内摩擦角呈减小趋势，循环 5 次后基本趋于稳定。勾丽杰等 (2013) 通过直剪试验，研究了不同液限黏土的抗剪强度随干湿循环的变化特性，表明干湿循环作用下，随循环次数的增加，不同液限黏土的抗剪强度、黏聚力和内摩擦角均降低，循环 1 次时衰减幅度较大，干湿循环作用对高液限黏土的影响明显。

1.2.2　红土

关于红土在干湿循环作用下的直接剪切特性，曾广颜 (2020) 通过直剪试验，研究了干湿循环作用下尼日利亚红黏土的力学性能，表明红黏土的黏聚力和内摩擦角两个抗剪强度指标随着干湿循环次数的增加而衰减，前 2 次循环影响较大。李焱等 (2018) 通过直接剪切试验，研究了干湿循环作用下江西红土的强度特性，表明随干湿循环次数的增加，红土的抗剪强度指标降低，最终趋于稳定。朱建群等 (2017) 通过直剪试验，研究了干湿循环作用下贵州红黏土的强度特性，表明在低竖向荷载作用下，随着干湿循环次数的增多，红黏土强度呈减小趋势，而在高竖向荷载作用下，其强度变化不明显。陈开圣 (2016) 针对贵州红黏土路基的病害问题，通过直剪试验，研究了干湿循环作用下红黏土的抗剪强度特性，表明随着干湿循环次数的增加，红黏土的黏聚力和内摩擦角先减小，后趋于稳定，黏聚力的降低程度大于内摩擦角降低程度；在边坡稳定性验算中，建议采用长期强度指标。刘之葵和李永豪 (2014) 开展了干湿循环作用下桂林红黏土的直剪试验研究，表明干湿循环作用削弱了红黏土的抗剪强度，引起压缩模量减小，压缩系数增大；随着干湿循环次数的增加，红黏土的黏聚力降低，内摩擦角先增大后减小。曹豪荣等 (2012) 通过直剪试验，考虑干湿循环路径的影响，研究了石灰改性红黏土的剪切性能，表明干湿循环作用下，随着干湿循环次数的增加，红黏土和石灰改性红黏土的黏聚力减小，内摩擦角略微增大。周昊 (2019) 开展了干湿循环下广西红黏土的直接剪切特性研究，表明干湿循环作用下，随着干湿循环次数的增加，红黏土的抗剪强度减小。

关于云南红土，梁谏杰等 (2019，2017)、张祖莲等 (2018) 通过直剪试验，研究了干湿循环作用下云南红土的直接剪切特性，表明随着干湿循环次数的增加，红土的抗剪强度、黏聚力和内摩擦角非线性减小，循环 10 次时趋于稳定。张浚枫等 (2017) 通过直剪试验，考虑酸雨 pH、酸雨中硝酸根浓度、浸泡增湿时间、湿-干循环次数的影响，开展了酸雨增湿红土和酸雨湿-干循环红土的直接剪切特性研究，表明酸雨干湿循环作用降低了红土的抗剪强度。周志伟 (2017)、何金龙 (2015) 通过室内概化模型试验的方法，研究了库水位升降的干湿循环作用下坝坡红土的直接剪切特性，表明库水位反复升降条件下，干湿循环作用破坏了红土的内部结构键力，引起坝坡红土的抗剪强度减小，降低了红土型坝坡的稳定性。邓欣等 (2013) 通过直剪试验，研究了干湿循环作用下云南红土的抗剪强度特性，表明随着干湿循环次数的增加，红土的抗剪强度及黏聚力和内摩擦角参数呈非线性减小。

1.3　干湿循环作用下土体的无侧限抗压强度特性

1.3.1　一般土体

　　关于膨胀土在干湿循环作用下的无侧限抗压强度特性，崔可锐等 (2013) 通过无侧限抗压强度试验，研究了干湿循环次数对合肥膨胀土无侧限抗压强度特性的影响，表明干湿循环作用下，前 5 次循环，引起膨胀土的无侧限抗压强度增大；循环 5 次后，无侧限抗压强度急剧减小，试样表面出现竖向裂隙。杨俊等 (2014) 以风化砂改良膨胀土为研究对象，通过无侧限抗压强度试验，研究了干湿循环下掺砂改良膨胀土的无侧限抗压强度特性，表明随着干湿循环次数的增加，掺砂改良膨胀土的无侧限抗压强度呈指数形式衰减，其过程可划分为急速衰减、减速衰减、衰减稳定三个阶段。杨成斌等 (2012) 以掺石灰和粉煤灰改良膨胀土为研究对象，通过无侧限抗压强度试验，研究了干湿循环对改良膨胀土无侧限抗压强度特性的影响，表明干湿循环作用引起改良膨胀土的无侧限抗压强度减小。慕现杰等 (2008) 以脱湿作用作为控制条件，开展了脱湿膨胀土的无侧限抗压强度试验研究，表明脱湿过程中，随着脱湿含水率的减小，膨胀土的无侧限抗压强度增大。

　　关于黄土在干湿循环作用下的无侧限抗压强度特性，李祖勇和王磊 (2017) 通过无侧限抗压强度试验，研究了不同含水率和干湿循环作用下黄土的强度变化规律，表明随着干湿循环次数的增加，以及含水率的增大，黄土的无侧限抗压强度减小。程佳明等 (2014) 通过无侧限抗压强度试验，研究了干湿循环下 SH 固化黄土的无侧限抗压强度特性，表明随着干湿循环次数的增加，固化黄土的无侧限抗压强度呈指数衰减。

　　关于其他土在干湿循环作用下的无侧限抗压强度特性，吴文 (2018) 通过无侧限抗压强度试验，研究了干湿循环作用下花岗岩残积土的无侧限抗压强度特性，表明随着干湿循环次数的增加，残积土的无侧限抗压强度逐渐衰减，循环 1 次时衰减最快。梁仕华和曾伟华 (2018) 以水泥和粉煤灰固化淤泥土为研究对象，开展了干湿循环条件下固化南沙淤泥土的无侧限抗压强度试验研究，表明固化淤泥土的无侧限抗压强度随着干湿循环次数的增加呈先上升后下降的特点。姜彤等 (2015)、李艳会 (2015) 通过无侧限抗压强度试验，开展了干湿循环作用下豫东路基粉土的无侧限抗压强度特性研究，表明随着干湿循环次数的增加，3 种不同压实度的粉土的无侧限抗压强度均呈指数形式衰减，其衰减幅度随压实度的增大而减小。卫杰等 (2016) 针对花岗岩出露区的崩岗土体的崩壁失稳问题，通过无侧限抗压强度试验，研究了不同层次崩岗土在干湿循环作用下的无侧限抗压强度的变化规律，表明干湿循环作用引起崩岗土的应力-应变曲线呈应变软化特征，随循环次数的增加，崩岗土的无侧限抗压强度衰减，循环 1 次时衰减幅度最大，循环 2~4 次时衰减幅度减小，循环 5 次后趋于稳定。魏丽等 (2017) 以 SH 固化剂联合石灰固化土为研究对象，通过无侧限抗压强度试验，研究了冻融与干湿循环对固化土无侧限抗压性能的影响，表明随着干湿循环次数的增加，固化土的无侧限抗压强度减小，循环 4～7 次时，强度降幅趋于稳定。

1.3.2　红土

关于红土在干湿循环作用下的无侧限抗压强度特性，陈议城等 (2020) 针对桂林红黏土，开展了干湿循环作用下的无侧限抗压强度试验，研究了桂林红黏土的无侧限抗压强度特性，表明随着干湿循环次数的增加，桂林红黏土的无侧限抗压强度发生衰减，前 2 次循环强度衰减较大。胡文华等 (2017) 以水泥或石灰改良红黏土为研究对象，通过无侧限抗压强度试验，研究了改良红黏土的干湿循环效应，表明干湿循环作用对改良红土的无侧限抗压强度不利。曹豪荣等 (2012) 通过无侧限抗压强度试验，考虑干湿循环路径的影响，研究了石灰改性红黏土的无侧限抗压强度特性，表明干湿循环作用削弱了红黏土和石灰改性红黏土的无侧限抗压强度，其强度随着干湿循环次数的增加而衰减。

关于云南红土，唐芸黎 (2021) 以湿-干循环红土、干-湿循环红土为研究对象，考虑循环次数、循环幅度、初始含水率、初始干密度等影响因素，通过无侧限抗压强度试验，研究了干湿循环作用下云南红土的无侧限抗压强度的变化特性，表明湿-干循环红土和干-湿循环红土的应力-应变关系均呈典型的应变软化特征；随着循环次数的增加，以及循环幅度的增大，湿-干循环红土和干-湿循环红土的无侧限抗压强度减小；随着初始含水率的增大，以及初始干密度的增大，二者的无侧限抗压强度增大。

第2章 干湿循环作用下红土的 CD 剪切特性

2.1 试验设计

2.1.1 试验材料

试验用料取自昆明机场附近的代表性红土。该红土料的基本特性见表 2-1，可知，该红土料的颗粒组成以粉粒和黏粒为主，其含量之和占总土质量的 97.5%，且黏粒含量大于粉粒含量；液限为 59.0%，大于 50.0%；塑性指数为 16.0，介于 10.0～17.0；土颗粒的比重及最优含水率较大，分类属于高液限粉质红黏土。

表 2-1 红土样的基本特性

比重 (G_S)	界限含水指标			颗粒组成 (P_g) /%			最佳击实指标	
	液限 (ω_L) /%	塑限 (ω_p) /%	塑性指数 (I_p)	砂粒/mm 0.075～2.0	粉粒/mm 0.005～0.075	黏粒/mm <0.005	最大干密度 (ρ_{dmax}) /(g/cm³)	最优含水率 (ω_{op}) /%
2.80	59.0	43.0	16.0	2.5	42.5	55.0	1.31	37.7

2.1.2 试验方案

以云南红土为研究对象，以先脱湿、后增湿的干-湿循环作为控制条件，考虑初始干密度、干-湿循环次数、干-湿循环幅度、围压等影响因素，制备不同影响因素下的干-湿循环红土试样，通过三轴固结排水(CD)试验的方法，测试分析干-湿循环作用下红土的 CD 剪切特性。其中，初始干密度 ρ_d 控制为 1.05～1.24g/cm³，围压 σ_3 控制为 50～300kPa，干-湿循环次数 N_{gs} 控制为 0～20 次，干-湿循环幅度 A_{gs} 控制为 6.0%～30.0%，其对应的含水率范围见表 2-2。

表 2-2 干-湿循环幅度对应的含水率范围

干-湿循环幅度 (A_{gs}) /%	6.0	12.0	18.0	24.0	30.0
对应含水率范围 $(\omega_t\sim\omega_z)$ /%	34.0~40.0	30.0~42.0	27.0~45.0	25.0~49.0	22.0~52.0

注：ω_t、ω_z 分别代表干-湿循环过程中，红土的脱湿含水率和增湿含水率。

试验过程中，按照拟定的初始含水率，先采用分层击实法制备不同初始干密度下直径为 39.1mm、高度为 80.0mm 的三轴素红土试样。然后将制备好的三轴素红土试样置于 40℃的恒温箱中烘干脱湿 24h，以模拟红土的脱湿过程；脱湿结束取出试样，用饱和器固定后放入水溶液中浸泡 12h，以模拟红土的增湿过程。经过一次脱湿过程、一次增湿过程后，即完成一次干-湿循环过程；反复进行先脱湿、后增湿的过程，即可完成多次干-湿循环过程，制备干-湿循环红土试样。再将制备好的干-湿循环红土试样采用真空饱和器抽气饱和 24h（饱和度>95%），制备干-湿循环饱和红土试样。然后利用 TSZ-2 型全自动三轴仪，开展不同影响因素下干-湿循环饱和红土的三轴 CD 剪切试验，剪切速率 v 控制为 0.015mm/min，测试分析不同影响因素对干-湿循环饱和红土的三轴 CD 剪切特性的影响。这里的干-湿循环饱和红土后面简称为干-湿循环红土。

2.2　干-湿循环红土的排水特性

2.2.1　固结排水特性

2.2.1.1　干-湿循环次数的影响

图 2-1 给出了三轴 CD 试验条件下，固结过程结束后，初始含水率 ω_0 为 37.7%，初始干密度 ρ_d 为 1.18g/cm^3，干-湿循环红土的固结排水量 ΔV_g 随循环次数 N_{gs} 及围压 σ_3 的变化情况。图中，$N_{gs}=0$ 次时对应的数值代表干-湿循环前素红土的固结排水量。

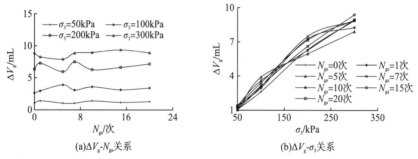

(a)ΔV_g-N_{gs}关系　　　　　　　　(b)ΔV_g-σ_3关系

图 2-1　三轴 CD 试验下干-湿循环红土的固结排水量随循环次数和围压的变化

图 2-1(a)表明，三轴 CD 试验的固结过程结束后，各个围压下，随循环次数的增加，干-湿循环红土的固结排水量呈波动增大的变化趋势，由 1.1～8.8mL 增大到 1.3～8.9mL。其变化程度见表 2-3。

表 2-3　三轴 CD 试验下干-湿循环红土的固结排水量随循环次数的变化程度（$\Delta V_{g\text{-}N}$/%）

| 干-湿循环次数 | 围压 (σ_3)/kPa | | | | $\Delta V_{g\text{-}j\sigma3\text{-}N}$/% |
(N_{gs})/次	50	100	200	300	
0 → 20	18.2	23.0	11.8	0.3	8.7
0 → 1	25.1	11.0	13.2	−7.4	4.3
1 → 20	−9.2	13.5	−1.5	7.2	4.2

注：$\Delta V_{g\text{-}N}$、$\Delta V_{g\text{-}j\sigma3\text{-}N}$ 分别代表三轴 CD 试验条件下，围压不同时，干-湿循环红土的固结排水量以及围压加权值随循环次数的变化程度。

　　由表 2-3 可知，围压为 50～300kPa，相比循环前，循环 20 次时，干-湿循环红土的固结排水量增大了 0.3%～23.0%；经过围压加权后，固结排水量平均增大了 8.7%。循环 0 次→1 次时，固结排水量的变化程度为 -7.4%～25.1%；经过围压加权后，固结排水量平均增大了 4.3%。循环 1 次→20 次时，固结排水量的变化程度为 -9.2%～13.5%；经过围压加权后，固结排水量平均增大了 4.2%。说明反复的干-湿循环作用，引起红土的胀缩变化，产生裂隙，固结过程中易于排水，相应的固结排水量增大[①]。

　　图 2-1(b) 表明，三轴 CD 试验的固结过程结束后，各个循环次数下，随围压的增大，干-湿循环红土的固结排水量呈增大的变化趋势，由 1.1～1.3mL 增大到 7.9～9.4mL。其变化程度见表 2-4。

表 2-4　三轴 CD 试验下干-湿循环红土的固结排水量随围压的变化程度 ($\Delta V_{\text{g-}\sigma3}$/%)

| 围压 (σ_3)/kPa | 干-湿循环次数 (N_{gs})/次 | | | | | | | $\Delta V_{\text{g-jN-}\sigma3}$/% |
	0	1	5	7	10	15	20	
50→300	88.1	83.0	86.9	88.3	84.4	87.6	85.5	86.3

注：$\Delta V_{\text{g-}\sigma3}$、$\Delta V_{\text{g-jN-}\sigma3}$ 分别代表三轴 CD 试验条件下，循环次数不同时，干-湿循环红土的固结排水量以及循环次数加权值随围压的变化程度。

　　由表 2-4 可知，循环次数为 0～20 次，当围压从 50kPa→300kPa 时，干-湿循环红土的固结排水量增大了 83.0%～88.3%，变化程度基本一致；经过循环次数加权后，固结排水量平均增大了 86.3%。说明围压越大，对红土体的约束作用越强，红土受到挤压，固结过程中易于排水，引起固结排水量的增大，相应的试样体积减小。

2.2.1.2　干-湿循环幅度的影响

　　图 2-2 给出了三轴 CD 试验条件下，固结过程结束后，初始含水率 ω_0 为 37.7%，初始干密度 ρ_d 为 1.18g/cm³，围压 σ_3 为 50～300kPa，循环次数 N_{gs} 为 20 次时，干-湿循环红土的固结排水量 ΔV_{g} 随循环幅度 A_{gs} 和围压 σ_3 的变化情况。

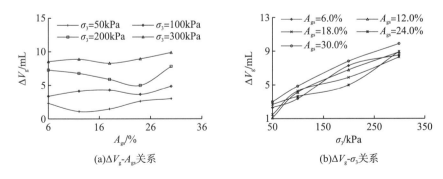

(a)ΔV_{g}-A_{gs}关系　　　　　　(b)ΔV_{g}-σ_3关系

图 2-2　三轴 CD 试验下干-湿循环红土的固结排水量随循环幅度和围压的变化

---

① 本书分析的特征均为曲线总体趋势，并不考虑中间的波动变化情况。

图 2-2(a)表明，三轴 CD 试验的固结过程结束后，各个围压下，随循环幅度的增大，干-湿循环红土的固结排水量呈波动增大的变化趋势，由 2.3～8.5mL 增大到 3.0～9.9mL。其变化程度见表 2-5。可见，围压为 50～300kPa，当循环幅度由 6.0%→30.0%时，干-湿循环红土的固结排水量增大了 6.8%～30.6%；经过围压加权后，固结排水量平均增大了 14.8%。说明干-湿循环的幅度越大，红土体微结构越松散，固结过程中更容易排水，引起固结排水量的增大。

表 2-5 三轴 CD 试验下干-湿循环红土的固结排水量随循环幅度的变化程度($\Delta V_{g\text{-}A}$/%)

干-湿循环幅度 (A_{gs})/%	围压 (σ_3)/kPa				$\Delta V_{g\text{-}j\sigma3\text{-}A}$/%
	50	100	200	300	
6.0→30.0	22.8	30.6	6.8	13.6	14.8

注：$\Delta V_{g\text{-}A}$、$\Delta V_{g\text{-}j\sigma3\text{-}A}$ 分别代表三轴 CD 试验条件下，围压不同时，干-湿循环红土的固结排水量以及围压加权值随循环幅度的变化程度。

图 2-2(b)表明，三轴 CD 试验的固结过程结束后，各个循环幅度下，随围压的增大，干-湿循环红土的固结排水量呈增大的变化趋势，由 1.1～3.0mL 增大到 8.3～9.9mL。其变化程度见表 2-6。可见，循环幅度为 6.0%～30.0%，当围压从 50kPa→300kPa 时，干-湿循环红土的固结排水量增大了 69.7%～87.6%；经过循环幅度加权后，固结排水量平均增大了 75.1%。说明围压越大，对红土体的挤压作用越强，固结过程中更易于排水，引起固结排水量的增大。

表 2-6 三轴 CD 试验下干-湿循环红土的固结排水量随围压的变化程度($\Delta V_{g\text{-}\sigma3}$/%)

围压 (σ_3)/kPa	干-湿循环幅度 (A_{gs})/%					$\Delta V_{g\text{-}jA\text{-}\sigma3}$/%
	6.0	12.0	18.0	24.0	30.0	
50→300	72.9	87.6	82.2	70.7	69.7	75.1

注：$\Delta V_{g\text{-}\sigma3}$、$\Delta V_{g\text{-}jA\text{-}\sigma3}$ 分别代表三轴 CD 试验条件下，循环幅度不同时，干-湿循环红土的固结排水量以及循环幅度加权值随围压的变化程度。

2.2.1.3 初始干密度的影响

图 2-3 给出了三轴 CD 试验条件下，固结过程结束后，初始含水率 ω_0 为 37.7%，围压 σ_3 为 50～300kPa，循环次数 N_{gs} 为 20 次时，干-湿循环红土的固结排水量 ΔV_g 随初始干密度 ρ_d 和围压 σ_3 的变化情况。

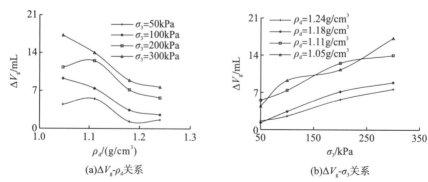

图 2-3 三轴 CD 试验下干-湿循环红土的固结排水量随初始干密度和围压的变化

图 2-3(a)表明，三轴 CD 试验的固结过程结束后，各个围压下，随初始干密度的增加，干-湿循环红土的固结排水量呈波动减小的变化趋势，由 4.4～17.2mL 减小到 1.6～7.7mL。其变化程度见表 2-7。可见，围压为 50～300kPa，当初始干密度由 1.05g/cm³→1.24g/cm³ 时，干-湿循环红土的固结排水量减小了 49.8%～72.5%；经过围压加权后，固结排水量平均减小了 57.0%。说明初始干密度越大，红土体的结构越紧密，孔隙越小，固结过程中越不容易排水，相应的固结排水量越小。

表 2-7　三轴 CD 试验下干-湿循环红土的固结排水量随干密度的变化程度$(\Delta V_{\text{g-}\rho\text{d}}/\%)$

初始干密度 $(\rho_{\text{d}})/(\text{g/cm}^3)$	围压 $(\sigma_3)/\text{kPa}$				$\Delta V_{\text{g-j}\sigma3\text{-pd}}/\%$
	50	100	200	300	
1.05→1.24	−63.7	−72.5	−49.8	−55.5	−57.0

注：$\Delta V_{\text{g-pd}}$、$\Delta V_{\text{g-j}\sigma3\text{-pd}}$ 分别代表三轴 CD 试验条件下，围压不同时，干-湿循环红土的固结排水量以及围压加权值随初始干密度的变化程度。

图 2-3(b)表明，三轴 CD 试验的固结过程结束后，各个初始干密度下，随围压的增加，干-湿循环红土的固结排水量呈增大的变化趋势，由 1.3～5.5mL 增大到 7.7～17.2mL。其变化程度见表 2-8。可见，初始干密度为 1.05～1.24g/cm³，当围压由 50kPa→300kPa 时，干-湿循环红土的固结排水量增大了 60.7%～85.5%；经过初始干密度加权后，固结排水量平均增大了 75.2%。说明围压越大，对红土体的约束作用越强，固结过程中更易于排水，相应的固结排水量增大。

表 2-8　三轴 CD 试验下干-湿循环红土的固结排水量随围压的变化程度$(\Delta V_{\text{g-}\sigma3}/\%)$

围压 $(\sigma_3)/\text{kPa}$	初始干密度 $(\rho_{\text{d}})/(\text{g/cm}^3)$				$\Delta V_{\text{g-j}\rho\text{d-}\sigma3}/\%$
	1.05	1.11	1.18	1.24	
50→300	74.3	60.7	85.5	79.0	75.2

注：$\Delta V_{\text{g-}\sigma3}$、$\Delta V_{\text{g-j}\rho\text{d-}\sigma3}$ 分别代表三轴 CD 试验条件下，初始干密度不同时，干-湿循环红土的固结排水量以及初始干密度加权值随围压的变化程度。

2.2.2　剪切排水特性

2.2.2.1　干-湿循环次数的影响

图 2-4 给出了三轴 CD 试验条件下，剪切过程结束后，初始含水率 ω_0 为 37.7%，初始干密度 ρ_{d} 为 1.18g/cm³，干-湿循环红土的剪切排水量 ΔV_{j} 随循环次数 N_{gs} 和围压 σ_3 的变化情况。图中，N_{gs}=0 次时对应的数值代表干-湿循环前素红土的剪切排水量。

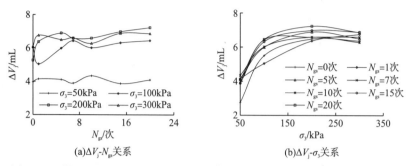

(a)ΔV_j-N_{gs}关系　　　　　　　　(b)ΔV_j-σ_3关系

图 2-4　三轴 CD 试验下干-湿循环红土的剪切排水量随循环次数和围压的变化

图 2-4(a)表明，三轴 CD 试验的剪切过程结束后，各个围压下，随循环次数的增加，干-湿循环红土的剪切排水量呈波动增大的变化趋势，由 4.0～6.1mL 增大到 4.1～7.2mL。其变化程度见表 2-9。

表 2-9　三轴 CD 试验下干-湿循环红土的剪切排水量随循环次数的变化程度($\Delta V_{j\text{-}N}$/%)

| 干-湿循环次数 (N_{gs})/次 | 围压(σ_3)/kPa | | | | $\Delta V_{j\text{-}j\sigma3\text{-}N}$/% |
	50	100	200	300	
0→20	3.3	7.1	37.1	12.4	18.5
0→1	4.5	-16.2	20.8	10.6	9.2
1→20	-1.2	27.9	13.5	1.6	9.1

注：$\Delta V_{j\text{-}N}$、$\Delta V_{j\text{-}j\sigma3\text{-}N}$ 分别代表三轴 CD 试验条件下，围压不同时，干-湿循环红土的剪切排水量以及围压加权值随循环次数的变化程度。

由表 2-9 可知，围压为 50～300kPa，相比循环前，循环 20 次时，干-湿循环红土的剪切排水量增大了 3.3%～37.1%；经过围压加权后，剪切排水量平均增大了 18.5%。循环次数由 0 次→1 次时，剪切排水量变化程度为-16.2%～20.8%；经过围压加权后，剪切排水量平均增大了 9.2%。循环次数由 1 次→20 次时，剪切排水量变化程度为-1.2%～27.9%；经过围压加权后，剪切排水量平均增大了 9.1%。说明反复的干-湿循环作用，损伤了红土体的微结构，剪切过程中易于排水，引起剪切排水量的增大。循环次数越多，对红土体的微结构的损伤作用越强，剪切过程中更易于排水，相应的剪切排水量越大。

图 2-4(b)表明，三轴 CD 试验的剪切过程结束后，各个循环次数下，随围压的增大，干-湿循环红土的剪切排水量呈快速增大然后缓慢减小的变化趋势，由 2.7～4.3mL 增大到 6.3～6.9mL，且存在极大值。其变化程度见表 2-10。

表 2-10　三轴 CD 试验下干-湿循环红土的剪切排水量随围压的变化程度($\Delta V_{j\text{-}\sigma3}$/%)

| 围压 (σ_3)/kPa | 干-湿循环次数 N_{gs}/次 | | | | | | | $\Delta V_{j\text{-}jN\text{-}\sigma3}$/% |
	0	1	5	7	10	15	20	
50→300	35.0	38.6	36.7	40.9	30.8	43.6	40.3	39.2
50→200	135.9	53.4	67.4	68.9	51.7	79.7	76.2	70.8
200→300	-1.8	6.1	-5.7	0.2	-4.7	-1.4	-5.0	-3.3

注：$\Delta V_{j\text{-}\sigma3}$、$\Delta V_{j\text{-}jN\text{-}\sigma3}$ 分别代表三轴 CD 试验条件下，循环次数不同时，干-湿循环红土的剪切排水量以及循环次数加权值随围压的变化程度。

由表 2-10 可知，循环次数为 0～20 次，当围压由 50kPa→300kPa 时，干-湿循环红土的剪切排水量增大了 30.8%～43.6%，相应的循环次数加权值平均增大了 39.2%。当围压由 50kPa→200kPa 时，剪切排水量增大了 51.7%～135.9%；经过循环次数加权后，剪切排水量平均增大了 70.8%。当围压由 200kPa→300kPa 时，剪切排水量变化程度为-5.7%～6.1%；经过循环次数加权后，剪切排水量平均减小了 3.3%。说明完全排水条件下，不论是否进行干-湿循环作用，围压越大(50kPa→300kPa)，红土受约束作用越明显，剪切过程中越容易排水，引起剪切排水量的增大。而围压较小时(50kPa→200kPa)，对红土体的约束作用较弱，剪切过程中更易于排水，引起剪切排水量的快速增大；围压较大时(200kPa→300kPa)，约束作用增强，引起排水缓慢，相应的剪切排水量减小。本试验条件下，剪切排水量的极大值对应的围压约为 200kPa。

2.2.2.2　干-湿循环幅度的影响

图 2-5 给出了三轴 CD 试验条件下，剪切过程结束后，初始含水率 ω_0 为 37.7%，初始干密度 ρ_d 为 1.18g/cm^3，循环次数 N_{gs} 为 20 次，围压 σ_3 为 50～300kPa 时，干-湿循环红土的剪切排水量 ΔV_j 随循环幅度 A_{gs} 和围压 σ_3 的变化情况。

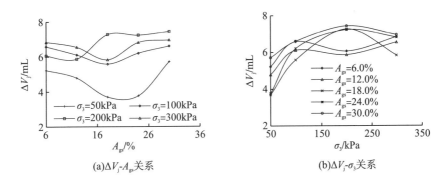

(a)ΔV_j-A_{gs}关系　　　　　　　　(b)ΔV_j-σ_3关系

图 2-5　三轴 CD 试验下干-湿循环红土的剪切排水量随循环幅度和围压的变化

图 2-5(a)表明，三轴 CD 试验的剪切过程结束后，各个围压下，随循环幅度的增加，干-湿循环红土的剪切排水量呈缓慢减小然后缓慢增大的变化趋势，由 5.2～6.8mL 增大到 5.7～7.4mL，且存在极小值。其变化程度见表 2-11。

表 2-11　三轴 CD 试验下干-湿循环红土的剪切排水量随循环幅度的变化程度($\Delta V_{j\text{-}A}$/%)

干-湿循环幅度 (A_{gs})/%	围压 (σ_3)/kPa				$\Delta V_{j\text{-}j\sigma3\text{-}A}$/%
	50	100	200	300	
6.0→30.0	9.3	0.3	22.6	1.6	8.5
6.0→18.0	-29.2	-15.1	-3.2[6→12]	-14.7	-12.3
18.0→30.0	54.4	18.2	26.7[12→30]	19.2	24.1

注：$\Delta V_{j\text{-}A}$、$\Delta V_{j\text{-}j\sigma3\text{-}A}$ 分别代表三轴 CD 试验条件下，围压不同时，干-湿循环红土的剪切排水量以及围压加权值随循环幅度的变化程度。-3.2[6→12]、26.7[12→30] 分别代表循环幅度由 6.0%→12.0%、12.0%→30.0%时剪切排水量的变化程度。

可见，围压为 50~300kPa，当循环幅度由 6.0%→30.0%时，干-湿循环红土的剪切排水量增大了 0.3%~22.6%；经过围压加权后，剪切排水量平均增大了 8.5%。循环幅度由 6.0%→18.0%(12.0%)时，剪切排水量减小了 3.2%~29.2%；经过围压加权后，剪切排水量平均减小了 12.3%。循环幅度由 18.0%(12.0%)→30.0%时，剪切排水量增大了 18.2%~54.4%；经过围压加权后，剪切排水量平均增大了 24.1%。说明干-湿循环幅度越大(6.0%→30.0%)，对红土体的微结构的损伤作用越强，剪切过程中越易于排水，引起剪切排水量的增大。而较小的循环幅度(6.0%→18.0%)下引起剪切排水量的减小，较大的循环幅度(18.0%→30.0%)下引起剪切排水量的增大。本试验条件下，剪切排水量的极小值对应的循环幅度为 12.0%~18.0%。

图 2-5(b)表明：三轴 CD 试验的剪切过程结束后，各个循环幅度下，随围压的增大，干-湿循环红土的剪切排水量呈快速增大然后缓慢减小的变化趋势，由 3.8~5.7mL 增大到 5.8~6.9mL，存在极大值。其变化程度见表 2-12。

表 2-12　三轴 CD 试验下干-湿循环红土的剪切排水量随围压的变化程度($\Delta V_{j\text{-}\sigma3}$/%)

围压 (σ_3)/kPa	干-湿循环幅度(A_{gs})/%					$\Delta V_{j\text{-}jA\text{-}\sigma3}$/%
	6.0	12.0	18.0	24.0	30.0	
50→300	38.6	36.7	40.9	30.8	43.6	38.4
50→200	$25.9^{50\to100}$	$27.5^{50\to100}$	96.4	91.8	30.1	59.2
200→300	$3.9^{100\to300}$	$7.2^{100\to300}$	-19.8	-5.8	-6.5	-6.5

注：$\Delta V_{j\text{-}\sigma3}$、$\Delta V_{j\text{-}jA\text{-}\sigma3}$ 分别代表三轴 CD 试验条件下，循环幅度不同时，干-湿循环红土的剪切排水量以及循环幅度加权值随围压的变化程度。$25.9^{50\to100}$、$3.9^{100\to300}$ 分别代表围压由 50kPa→100kPa、100kPa→300kPa 时剪切排水量的变化程度。其他类似。

可见，循环幅度为 6.0%~30.0%，当围压由 50kPa→300kPa 时，干-湿循环红土的剪切排水量增大了 30.8%~43.6%；经过围压加权后，剪切排水量平均增大了 38.4%。当围压由 50kPa→200kPa(100kPa)时，剪切排水量增大了 25.9%~96.4%；经过围压加权后，剪切排水量平均增大了 59.2%。当围压由 200kPa(100kPa)→300kPa 时，剪切排水量变化程度为 -19.8%~7.2%；经过围压加权后，剪切排水量平均减小了 6.5%。说明完全排水条件下，围压越大(50kPa→300kPa)，对红土体的约束作用越强，剪切过程中越易于排水，相应的剪切排水量增大。而较低的围压(50kPa→200kPa)下引起剪切排水量的明显增大，较高的围压(200kPa→300kPa)下引起剪切排水量的缓慢减小。本试验条件下，剪切排水量的极大值对应的围压为 100~200kPa。

2.2.2.3　初始干密度的影响

图 2-6 给出了三轴 CD 试验条件下，剪切过程结束后，初始含水率 ω_0 为 37.7%，循环次数 N_{gs} 为 20 次时，干-湿循环红土的剪切排水量 ΔV_j 随初始干密度 ρ_d 和围压 σ_3 的变化情况。

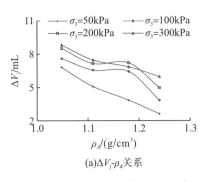
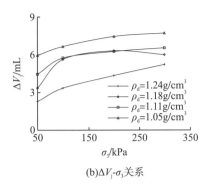

・图 2-6　三轴 CD 试验下干-湿循环红土的剪切排水量随干密度和围压的变化

图 2-6(a)表明，三轴 CD 试验的剪切过程结束后，各个围压下，随初始干密度的增大，干-湿循环红土的剪切排水量呈波动减小的变化趋势，由 6.8～8.8mL 减小到 2.6～6.0mL。其变化程度见表 2-13。

表 2-13　三轴 CD 试验下干-湿循环红土的剪切排水量随干密度的变化程度($\Delta V_{j\text{-}\rho d}$ /%)

| 初始干密度 | 围压(σ_3)/kPa | | | | $\Delta V_{j\text{-}j\sigma3\text{-}pd}$ /% |
(ρ_d)/(g/cm^3)	50	100	200	300	
1.05→1.24	−61.6	−49.6	−41.6	−32.3	−40.1

注：$\Delta V_{j\text{-}\rho d}$、$\Delta V_{j\text{-}j\sigma3\text{-}pd}$ 分别代表三轴 CD 试验条件下，围压不同时，干-湿循环红土的剪切排水量以及围压加权值随初始干密度的变化程度。

可见，围压为 50～300kPa，当初始干密度由 1.05g/cm^3→1.24g/cm^3 时，干-湿循环红土的剪切排水量减小了 32.3%～61.6%；经过围压加权后，剪切排水量平均减小了 40.1%。说明完全排水条件下，初始干密度越大，红土体的微结构越紧密，剪切过程中排水越困难，相应的剪切排水量越小。

图 2-6(b)表明，各个初始干密度下，随围压的增大，干-湿循环红土的剪切排水量呈增大的变化趋势，由 2.6～6.8mL 增大到 6.0～8.8mL。其变化程度见表 2-14。

表 2-14　三轴 CD 试验下干-湿循环红土的剪切排水量随围压的变化程度($\Delta V_{j\text{-}\sigma3}$/%)

| 围压 | 初始干密度(ρ_d)/(g/cm^3) | | | | $\Delta V_{j\text{-}j\rho d\text{-}\sigma3}$/% |
(σ_3)/kPa	1.05	1.11	1.18	1.24	
50→300	22.8	31.9	44.0	56.2	39.5

注：$\Delta V_{j\text{-}\sigma3}$、$\Delta V_{j\text{-}j\rho d\text{-}\sigma3}$ 分别代表三轴 CD 试验条件下，初始干密度不同时，干-湿循环红土的剪切排水量以及初始干密度加权值随围压的变化程度。

可见，初始干密度为 1.05～1.24g/cm^3，当围压由 50kPa→300kPa 时，干-湿循环红土的剪切排水量增大了 22.8%～56.2%；经过初始干密度加权后，剪切排水量平均增大了 39.5%。说明完全排水条件下，围压越大，对干-湿循环红土的约束作用越强，剪切过程中越易于排水，剪切排水量越大。

2.3 干-湿循环红土的应力-应变特性

2.3.1 主应力差-轴向应变特性

2.3.1.1 干-湿循环次数的影响

1. 主应力差-轴向应变关系

图 2-7 给出了三轴 CD 试验条件下，初始含水率 ω_0 为 37.7%，初始干密度 ρ_d 为 1.18g/cm³，围压 σ_3 相同、循环次数 N_{gs} 不同时，干-湿循环红土的主应力差-轴向应变(q-ε_1) 关系(即应力-应变关系)的变化情况。图中，N_{gs}=0 次时对应的曲线代表干-湿循环前素红土的 q-ε_1 关系。

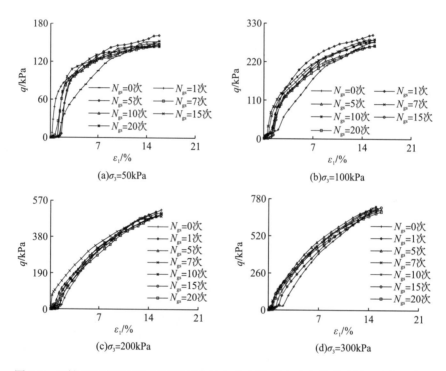

图 2-7 三轴 CD 试验下干-湿循环红土的主应力差-轴向应变关系随循环次数的变化

图 2-7 表明，完全排水条件下，围压为 50kPa 时，循环前，素红土的主应力差-轴向应变曲线呈逐渐上升的趋势，循环后，干-湿循环红土的主应力差-轴向应变曲线呈先快速增大后缓慢增大的变化趋势；围压为 100～300kPa 时，循环前后，素红土和干-湿循环红土的主应力差-轴向应变曲线均呈逐渐上升的趋势。各个围压下的主应力差-轴向应变关系均呈现出应变硬化的特征。随着循环次数的增多，主应力差-轴向应变曲线的位置基本靠近，且存在交叉现象。

2. 破坏应力的变化

这里的破坏应力 q_f 指的是达到破坏时的主应力差 $(\sigma_1-\sigma_3)_f$。对于应变硬化型曲线，取轴向应变 ε_1 达到 15.0% 时对应的主应力差 $(\sigma_1-\sigma_3)$ 作为破坏主应力差 $(\sigma_1-\sigma_3)_f$。

图 2-8 给出了三轴 CD 试验条件下，初始含水率 ω_0 为 37.7%，初始干密度 ρ_d 为 1.18g/cm³，干-湿循环红土的破坏应力 q_f 分别随循环次数 N_{gs} 和围压 σ_3 的变化关系。

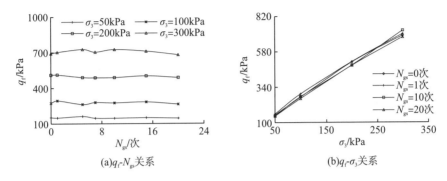

(a) q_f-N_{gs} 关系　　　　　　　　　　(b) q_f-σ_3 关系

图 2-8　三轴 CD 试验下干-湿循环红土的破坏应力随循环次数和围压的变化

图 2-8(a) 表明，各个围压下，随循环次数的增加，干-湿循环红土的破坏应力呈波动减小的变化趋势，由 151.7～691.2kPa 减小到 143.9～679.3kPa。其变化程度见表 2-15。

表 2-15　三轴 CD 试验下干-湿循环红土的破坏应力随循环次数的变化程度 ($q_{f\text{-}N}$/%)

干-湿循环次数 (N_{gs})/次	围压 (σ_3)/kPa				$q_{f\text{-}j\sigma3\text{-}N}$/%
	50	100	200	300	
0→20	−5.1	−3.7	−4.5	−1.7	−3.1
0→1	−2.0	7.8	0.4	1.6	1.9
1→20	−3.2	−10.7	−4.9	−3.3	−4.9

注：$q_{f\text{-}N}$、$q_{f\text{-}j\sigma3\text{-}N}$ 分别代表三轴 CD 试验条件下，围压不同时，干-湿循环红土的破坏应力以及围压加权值随循环次数的变化程度。

可见，围压为 100～300kPa，相比循环前，循环 20 次时，干-湿循环红土的破坏应力减小了 1.7%～5.1%；经过围压加权后，破坏应力平均减小了 3.1%。其中，循环 0 次→1 次时，破坏应力变化程度为 −2.0%～7.8%；经过围压加权后，破坏应力平均增大了 1.9%；循环 1 次→20 次时，破坏应力减小了 3.2%～10.7%；经过围压加权后，破坏应力平均减小了 4.9%。说明初期的干-湿循环作用(0 次→1 次)，略微增强了红土的抗剪能力，引起破坏应力稍有增大；但反复的干-湿循环作用(1 次→20 次)，最终损伤了红土的微结构，削弱了红土的抗剪能力，引起破坏应力减小。

图 2-8(b) 表明，各个循环次数下，随围压的增大，干-湿循环红土的破坏应力呈线性增大的趋势，由 143.9～158.6kPa 增大到 679.3～725.1kPa。其变化程度见表 2-16。

表 2-16   三轴 CD 试验下干-湿循环红土的破坏应力随围压的变化程度($q_{f\text{-}\sigma3}$/%)

围压 (σ_3)/kPa	干-湿循环次数(N_{gs})/次				$q_{f\text{-}jN\text{-}\sigma3}$/%
	0	1	10	20	
50→300	78.1	77.4	80.0	78.8	79.1

注：$q_{f\text{-}\sigma3}$、$q_{f\text{-}jN\text{-}\sigma3}$ 分别代表三轴 CD 试验条件下，循环次数不同时，干-湿循环红土的破坏应力以及循环次数加权值随围压的变化程度。

可见，循环次数为 0~20 次，当围压由 50kPa→300kPa 时，干-湿循环红土的破坏应力增大了 77.4%~80.0%，变化程度基本一致；经过循环次数加权后，破坏应力平均增大了 79.1%。说明完全排水条件下，围压越大，对红土体的约束作用越强，红土体的微结构越紧密，抵抗剪切破坏的能力越强，相应的破坏应力越大。

2.3.1.2   干-湿循环幅度的影响

1. 主应力差-轴向应变关系

图 2-9 给出了三轴 CD 试验条件下，初始含水率 ω_0 为 37.7%，初始干密度 ρ_d 为 1.18g/cm^3，循环次数 N_{gs} 为 20 次，围压 σ_3 相同时，干-湿循环红土的主应力差-轴向应变(q-ε_1) 关系随循环幅度 A_{gs} 的变化情况。

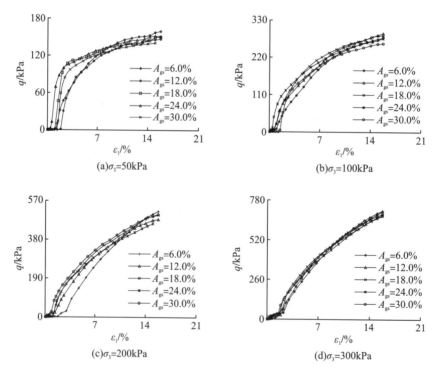

图 2-9   三轴 CD 试验下干-湿循环红土的主应力差-轴向应变关系随循环幅度的变化

图 2-9 表明，总体上，各个循环幅度下，干-湿循环红土的主应力差-轴向应变关系均呈现出应变硬化的特征。围压为 50kPa 时，主应力差-轴向应变曲线呈先快速增大后缓慢增大的变化趋势；围压为 100～300kPa 时，主应力差-轴向应变曲线均呈逐渐上升的变化趋势。随着循环幅度的增大，主应力差-轴向应变曲线的位置基本靠近，呈交叉现象。

2. 破坏应力的变化

图 2-10 给出了三轴 CD 试验条件下，初始含水率 ω_0 为 37.7%，初始干密度 ρ_d 为 1.18g/cm^3，循环次数 N_{gs} 为 20 次，干-湿循环红土的破坏应力 q_f 随循环幅度 A_{gs} 和围压 σ_3 的变化情况。

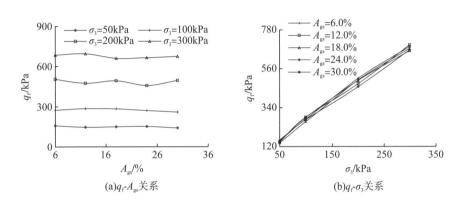

图 2-10　三轴 CD 试验下干-湿循环红土的破坏应力随循环幅度和围压的变化

图 2-10(a) 表明，各个围压下，随循环幅度的增大，干-湿循环红土的破坏应力呈波动减小的变化趋势，由 157.4～685.1kPa 减小到 140.7～674.9kPa。其变化程度见表 2-17。

表 2-17　三轴 CD 试验下干-湿循环红土的破坏应力随循环幅度的变化程度($q_{f\text{-}A}$/%)

干-湿循环幅度 (A_{gs})/%	围压 (σ_3)/kPa				$q_{f\text{-}j\sigma3\text{-}A}$/%
	50	100	200	300	
6.0→30.0	-10.6	-5.3	-1.9	-1.5	-2.9

注：$q_{f\text{-}A}$、$q_{f\text{-}j\sigma3\text{-}A}$ 分别代表三轴 CD 试验条件下，围压不同时，干-湿循环红土的破坏应力以及围压加权值随循环幅度的变化程度。

可见，围压为 50～300kPa，当循环幅度由 6.0%→30.0%时，干-湿循环红土的破坏应力减小了 1.5%～10.6%；经过围压加权后，破坏应力平均减小了 2.9%。说明完全排水条件下，干-湿循环幅度的增大，对红土的微结构略有损伤，抵抗剪切破坏的能力稍有降低，相应的破坏应力略有减小。

图 2-10(b) 表明，各个循环幅度下，随围压的增大，干-湿循环红土的破坏应力基本呈线性增大的变化趋势，由 140.7～157.4kPa 增大到 661.2～695.0kPa，其变化程度见表 2-18。

表2-18   三轴 CD 试验下干-湿循环红土的破坏应力随围压的变化程度($q_{f\text{-}\sigma3}$/%)

围压 (σ_3)/kPa	干-湿循环幅度(A_{gs})/%					$q_{f\text{-}jA\text{-}\sigma3}$/%
	6.0	12.0	18.0	24.0	30.0	
50→300	77.0	79.0	77.4	77.2	79.2	78.1

注：$q_{f\text{-}\sigma3}$、$q_{f\text{-}jA\text{-}\sigma3}$ 分别代表三轴 CD 试验条件下，循环幅度不同时，干-湿循环红土的破坏应力以及循环幅度加权值随围压的变化程度。

可见，循环幅度为 6.0%～30.0%，当围压由 50kPa→300kPa 时，干-湿循环红土的破坏应力增大了 77.0%～79.2%；经过循环幅度加权后，破坏应力平均增大了 78.1%。说明完全排水条件下，围压越大，对干-湿循环红土体的约束作用越强，抵抗剪切破坏的能力越强，相应的破坏应力越大。

2.3.1.3   初始干密度的影响

1. 主应力差-轴向应变关系

图 2-11 给出了三轴 CD 试验条件下，初始含水率 ω_0 为 37.7%，循环次数 N_{gs} 为 20 次，围压 σ_3 相同时，干-湿循环红土的主应力差-轴向应变(q-ε_1)关系随初始干密度 ρ_d 的变化情况。

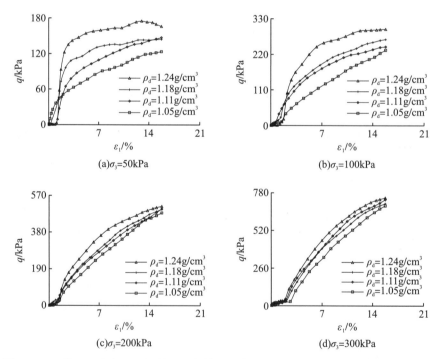

(a)σ_3=50kPa

(b)σ_3=100kPa

(c)σ_3=200kPa

(d)σ_3=300kPa

图 2-11   三轴 CD 试验下干-湿循环红土的主应力差-轴向应变关系随初始干密度的变化

图 2-11 表明，围压为 50kPa 时，各个初始干密度下，干-湿循环红土的主应力差-轴向应变曲线呈先快速增大后缓慢增大的变化趋势；围压为 100～300kPa 时，主应力差-轴向

应变曲线呈逐渐上升的变化趋势；总体上呈应变硬化的特征。随着初始干密度的增大，主应力差-轴向应变曲线的位置上升，即主应力差增大。

2. 破坏应力的变化

图 2-12 给出了三轴 CD 试验条件下，初始含水率 ω_0 为 37.7%，循环次数 N_{gs} 为 20 次时，干-湿循环红土的破坏应力 q_f 随初始干密度 ρ_d 和围压 σ_3 的变化关系。

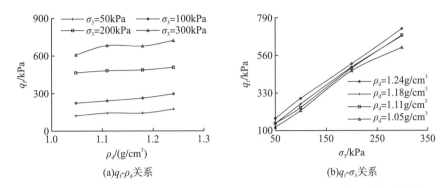

图 2-12　三轴 CD 试验下干-湿循环红土的破坏应力随初始干密度和围压的变化

图 2-12(a) 表明，各个围压下，随初始干密度的增大，干-湿循环红土的破坏应力呈波动增大的变化趋势，由 121.7～607.9kPa 增大到 174.9～723.0kPa。其变化程度见表 2-19。

表 2-19　三轴 CD 试验下干-湿循环红土的破坏应力随初始干密度的变化程度 ($q_{\text{f-pd}}$/%)

初始干密度 (ρ_d)/(g/cm³)	围压 (σ_3)/kPa				$q_{\text{f-j}\sigma3\text{-pd}}$/%
	50	100	200	300	
1.05→1.24	30.4	24.7	8.4	15.9	16.1

注：$q_{\text{f-pd}}$、$q_{\text{f-j}\sigma3\text{-pd}}$ 分别代表三轴 CD 试验条件下，围压不同时，干-湿循环红土的破坏应力以及围压加权值随初始干密度的变化程度。

可见，围压为 50～300kPa，当初始干密度由 1.05g/cm³→1.24g/cm³ 时，干-湿循环红土的破坏应力波动增大了 8.4%～30.4%；经过围压加权后，破坏应力平均增大了 16.1%。说明完全排水条件下，初始干密度越大，红土体的密实性越好，抵抗剪切破坏的能力越强，相应的破坏应力越大。

图 2-12(b) 表明，各个初始干密度下，随围压的增大，干-湿循环红土的破坏应力基本呈线性增大的变化趋势，由 121.7～174.9kPa 增大到 607.9～723.0kPa。其变化程度见表 2-20。

表 2-20　三轴 CD 试验下干-湿循环红土的破坏应力随围压的变化程度 ($q_{\text{f-}\sigma3}$/%)

围压 (σ_3)/kPa	初始干密度 (ρ_d)/(g/cm³)				$q_{\text{f-j}\rho d\text{-}\sigma3}$/%
	1.05	1.11	1.18	1.24	
50→300	80.0	78.8	78.8	75.8	78.3

注：$q_{\text{f-}\sigma3}$、$q_{\text{f-j}\rho d\text{-}\sigma3}$ 分别代表三轴 CD 试验条件下，初始干密度不同时，干-湿循环红土的破坏应力以及干密度加权值随围压的变化程度。

可见，初始干密度为 1.05~1.24g/cm³，当围压由 50kPa→300kPa 时，干-湿循环红土的破坏应力增大了 75.8%~80.0%；经过初始干密度加权后，破坏应力平均增大了 78.3%。说明完全排水条件下，围压越大，对红土体的约束作用越强，提高了干-湿循环红土抵抗剪切破坏的能力，相应的破坏应力增大。

2.3.2 剪应力-剪应变特性

2.3.2.1 干-湿循环次数的影响

1. 剪应力-剪应变关系

图 2-13 给出了三轴 CD 试验条件下，初始含水率 ω_0 为 37.7%，初始干密度 ρ_d 为 1.18g/cm³，围压 σ_3 相同时，干-湿循环红土的剪应力-剪应变（τ-ε_s）关系随循环次数 N_{gs} 的变化情况。本试验的轴对称条件下，剪应力 τ 等于主应力差 q。以下同。

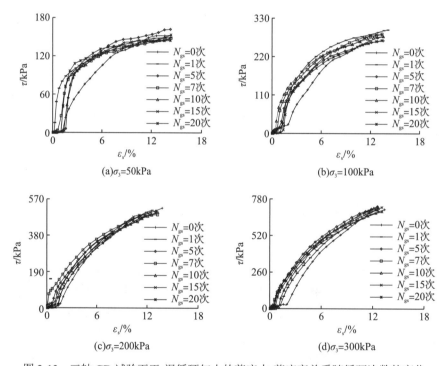

图 2-13　三轴 CD 试验下干-湿循环红土的剪应力-剪应变关系随循环次数的变化

图 2-13 表明，各个循环次数下，围压为 50kPa 时，干-湿循环红土的剪应力-剪应变关系曲线呈平缓增大-快速上升-缓慢增大的变化趋势；围压为 100~300kPa 时，剪应力-剪应变关系曲线呈平缓增大-持续上升的变化趋势；总体上，表现出应变硬化的特征。随循环次数的增多，剪应力-剪应变曲线的位置波动下降。

2. 破坏剪应力的变化

这里的破坏剪应力指的是达到破坏时的剪应力。对于硬化型曲线，取轴向应变 ε_1 达到

15.0%时对应的剪应力作为破坏剪应力τ_f。本试验的轴对称条件下，破坏剪应力τ_f就是破坏应力q_f。因此，干-湿循环红土的破坏剪应力τ_f随循环次数N_{gs}的变化趋势（τ_f-N_{gs}关系）与图 2-8 中破坏应力q_f随循环次数N_{gs}的变化趋势一致（q_f-N_{gs}关系）。

3. 破坏剪应变的变化

图 2-14 给出了三轴 CD 试验条件下，初始含水率ω_0为 37.7%，初始干密度ρ_d为 1.18g/cm³ 时，干-湿循环红土的破坏剪应变ε_{sf}随循环次数N_{gs}及围压σ_3的变化情况。这里的破坏剪应变ε_{sf}指的是与破坏剪应力τ_f对应的剪应变。

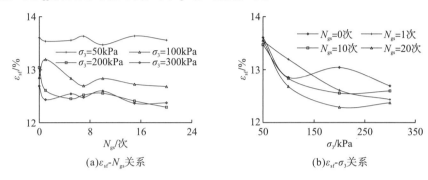

(a)ε_{sf}-N_{gs}关系   (b)ε_{sf}-σ_3关系

图 2-14   三轴 CD 试验下干-湿循环红土的破坏剪应变随循环次数和围压的变化

图 2-14(a)表明，各个围压下，随循环次数的增加，干-湿循环红土的破坏剪应变呈波动减小的变化趋势，由 12.7%～13.6%减小到 12.3%～13.5%。其变化程度见表 2-21。

表 2-21   三轴 CD 试验下干-湿循环红土的破坏剪应变随循环次数的变化程度（ε_{sf-N}/%）

| 干-湿循环次数 | 围压（σ_3）/kPa | | | | $\varepsilon_{sf-j\sigma3-N}$/% |
（N_{gs}）/次	50	100	200	300	
0→20	−0.4	−1.3	−5.7	−2.5	−3.1
0→1	−0.5	2.6	−3.3	−2.0	−1.6
1→20	0.5	−2.7	−0.4	−1.3	−1.1

注：ε_{sf-N}、$\varepsilon_{sf-j\sigma3-N}$分别代表三轴 CD 试验条件下，围压不同时，干-湿循环红土的破坏剪应变以及围压加权值随循环次数的变化程度。

可见，围压为 50~300kPa 时，相比循环前的素红土（N_{gs}=0 次），循环 20 次时，干-湿循环红土的破坏剪应变减小了 0.4%～5.7%；经过围压加权，破坏剪应变平均减小了 3.1%。循环次数由 0 次→1 次时，破坏剪应变变化程度为-3.3%～2.6%；经过围压加权，破坏剪应变平均减小了 1.6%。循环次数由 1 次→20 次时，破坏剪应变变化程度为-2.7%～0.5%；经过围压加权，破坏剪应变平均减小了 1.1%。说明完全排水条件下，干-湿循环次数越多（0 次→20 次），红土抵抗剪切变形的能力越弱，剪切过程中在较小的应变下就达到破坏，相应的破坏剪应变减小。就加权值来看，循环次数较少（0 次→1 次）时的破坏剪应变的减小程度大于循环次数较多（1 次→20 次）时的相应值，本试验条件下，循环次数较少-较多的分界值约为 1 次。

图 2-14(b)表明，各个循环次数下，随围压的增大，干-湿循环红土的破坏剪应变呈波动减小的变化趋势，由 13.5%～13.6%减小到 12.4%～12.7%。其变化程度见表 2-22。

表 2-22　三轴 CD 试验下干-湿循环红土的破坏剪应变随围压的变化程度($\varepsilon_{\text{sf-}\sigma 3}$/%)

围压(σ_3)/kPa	干-湿循环次数(N_{gs})/次				$\varepsilon_{\text{sf-jN-}\sigma 3}$/%
	0	1	10	20	
50→300	-6.7	-8.2	-6.5	-8.7	-8.0
50→100	-5.5	-2.5	-4.7	-6.5	-5.8
100→300	-1.3	-5.8	-1.8	-2.4	-2.3

注：$\varepsilon_{\text{sf-}\sigma 3}$、$\varepsilon_{\text{sf-jN-}\sigma 3}$ 分别代表三轴 CD 试验条件下，循环次数不同时，干-湿循环红土的破坏剪应变以及循环次数加权值随围压的变化程度。

可见，循环次数为 0～20 次，当围压由 50kPa→300kPa 时，干-湿循环红土的破坏剪应变减小了 6.5%～8.7%；经过循环次数加权，破坏剪应变平均减小了 8.0%。围压由 50kPa→100kPa 时，破坏剪应变减小了 2.5%～6.5%；经过循环次数加权，破坏剪应变平均减小了 5.8%；围压由 100kPa→300kPa 时，破坏剪应变减小了 1.8%～5.8%；经过循环次数加权，破坏剪应变平均减小了 2.3%。说明完全排水条件下，不论是否进行干-湿循环作用，围压的增大(50kPa→300kPa)，引起红土抵抗剪切变形的能力增强，相应的破坏剪应变减小。就加权值来看，围压较低(50kPa→100kPa)时破坏剪应变的减小程度大于围压较高(100kPa→300kPa)时的相应值，本试验条件下，围压较低-较高的分界值约为 100kPa。

2.3.2.2　干-湿循环幅度的影响

1. 剪应力-剪应变关系

图 2-15 给出了三轴 CD 试验条件下，初始含水率 ω_0 为 37.7%，初始干密度 ρ_d 为 1.18g/cm³，围压 σ_3 为 50～300kPa，循环次数 N_{gs} 为 20 次时，干-湿循环红土的剪应力-剪应变(τ-ε_s)关系随循环幅度 A_{gs} 的变化情况。

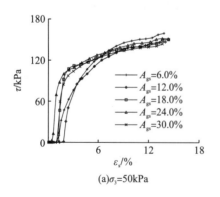
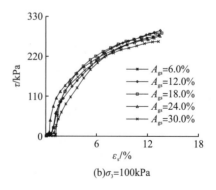

(a)σ_3=50kPa　　　　　　　(b)σ_3=100kPa

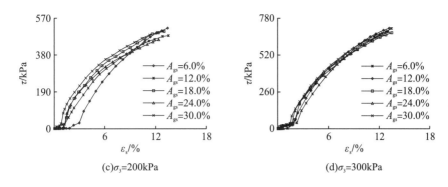

图 2-15　三轴 CD 试验下干-湿循环红土的剪应力-剪应变关系随循环幅度的变化

图 2-15 表明：各个循环幅度下，围压为 50kPa 时，干-湿循环红土的剪应力-剪应变关系曲线呈平缓增大-快速上升-缓慢增大的变化趋势；围压为 100～300kPa 时，剪应力-剪应变关系曲线呈平缓增大-持续上升的变化趋势；总体上，表现出应变硬化的特征。随循环幅度的增大，剪应力-剪应变关系曲线的位置呈波动升降的变化趋势。

2. 破坏剪应力的变化

干-湿循环红土的破坏剪应力 τ_f 随循环幅度次数 A_{gs} 的变化趋势（τ_f-A_{gs} 关系）与图 2-10 中破坏应力 q_f 随循环幅度 A_{gs} 的变化趋势一致（q_f-A_{gs} 关系）。

3. 破坏剪应变的变化

图 2-16 给出了三轴 CD 试验条件下，初始含水率 ω_0 为 37.7%，初始干密度 ρ_d 为 1.18g/cm³，围压 σ_3 为 50～300kPa，循环次数 N_{gs} 为 20 次时，干-湿循环红土的破坏剪应变 ε_{sf} 随循环幅度 A_{gs} 和围压 σ_3 的变化情况。

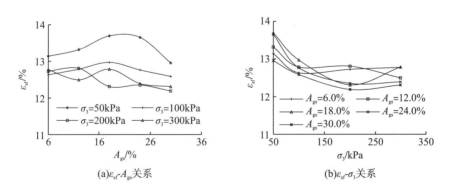

图 2-16　三轴 CD 试验下干-湿循环红土的破坏剪应变随循环幅度和围压的变化

图 2-16(a) 表明：各个围压下，随循环幅度的增大，干-湿循环红土的破坏剪应变呈波动减小的变化趋势，由 12.6%～13.1%减小到 12.2%～13.0%，存在极大值。其变化程度见表 2-23。

表 2-23   三轴 CD 试验下干-湿红土的破坏剪应变随循环幅度的变化程度($\varepsilon_{sf\text{-}A}$/%)

干-湿循环幅度 (A_{gs})/%	围压 (σ_3)/kPa				$\varepsilon_{sf\text{-}j\sigma3\text{-}A}$/%
	50	100	200	300	
6.0→30.0	−1.4	−0.4	−4.2	−3.6	−3.1
6.0→18.0	4.2	2.7	$0.7^{6\to12}$	0.1	1.0
18.0→30.0	−5.4	−3.0	$−4.8^{12\to30}$	−3.7	−4.1

注：$\varepsilon_{sf\text{-}A}$、$\varepsilon_{sf\text{-}j\sigma3\text{-}A}$ 分别代表三轴 CD 试验条件下，围压不同时，干-湿循环红土的破坏剪应变以及围压加权值随循环幅度的变化程度；$0.7^{6\to12}$、$−4.8^{12\to30}$ 分别代表循环幅度由 6.0%→12.0%、12.0%→30.0% 时破坏剪应变的变化程度。

可见，围压为 50～200kPa，当循环幅度由 6.0%→30.0% 时，干-湿循环红土的破坏剪应变减小了 0.4%～4.2%；经过围压加权，破坏剪应变平均减小了 3.1%。循环幅度由 6.0%→18.0%(12.0%)时，破坏剪应变增大了 0.1%～4.2%；经过围压加权，破坏剪应变平均增大了 1.0%。循环幅度由 18.0%(12.0%)→30.0% 时，破坏剪应变减小了 3.0%～45.4%；经过围压加权，破坏剪应变平均减小了 4.1%。说明完全排水条件下，干-湿循环幅度越大(6.0%→30.0%)，红土抵抗剪切变形的能力越弱，剪切过程中在较小的应变下就会发生破坏，相应的破坏剪应变减小。就加权值来看，循环幅度较小(6.0%→18.0%或 6.0%→12.0%)时，破坏剪应变略微增大；循环幅度较大(18.0%→30.0%或 12.0%→30.0%)时，最终引起破坏剪应变的减小。本试验条件下，破坏剪应变的极大值对应的循环幅度为 12.0%～18.0%。

图 2-19(b)表明，各个循环幅度下，随围压的增大，干-湿循环红土的破坏剪应变呈波动减小的变化趋势，由 13.0%～13.7% 减小到 12.3%～12.8%。其变化程度见表 2-24。

表 2-24   三轴 CD 试验下干-湿循环红土的破坏剪应变随围压的变化程度($\varepsilon_{sf\text{-}\sigma3}$/%)

围压 (σ_3)/kPa	干-湿循环幅度 (A_{gs})/%					$\varepsilon_{sf\text{-}jA\text{-}\sigma3}$/%
	6.0	12.0	18.0	24.0	30.0	
50→300	−2.8	−6.2	−6.7	−9.2	−5.0	−6.5
50→100	−3.9	−4.0	−5.3	−6.5	−2.8	−4.5
100→300	1.1	−2.3	−1.4	−2.9	−2.2	−2.0

注：$\varepsilon_{sf\text{-}\sigma3}$、$\varepsilon_{sf\text{-}jA\text{-}\sigma3}$ 分别代表三轴 CD 试验条件下，循环幅度不同时，干-湿循环红土的破坏剪应变以及循环幅度加权值随围压的变化程度。

可见，循环幅度为 6.0%～30.0%，当围压由 50kPa→300kPa 时，干-湿循环红土的破坏剪应变减小了 2.8%～9.2%；经过循环幅度加权，破坏剪应变平均减小了 6.5%。围压由 50kPa→100kPa 时，破坏剪应变减小了 2.8%～6.5%；经过循环幅度加权，破坏剪应变平均减小了 4.5%。围压由 100kPa→300kPa 时，破坏剪应变变化程度为-2.9%～1.1%；经过循环幅度加权，破坏剪应变平均减小了 2.0%。说明完全排水条件下，不论循环幅度大小，围压越大(50kPa→300kPa)，干-湿循环红土抵抗剪切变形的能力越强，相应的剪应变减小。就加权值来看，围压较低(50kPa→100kPa)时破坏剪应变的减小程度大于围压较高(100kPa→300kPa)时的相应值。本试验条件下，围压较低-较高的分界值约为 100kPa。

2.3.2.3　初始干密度的影响

1. 剪应力-剪应变关系

图 2-17 给出了三轴 CD 试验条件下，初始含水率 ω_0 为 37.7%，循环次数 N_{gs} 为 20 次，围压 σ_3 相同时，干-湿循环红土的剪应力-剪应变(τ-ε_s)关系随初始干密度 ρ_d 的变化情况。

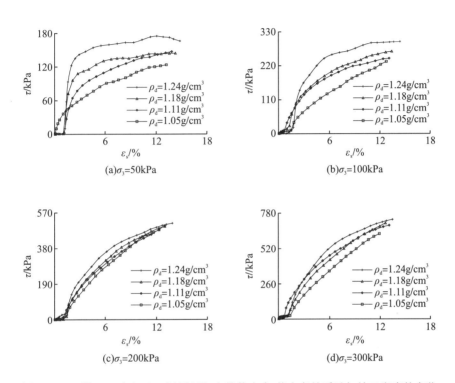

图 2-17　三轴 CD 试验下干-湿循环红土的剪应力-剪应变关系随初始干密度的变化

图 2-17 表明，各个初始干密度下，围压为 50kPa 时，干-湿循环红土的剪应力-剪应变曲线呈平缓增大-快速上升-缓慢增大的变化趋势；围压为 100～300kPa，剪应力-剪应变曲线呈平缓增大-持续上升的变化趋势；总体上，表现出应变硬化的特征。随初始干密度由 1.05g/cm³→1.24g/cm³，剪应力-剪应变曲线位置升高、左移。

2. 破坏剪应力的变化

干-湿循环红土的破坏剪应力 τ_f 随初始干密度 ρ_d 的变化趋势(τ_f-ρ_d 关系)与图 2-12 中破坏应力 q_f 随初始干密度 ρ_d 的变化趋势一致(q_f-ρ_d 关系)。

3. 破坏剪应变的变化

图 2-18 给出了三轴 CD 试验条件下，初始含水率 ω_0 为 37.7%，循环次数 N_{gs} 为 20 次时，干-湿循环红土的破坏剪应变 ε_{sf} 随初始干密度 ρ_d 和围压 σ_3 的变化情况。

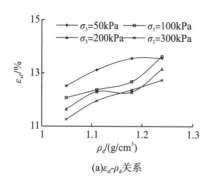 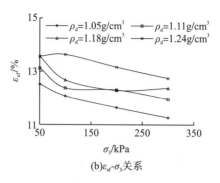

图 2-18   三轴 CD 试验下干-湿循环红土的破坏剪应变随初始干密度和围压的变化

图 2-18(a)表明，各级围压下，随初始干密度的增大，干-湿循环红土的破坏剪应变呈增大的变化趋势，由 11.3%～12.5%增大到 12.7%～13.6%。其变化程度见表 2-25。

表 2-25   三轴 CD 试验下干-湿循环红土的破坏剪应变随初始干密度的变化程度（$\varepsilon_{sf\text{-}\rho d}$/%）

初始干密度	围压（σ_3）/kPa				$\varepsilon_{sf\text{-}j\sigma3\text{-}\rho d}$/%
(ρ_d)/(g/cm^3)	50	100	200	300	
1.05→1.24	8.3	11.4	11.5	11.6	11.3

注：$\varepsilon_{sf\text{-}\rho d}$、$\varepsilon_{sf\text{-}j\sigma3\text{-}\rho d}$ 分别代表三轴 CD 试验条件下，围压不同时，干-湿循环红土的破坏剪应变以及围压加权值随初始干密度的变化程度。

可见，围压为 50～300kPa，当初始干密度由 1.05g/cm^3→1.24g/cm^3 时，干-湿循环红土的破坏剪应变增大了 8.3%～11.6%；经过围压加权后，破坏剪应变平均增大了 11.3%。说明完全排水条件下，初始干密度越大，干-湿循环红土的密实性越好，抵抗剪切变形的能力越强，剪切过程中在较大的轴向应变下才会破坏，相应的破坏剪应变增大。

图 2-18(b)表明，各个初始干密度下，随围压的增大，干-湿循环红土的破坏剪应变呈减小的变化趋势，由 12.5%～13.6%减小到 11.3%～12.7%。其变化程度见表 2-26。

表 2-26   三轴 CD 试验下干-湿循环红土的破坏剪应变随围压的变化程度（$\varepsilon_{sf\text{-}\sigma3}$/%）

围压	初始干密度（ρ_d）/(g/cm^3)				$\varepsilon_{sf\text{-}j\rho d\text{-}\sigma3}$/%
(σ_3)/kPa	1.05	1.11	1.18	1.24	
50→300	-10.0	-8.9	-8.7	-6.0	-8.3

注：$\varepsilon_{sf\text{-}\sigma3}$、$\varepsilon_{sf\text{-}j\rho d\text{-}\sigma3}$ 分别代表三轴 CD 试验条件下，初始干密度不同时，干-湿循环红土的破坏剪应变以及初始干密度加权值随围压的变化程度。

可见，初始干密度为 1.05～1.24g/cm^3，当围压由 50kPa→300kPa 时，干-湿循环红土的破坏剪应变减小了 6.0%～10.0%；经过初始干密度加权后，破坏剪应变平均减小了 8.3%。说明完全排水条件下，围压越大，剪切过程中抵抗剪切变形的能力越强，相应地达到破坏时的剪应变越小。

2.3.3　体应变-轴向应变特性

2.3.3.1　干-湿循环次数的影响

1. 体应变-轴向应变关系

图 2-19 给出了三轴 CD 试验条件下，初始含水率 ω_0 为 37.7%，初始干密度 ρ_d 为 1.18g/cm³，围压 σ_3 相同时，干-湿循环红土的体应变-轴向应变(ε_v-ε_1)关系随循环次数 N_{gs} 的变化情况。

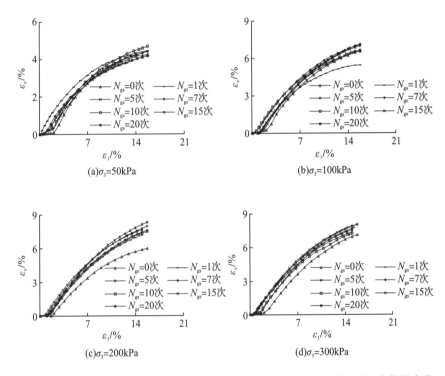

图 2-19　三轴 CD 试验下干-湿循环红土的体应变-轴向应变关系随循环次数的变化

图 2-19 表明：围压一定时，循环前后，各个循环次数下，干-湿循环红土的体应变-轴向应变关系曲线呈平缓增大-持续上升的变化趋势；总体上，表现出应变硬化的特征。随循环次数由 0 次→20 次，体应变-轴向应变关系曲线呈波动上升的变化趋势。

2. 破坏体应变的变化

图 2-20 给出了三轴 CD 试验条件下，初始含水率 ω_0 为 37.7%，初始干密度 ρ_d 为 1.18g/cm³，干-湿循环红土的破坏体应变 ε_{vf} 随循环次数 N_{gs} 和围压 σ_3 的变化关系。这里的破坏体应变 ε_{vf} 指的是轴向应变 ε_1 达到 15.0%时对应的体应变，以下同。

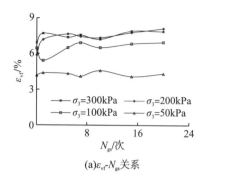
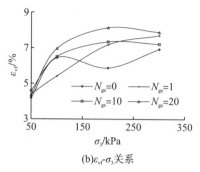

(a) ε_{vf}-N_{gs} 关系   (b) ε_{vf}-σ_3 关系

图 2-20　三轴 CD 试验下干-湿循环红土的破坏体应变随循环次数和围压的变化

图 2-20(a) 表明，各个围压下，随循环次数的增大，干-湿循环红土的破坏体应变呈波动增大的变化趋势，由 4.2%～6.9% 增大到 4.3%～8.1%。其变化程度见表 2-27。

表 2-27　三轴 CD 试验下干-湿循环红土的破坏体应变随循环次数的变化程度 (ε_{vf-N}/%)

干-湿循环次数 (N_{gs})/次	围压 (σ_3)/kPa				$\varepsilon_{vf-j\sigma3-N}$/%
	50	100	200	300	
0→20	3.4	7.4	27.7	12.1	15.5
0→1	4.7	−19.0	18.1	10.0	7.6
1→20	−1.2	23.7	13.0	2.5	8.7

注：ε_{vf-N}、$\varepsilon_{vf-j\sigma3-N}$ 分别代表三轴 CD 试验条件下，围压不同时，干-湿循环红土的破坏体应变以及围压加权值随循环次数的变化程度。

可见，围压为 50～300kPa，相比循环前，循环 1 次时，干-湿循环红土的破坏体应变变化程度为 −19.0%～18.1%；经过围压加权，破坏体应变平均增大了 7.6%。循环 20 次时，破坏体应变增大了 3.4%～27.7%；经过围压加权，破坏体应变平均增大了 15.5%。当循环次数由 1 次→20 次时，破坏体应变变化程度为 −1.2%～23.7%；经过围压加权，破坏体应变平均增大了 8.7%。说明完全排水条件下，干-湿循环次数越多 (0 次→20 次)，反复的干-湿循环作用损伤了红土的微结构，固结过程和剪切过程中更易于排水，引起排水量的增大，相应的体应变增大。就加权值来看，循环次数较少 (0 次→1 次) 时破坏体应变的增大程度大于循环次数较多 (1 次→20 次) 时的相应值，本试验条件下，循环次数较少-较多的分界值约为 1 次。

图 2-20(b) 表明，各个循环次数下，随围压的增大，干-湿循环红土的破坏体应变呈波动增大的变化趋势，由 4.2%～4.6% 增大到 6.9%～7.9%。其变化程度见表 2-28。

表 2-28　三轴 CD 试验下干-湿循环红土的破坏体应变随围压的变化程度 ($\varepsilon_{vf-\sigma3}$/%)

围压 (σ_3)/kPa	干-湿循环次数 (N_{gs})/次				$\varepsilon_{vf-jN-\sigma3}$/%
	0	1	10	20	
50→300	65.7	75.5	57.1	82.0	73.8
50→100	54.1	23.5	41.7	60.8	53.4
100→300	7.5	42.1	10.9	13.2	13.4

注：$\varepsilon_{vf-\sigma3}$、$\varepsilon_{vf-jN-\sigma3}$ 分别代表三轴 CD 试验条件下，循环次数不同时，干-湿循环红土的破坏体应变以及循环次数加权值随围压的变化程度。

可见，循环次数为 0～20 次，当围压由 50kPa→300kPa 时，干-湿循环红土的破坏体应变增大了 57.1%～82.0%；经过循环次数加权，破坏体应变平均增大了 73.8%。当围压由 50kPa→100kPa 时，破坏体应变快速增大了 23.5%～60.8%；经过循环次数加权，破坏体应变平均增大了 53.4%。当围压由 100kPa→300kPa 时，破坏体应变缓慢增大了 7.5%～42.1%；经过循环次数加权，破坏体应变平均仅增大了 13.4%。说明完全排水条件下，不论是否进行干-湿循环作用，围压越大，对红土体的挤压作用越强，在固结过程和剪切过程中更易于排水，引起土体体积的减小，相应的破坏体应变增大。围压较小(50kPa→100kPa)时，破坏体应变增大较快；围压较大(100kPa→300kPa)时，破坏体应变增大缓慢。本试验条件下，围压较小-较大的分界值约为 100kPa。

2.3.3.2　干-湿循环幅度的影响

1. 体应变-轴向应变关系

图 2-21 给出了三轴 CD 试验条件下，初始含水率 ω_0 为 37.7%，初始干密度 ρ_d 为 1.18g/cm^3，循环次数 N_{gs} 为 20 次，围压 σ_3 相同时，干-湿循环红土的体应变-轴向应变(ε_v-ε_1)关系随循环幅度 A_{gs} 变化情况。

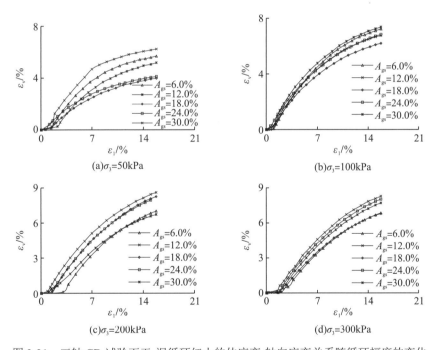

图 2-21　三轴 CD 试验下干-湿循环红土的体应变-轴向应变关系随循环幅度的变化

图 2-21 表明，围压一定时，各个循环幅度下，干-湿循环红土的体应变-轴向应变关系曲线呈平缓增大-持续上升的变化趋势，总体上表现出应变硬化的特征。围压为 50kPa 时，曲线分布较散；围压为 100～300kPa，曲线分布较集中。随循环幅度由 6.0%增大到 30.0%，体应变-轴向应变关系曲线呈波动上升的变化趋势。

2. 破坏体应变的变化

图 2-22 给出了三轴 CD 试验条件下，初始含水率 ω_0 为 37.7%，初始干密度 ρ_d 为 1.18g/cm^3，循环次数 N_{gs} 为 20 次时，干-湿循环红土的破坏体应变 ε_{vf} 随循环幅度 A_{gs} 和围压 σ_3 的变化情况。

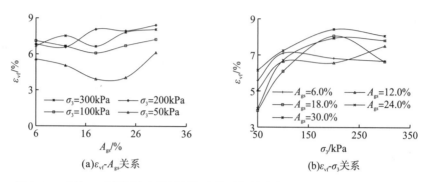

(a)ε_{vf}-A_{gs}关系   (b)ε_{vf}-σ_3关系

图 2-22 三轴 CD 试验下干-湿循环红土的破坏体应变随循环幅度和围压的变化

图 2-22(a)表明，各个围压下，随循环幅度的增加，干-湿循环红土的破坏体应变呈波动增大的变化趋势，由 5.6%～7.1%增大到 6.1%～8.4%，约在循环幅度为 18.0%时存在极小值。其变化程度见表 2-29。

表 2-29 三轴 CD 试验下干-湿循环红土的破坏体应变随循环幅度的变化程度($\varepsilon_{vf\text{-}A}$/%)

干-湿循环幅度 (A_{gs})/%	围压(σ_3)/kPa				$\varepsilon_{vf\text{-}j\sigma3\text{-}A}$/%
	50	100	200	300	
6.0→30.0	10.1	2.0	23.5	20.9	18.0
6.0→18.0	−29.8	−14.3	−3.7	−0.4	−5.8
18.0→30.0	56.9	18.9	28.2	21.4	25.8

注：$\varepsilon_{vf\text{-}A}$、$\varepsilon_{vf\text{-}j\sigma3\text{-}A}$ 分别代表三轴 CD 试验条件下，围压不同时，干-湿循环红土的破坏体应变以及围压加权值随循环幅度的变化程度。

可见，围压为 50～300kPa，当循环幅度由 6.0%→30.0%时，干-湿循环红土的破坏体应变增大了 2.0%～23.5%；经过围压加权，破坏体应变平均增大了 18.0%。当循环幅度由 6.0%→18.0%时，破坏体应变减小了 0.4%～29.8%；经过围压加权，破坏体应变平均减小了 5.8%。当循环幅度由 18.0%→30.0%时，破坏体应变增大了 18.9%～56.9%；经过围压加权，破坏体应变平均增大了 25.8%。说明完全排水条件下，干-湿循环幅度越大，对红土体的损伤越强，固结过程和剪切过程中更易于排水，相应的破坏体应变越大。就加权值来看，循环幅度较小(6.0%→18.0%)时，破坏体应变略微减小；循环幅度较大(18.0%→30.0%)时，最终引起破坏体应变的明显增大。本试验条件下，循环幅度较小-较大的分界值约为 18.0%。

图 2-22(b)表明，各个循环幅度下，随围压的增加，干-湿循环红土的破坏体应变呈波动增大的变化趋势，由 3.9%～6.1%增大到 6.6%～8.1%。其变化程度见表 2-30。

表 2-30　三轴 CD 试验下干-湿循环红土的破坏体应变随围压的变化程度（$\varepsilon_{\text{vf-}\sigma3}$/%）

围压 (σ_3)/kPa	干-湿循环幅度 (A_{gs})/%					$\varepsilon_{\text{vf-jA-}\sigma3}$/%
	6.0	12.0	18.0	24.0	30.0	
50→300	19.6	48.9	69.8	93.7	31.4	57.2
50→100	27.3	31.7	55.6	66.1	17.9	40.8
100→300	-6.0	13.0	9.1	16.6	11.4	11.4

注：$\varepsilon_{\text{vf-}\sigma3}$、$\varepsilon_{\text{vf-jA-}\sigma3}$ 分别代表三轴 CD 试验条件下，循环幅度不同时，干-湿循环红土的破坏体应变以及循环幅度加权值随围压的变化程度。

可见，循环幅度为 6.0%～30.0%，当围压由 50kPa→300kPa 时，干-湿循环红土的破坏体应变增大了 19.6%～93.7%；经过循环幅度加权，破坏体应变平均增大了 57.2%。当围压由 50kPa→100kPa 时，破坏体应变增大了 17.9%～66.1%；经过循环幅度加权，破坏体应变平均增大了 40.8%。当围压由 100kPa→300kPa 时，破坏体应变变化程度为-6.0%～16.6%；经过循环幅度加权，破坏体应变平均增大了 11.4%。说明完全排水条件下，围压越大（50kPa→300kPa），对干-湿循环红土体的挤压作用越强，固结过程和剪切过程中更易于排水，相应的体应变越大。就加权值来看，围压较小（50kPa→100kPa）时，破坏体应变明显增大；围压较大（100kPa→300kPa）时，破坏体应变缓慢增大。本试验条件下，围压较小-较大的分界值约为 100kPa。

2.3.3.3　初始干密度的影响

1. 体应变-轴向应变关系

图 2-23 给出了三轴 CD 试验条件下，初始含水率 ω_0 为 37.7%，循环次数 N_{gs} 为 20 次，围压 σ_3 相同时，干-湿循环红土的体应变-轴向应变（ε_{v}-ε_1）关系随初始干密度 ρ_d 的变化情况。

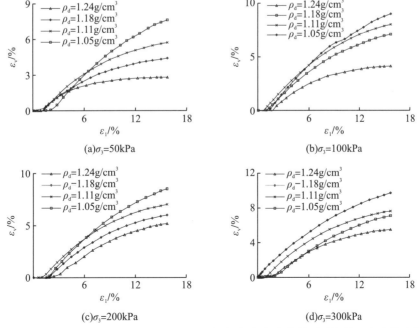

图 2-23　三轴 CD 试验下干-湿循环红土的体应变-轴向应变关系随初始干密度的变化

图 2-23 表明，围压一定时，各个初始干密度下，干-湿循环红土的体应变-轴向应变关系均呈平缓增大-持续上升的变化趋势，总体上表现出应变硬化的特征。随初始干密度由 $1.05g/cm^3 \rightarrow 1.24g/cm^3$，体应变-轴向应变关系曲线的位置呈逐渐下降的变化趋势，即体应变减小。

2. 破坏体应变的变化

图 2-24 给出了三轴 CD 试验条件下，初始含水率 ω_0 为 37.7%，循环次数 N_{gs} 为 20 次时，干-湿循环红土的破坏体应变 ε_{vf} 随初始干密度 ρ_d 和围压 σ_3 的变化关系。

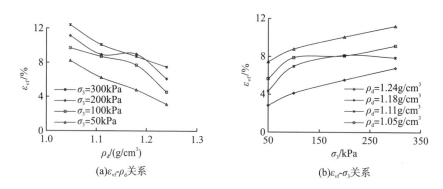

(a)ε_{vf}-ρ_d关系   (b)ε_{vf}-σ_3关系

图 2-24　三轴 CD 试验下干-湿循环红土的破坏体应变随初始干密度和围压的变化

图 2-24(a) 表明，各个围压下，随初始干密度的增大，干-湿循环红土的破坏体应变呈波动减小的变化趋势，由 7.4%~11.2%减小到 2.8%~6.8%。其变化程度见表 2-31。

表 2-31　三轴 CD 试验下干-湿循环红土的破坏体应变随初始干密度的变化程度（$\varepsilon_{vf\text{-}\rho d}$/%）

初始干密度 (ρ_d)/(g/cm³)	围压(σ_3)/kPa				$\varepsilon_{vf\text{-}j\sigma3\text{-}\rho d}$/%
	50	100	200	300	
1.05→1.24	-62.2	-53.2	-45.2	-39.6	-45.1

注：$\varepsilon_{vf\text{-}\rho d}$、$\varepsilon_{vf\text{-}j\sigma3\text{-}\rho d}$ 分别代表三轴 CD 试验条件下，围压不同时，干-湿循环红土的破坏体应变以及围压加权值随初始干密度的变化程度。

可见，围压为 50~300kPa，当初始干密度由 $1.05g/cm^3 \rightarrow 1.24g/cm^3$ 时，干-湿循环红土的破坏体应变减小了 39.6%~62.2%；经过围压加权，破坏体应变平均减小了 45.1%。说明完全排水条件下，初始干密度越大，干-湿循环红土的微结构越紧密，固结过程和剪切过程中越不容易排水，体积变化量小，相应的体应变减小。

图 2-24(b) 表明，各个初始干密度下，随围压的增大，干-湿循环红土的破坏体应变呈波动增大的变化趋势，由 2.8%~7.4%增大到 6.8%~11.2%。其变化程度见表 2-32。

表 2-32　三轴 CD 试验下干-湿循环红土的破坏体应变随围压的变化程度($\varepsilon_{vf\text{-}\sigma3}$/%)

围压 (σ_3)/kPa	初始干密度(ρ_d)/(g/cm^3)				$\varepsilon_{vf\text{-}j\rho d\text{-}\sigma3}$/%
	1.05	1.11	1.18	1.24	
50→300	50.6	62.0	82.0	140.5	85.8
50→100	17.9	39.8	60.8	45.9	41.8
100→300	27.7	15.9	13.2	64.8	31.1

注：$\varepsilon_{vf\text{-}\sigma3}$、$\varepsilon_{vf\text{-}j\rho d\text{-}\sigma3}$ 分别代表三轴 CD 试验条件下，初始干密度不同时，干-湿循环红土的破坏体应变以及初始干密度加权值随围压的变化程度。

可见，初始干密度为 1.05～1.24g/cm^3，当围压由 50kPa→300kPa 时，干-湿循环红土的破坏体应变增大了 50.6%～140.5%；经过初始干密度加权，破坏体应变平均增大了 85.8%。当围压由 50kPa→100kPa 时，破坏体应变增大了 17.9%～60.8%；经过初始干密度加权，破坏体应变平均增大了 41.8%。当围压由 100kPa→300kPa 时，破坏体应变增大了 13.2%～64.8%；经过初始干密度加权，破坏体应变平均增大了 31.1%。说明完全排水条件下，围压越大(50kPa→300kPa)，对干-湿循环红土体的挤压作用越强，固结过程和剪切过程中更易于排水，土体的体积变化量越大，相应的破坏体应变越大。就加权值来看，围压较小(50kPa→100kPa)时破坏体应变的增大程度高于围压较大(100kPa→300kPa)时的相应值。本试验条件下，围压较小-较大的分界值约为 100kPa。

2.3.4　剪应变-轴向应变特性

2.3.4.1　干-湿循环次数的影响

图 2-25 给出了三轴 CD 试验条件下，初始含水率 ω_0 为 37.7%，初始干密度 ρ_d 为 1.18g/cm^3，围压 σ_3 相同时，干-湿循环红土的剪应变-轴向应变(ε_s-ε_1)关系随循环次数 N_{gs} 的变化情况。

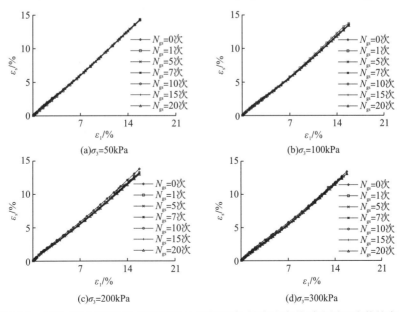

图 2-25　三轴 CD 试验下干-湿循环红土的剪应变-轴向应变关系随循环次数的变化

图 2-25 表明，围压为 50～300kPa，循环前后，各个循环次数下，素红土和干-湿循环红土的剪应变-轴向应变关系曲线均呈线性增大的变化趋势。随循环次数由 0 次→20 次，剪应变-轴向应变关系曲线分布较集中。

2.3.4.2 干-湿循环幅度的影响

图 2-26 给出了三轴 CD 试验条件下，初始含水率 ω_0 为 37.7%，初始干密度 ρ_d 为 1.18g/cm^3，循环次数 N_{gs} 为 20 次，围压 σ_3 相同时，干-湿循环红土的剪应变-轴向应变（ε_s-ε_1）关系随循环幅度 A_{gs} 的变化情况。

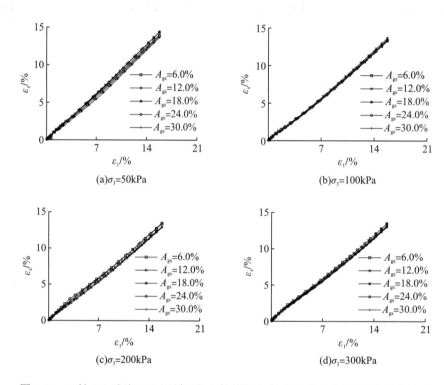

图 2-26　三轴 CD 试验下干-湿循环红土的剪应变-轴向应变关系随循环幅度的变化

图 2-26 表明，围压为 50～300kPa，各个循环幅度下，干-湿循环红土的剪应变-轴向应变关系曲线基本呈线性增大的变化趋势。随循环幅度由 6.0%→30.0%，剪应变-轴向应变关系曲线分布较集中。

2.3.4.3 初始干密度的影响

图 2-27 给出了三轴 CD 试验条件下，初始含水率 ω_0 为 37.7%，循环次数 N_{gs} 为 20 次，围压 σ_3 相同时，干-湿循环红土的剪应变-轴向应变（ε_s-ε_1）关系随初始干密度 ρ_d 的变化情况。

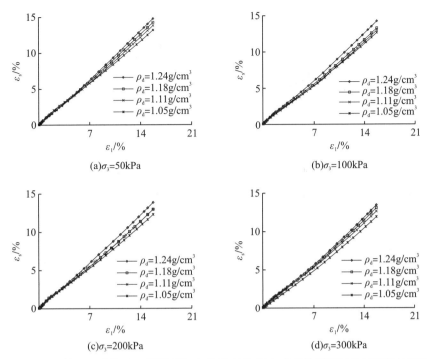

图 2-27　三轴 CD 试验下干-湿循环红土的剪应变-轴向应变关系随初始干密度的变化

图 2-27 表明，围压为 50～300kPa，各个初始干密度下，干-湿循环红土的剪应变-轴向应变关系曲线基本呈线性增大的变化趋势。随初始干密度由 1.05g/cm³→1.24g/cm³，剪应变-轴向应变关系曲线呈上升的变化趋势。

2.3.5　侧应变-轴向应变特性

2.3.5.1　干-湿循环次数的影响

1. 侧应变-轴向应变关系

图 2-28 给出了三轴 CD 试验条件下，初始含水率 ω_0 为 37.7%，初始干密度 ρ_d 为 1.18g/cm³，围压 σ_3 相同时，干-湿循环红土的侧应变-轴向应变（ε_3-ε_1）关系随循环次数 N_{gs} 的变化情况。

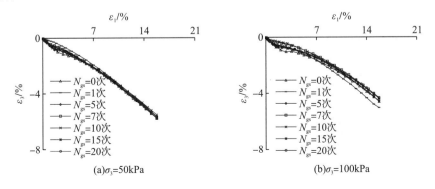

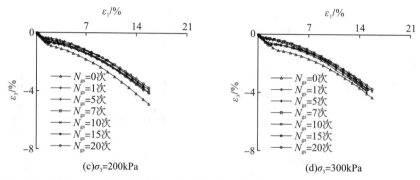

(c)σ_3=200kPa　　　　　　　　(d)σ_3=300kPa

图 2-28　三轴 CD 试验下干-湿循环红土的侧应变-轴向应变关系随循环次数的变化

　　图 2-28 表明，围压为 50～300kPa，循环前后，各个循环次数下，素红土和干-湿循环红土的侧应变的绝对值随轴向应变的增大呈逐渐增大的变化趋势。随循环次数由 0 次→20次，侧应变-轴向应变关系曲线分布较集中。

　　2. 破坏侧应变的变化

　　图 2-29 给出了三轴 CD 试验条件下，初始含水率 ω_0 为 37.7%，初始干密度 ρ_d 为 1.18g/cm³ 时，干-湿循环红土的破坏侧应变 ε_{3f} 随循环次数 N_{gs} 和围压 σ_3 的变化关系。这里的破坏侧应变 ε_{3f} 指的是轴向应变 ε_1 达到 15.0% 时对应的侧应变。以下同。

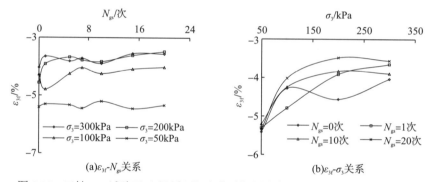

(a)ε_{3f}-N_{gs}关系　　　　　　　　(b)ε_{3f}-σ_3关系

图 2-29　三轴 CD 试验下干-湿循环红土的破坏侧应变随循环次数和围压的变化

　　图 2-29(a)表明，各级围压下，随循环次数的增加，干-湿循环红土的破坏侧应变的绝对值呈波动减小的变化趋势，由 5.4%～4.0% 减小到 5.3%～3.5%。其变化程度见表 2-33。

表 2-33　三轴 CD 试验下干-湿循环红土的破坏侧应变随循环次数的变化程度(ε_{3f-N}/%)

干-湿循环次数 (N_{gs})/次	围压(σ_3)/kPa				$\varepsilon_{3f-j\sigma3-N}$/%
	50	100	200	300	
0→1	-1.9	12.0	-14.2	-9.5	-7.1
0→20	-1.4	-6.0	-23.7	-11.8	-13.8
1→20	-0.5	-16.1	-11.1	-2.5	-7.0

　　注：ε_{3f-N}、$\varepsilon_{3f-j\sigma3-N}$ 分别代表三轴 CD 试验条件下，围压不同时，干-湿循环红土的破坏侧应变以及围压加权值随循环次数的变化程度。

可见，围压为 50~300kPa，相比循环前，循环 1 次时，干-湿循环红土的破坏侧应变变化程度为-14.2%~12.0%，但相应的围压加权值平均减小了 7.1%。循环 20 次时，破坏侧应变减小了 1.4%~23.7%；经过围压加权，破坏侧应变平均减小了 13.8%。而当循环次数由 1 次→20 次时，破坏侧应变减小了 0.5%~16.1%；经过围压加权，破坏侧应变平均减小了 7.0%。说明完全排水条件下，相比循环前的素红土，反复的干-湿循环作用损伤了红土的微结构，剪切过程中在较小的轴向应变下就达到破坏，相应的侧应变减小。就加权值来看，循环次数较少（0 次→1 次）时破坏侧应变的减小程度大于循环次数较多（1 次→20 次）时的相应值。本试验条件下，循环次数较少-较多的分界值为 1 次。

图 2-29(b) 表明，各个循环次数下，随围压的增大，干-湿循环红土的破坏侧应变的绝对值呈波动减小的变化趋势，由 5.2%~5.4%减小到 3.6%~4.0%。其变化程度见表 2-34。

表 2-34　三轴 CD 试验下干-湿循环红土的破坏侧应变随围压的变化程度（$\varepsilon_{3f\text{-}\sigma3}$/%）

围压 （σ_3）/kPa	干-湿循环次数（N_{gs}）/次				$\varepsilon_{3f\text{-}jN\text{-}\sigma3}$/%
	0	1	10	20	
50→300	−25.4	−31.2	−28.2	−33.3	−31.6
50→100	−20.9	−9.7	−18.4	−24.7	−22.2
100→300	−5.7	−23.8	−8.3	−11.4	−10.8

注：$\varepsilon_{3f\text{-}\sigma3}$、$\varepsilon_{3f\text{-}jN\text{-}\sigma3}$ 分别代表三轴 CD 试验条件下，循环次数不同时，干-湿循环红土的破坏侧应变以及循环次数加权值随围压的变化程度。

可见，循环次数为 0~20 次，当围压从 50kPa→300kPa 时，干-湿循环红土的破坏侧应变减小了 25.4%~33.3%；经过循环次数加权，破坏侧应变平均减小了 31.6%。当围压从 50kPa→100kPa 时，破坏侧应变减小了 9.7%~24.7%；经过循环次数加权，破坏侧应变平均减小了 22.2%。当围压从 100kPa→300kPa 时，破坏侧应变减小了 8.3%~23.8%；经过循环次数加权，破坏侧应变平均减小了 10.8%。说明完全排水条件下，不论是否进行干-湿循环作用，围压越大（50kPa→300kPa），红土抵抗侧向变形的能力越强，相应的侧应变越小。就加权值来看，围压较小（50kPa→100kPa）时破坏侧应变的减小程度高于围压较大（100kPa→300kPa）时的相应值。本试验条件下，围压较小-较大的分界值约为 100kPa。

2.3.5.2　干-湿循环幅度的影响

1. 侧应变-轴向应变关系

图 2-30 给出了三轴 CD 试验条件下，初始含水率 ω_0 为 37.7%，初始干密度 ρ_d 为 1.18g/cm³，循环次数 N_{gs} 为 20 次，围压 σ_3 相同时，干-湿循环红土的侧应变-轴向应变（ε_3-ε_1）关系随循环幅度 A_{gs} 的变化情况。

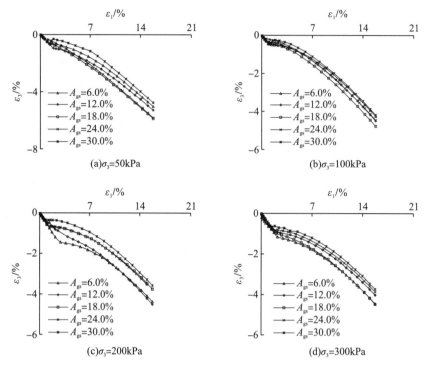

图 2-30 三轴 CD 试验下干-湿循环红土的侧应变-轴向应变关系随循环幅度的变化

图 2-30 表明,围压为 50～300kPa,各个循环幅度下,干-湿循环红土的侧应变的绝对值随轴向应变的增大呈逐渐增大的变化趋势。随循环幅度由 6.0%→30.0%,侧应变-轴向应变关系曲线呈现出波动上升的变化趋势。

2. 破坏侧应变的变化

图 2-31 给出了三轴 CD 试验条件下,初始含水率 ω_0 为 37.7%,初始干密度 ρ_d 为 1.18g/cm^3,循环次数 N_{gs} 为 20 次时,干-湿循环红土的破坏侧应变 ε_{3f} 随循环幅度 A_{gs} 和围压 σ_3 的变化关系。

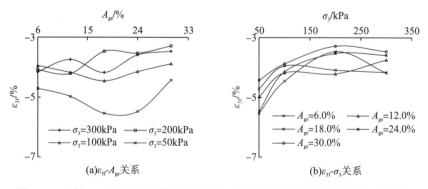

图 2-31 三轴 CD 试验下干-湿循环红土的破坏侧应变随循环幅度和围压的变化

图 2-31(a) 表明,各级围压下,随循环幅度的增大,干-湿循环红土的破坏侧应变的绝对值呈波动减小的变化趋势,由 4.7%～3.9%减小到 4.4%～3.3%。其变化程度见表 2-35。

表 2-35 三轴 CD 试验下干-湿循环红土的破坏侧应变随循环幅度的变化程度($\varepsilon_{3f\text{-}A}$/%)

干-湿循环幅度 (A_{gs})/%	围压(σ_3)/kPa				$\varepsilon_{3f\text{-}j\sigma3\text{-}A}$/%
	50	100	200	300	
6.0→30.0	−6.0	−1.8	−19.6	−16.8	−14.1
6.0→18.0	17.7	12.8	$3.1^{6\to12}$	0.3	4.4
18.0→30.0	−20.1	−12.9	$-22.0^{12\to30}$	−17.0	−18.1

注：$\varepsilon_{3f\text{-}A}$、$\varepsilon_{3f\text{-}j\sigma3\text{-}A}$ 分别代表三轴 CD 试验条件下，围压不同时，干-湿循环红土的破坏侧应变以及围压加权值随循环幅度的变化程度；$3.1^{6\to12}$、$-22.0^{12\to30}$ 分别代表循环幅度由 6.0%→12.0%、12.0%→30.0%时破坏侧应变的变化程度。

可见，围压为 50～300kPa，当循环幅度由 6.0%→30.0%时，干-湿循环红土的破坏侧应变减小了 1.8%～19.6%；经过围压加权，破坏侧应变平均减小了 14.1%。当循环幅度由 6.0%→18.0%(12.0%)时，破坏侧应变增大了 0.3%～17.7%；经过围压加权，破坏侧应变平均增大了 4.4%。当循环幅度由 18.0%(12.0%)→30.0%时，破坏侧应变减小了 12.9%～22.0%；经过围压加权，破坏侧应变平均减小了 18.1%。说明完全排水条件下，干-湿循环幅度越大(6.0%→30.0%)，对红土体微结构的损伤作用越强，剪切过程中在较小的轴向应变下就发生破坏，相应的侧向应变越小。循环幅度较小(6.0%→18.0%或 6.0%→12.0%)时，破坏侧应变增大；循环幅度较大(18.0%→30.0%或 12.0%→30.0%)时，最终引起破坏侧应变减小。本试验条件下，循环幅度较小-较大的分界值为 12.0%～18.0%。

图 2-31(b)表明，各个循环幅度下，随围压的增大，干-湿循环红土的破坏侧应变的绝对值呈波动减小的变化趋势，由 4.4%～5.5%减小到 3.5%～4.2%。其变化程度见表 2-36。

表 2-36 三轴 CD 试验下干-湿循环红土的破坏侧应变随围压的变化程度($\varepsilon_{3f\text{-}\sigma3}$/%)

围压(σ_3)/kPa	干-湿循环幅度 (A_{gs})/%					$\varepsilon_{3f\text{-}jA\text{-}\sigma3}$/%
	6.0	12.0	18.0	24.0	30.0	
50→300	−11.6	−24.8	−24.6	−34.5	−21.7	−25.4
50→100	−16.2	−16.1	−19.6	−24.4	−12.4	−17.8
100→300	5.4	−10.4	−6.2	−13.4	−10.7	−9.4

注：$\varepsilon_{3f\text{-}\sigma3}$、$\varepsilon_{3f\text{-}jA\text{-}\sigma3}$ 分别代表三轴 CD 试验条件下，循环幅度不同时，干-湿循环红土的破坏侧应变以及循环幅度加权值随围压的变化程度。

可见，循环幅度为 6.0%～30.0%，当围压由 50kPa→300kPa 时，干-湿循环红土的破坏侧应变减小了 11.6%～34.5%；经过循环幅度加权，破坏侧应变平均减小了 25.4%。当围压由 50kPa→100kPa 时，破坏侧应变减小了 12.4%～24.4%；经过循环幅度加权，破坏侧应变平均减小了 17.8%。当围压由 100kPa→300kPa 时，破坏侧应变变化程度为-13.4%～5.4%；经过循环幅度加权，破坏侧应变平均减小了 9.4%。说明完全排水条件下，围压越大(50kPa→300kPa)，干-湿循环红土抵抗侧向变形的能力越强，相应的侧应变越小。就加权值来看，围压较小(50kPa→100kPa)时破坏侧应变的减小程度高于围压较大(100kPa→300kPa)时的相应值。本试验条件下，围压较小-较大的分界值约为 100kPa。

2.3.5.3 初始干密度的影响

1. 侧应变-轴向应变关系

图 2-32 给出了三轴 CD 试验条件下，初始含水率 ω_0 为 37.7%，循环次数 N_{gs} 为 20 次，围压 σ_3 相同时，干-湿循环红土的侧应变-轴向应变（ε_3-ε_1）关系随初始干密度 ρ_d 的变化情况。

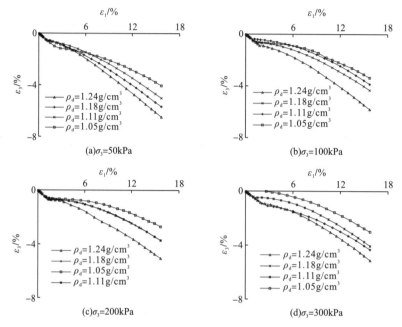

图 2-32   三轴 CD 试验下干-湿循环红土的侧应变-轴向应变关系随初始干密度的变化

图 2-32 表明，围压为 50～100kPa，各个初始干密度下，干-湿循环红土的侧应变的绝对值随轴向应变的增大呈逐渐增大的变化趋势。随初始干密度由 1.05g/cm^3→1.24g/cm^3，侧应变-轴向应变关系曲线的位置呈现出波动下降的变化趋势，即侧应变绝对值波动增大。

2. 破坏侧应变的变化

图 2-33 给出了三轴 CD 试验条件下，初始含水率 ω_0 为 37.7%，循环次数 N_{gs} 为 20 次时，干-湿循环红土的破坏侧应变 ε_{3f} 随初始干密度 ρ_d 和围压 σ_3 的变化情况。

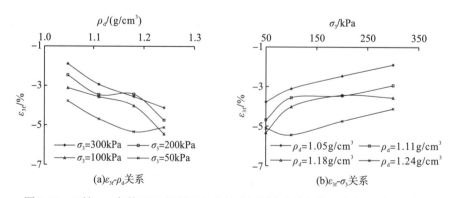

图 2-33   三轴 CD 条件下干-湿循环红土的破坏侧应变随初始干密度和围压的变化

图 2-33(a)表明，各级围压下，随初始干密度的增加，干-湿循环红土的破坏侧应变的绝对值呈波动增大的变化趋势，由 1.9%～3.8%增大到 4.1%～5.4%。其变化程度见表 2-37。

表 2-37　三轴 CD 试验下干-湿循环红土的破坏侧应变随干密度的变化程度($\varepsilon_{3f\text{-}\rho d}$/%)

| 初始干密度 (ρ_d)/(g/cm³) | 围压(σ_3)/kPa | | | | $\varepsilon_{3f\text{-}j\sigma3\text{-}pd}$/% |
	50	100	200	300	
1.05→1.24	35.3	75.0	92.2	116.9	96.6

注：$\varepsilon_{3f\text{-}pd}$、$\varepsilon_{3f\text{-}j\sigma3\text{-}pd}$ 分别代表三轴 CD 试验条件下，围压不同时，干-湿循环红土的破坏侧应变以及围压加权值随初始干密度的变化程度。

可见，围压为 50～100kPa，当初始干密度由 1.05g/cm³→1.24g/cm³ 时，干-湿循环红土的破坏侧应变增大了 35.3%～116.9%；经过围压加权，破坏侧应变平均增大了 96.6%。说明完全排水条件下，初始干密度越大，干-湿循环红土体的微结构越紧密，抵抗剪切变形的能力越强，剪切过程中在较大的轴向应变下才会破坏，相应的破坏侧应变增大。

图 2-33(b)表明，各个初始干密度下，随围压的增大，干-湿循环红土的破坏侧应变的绝对值呈波动减小的变化趋势，由 3.8%～5.3%减小到 1.9%～4.1%。其变化程度见表 2-38。

表 2-38　三轴 CD 试验下干-湿循环红土的破坏侧应变随围压的变化程度($\varepsilon_{3f\text{-}\sigma3}$/%)

| 围压 (σ_3)/kPa | 初始干密度(ρ_d)/(g/cm³) | | | | $\varepsilon_{3f\text{-}j\rho d\text{-}\sigma3}$/% |
	1.05	1.11	1.18	1.24	
50→300	-49.8	-37.3	-33.3	-19.5	-34.3

注：$\varepsilon_{3f\text{-}\sigma3}$、$\varepsilon_{3f\text{-}j\rho d\text{-}\sigma3}$ 分别代表三轴 CD 试验条件下，初始干密度不同时，干-湿循环红土的破坏侧应变以及初始干密度加权值随围压的变化程度。

可见，初始干密度为 1.05～1.24g/cm³，当围压由 50kPa→300kPa 时，干-湿循环红土的破坏侧应变减小了 19.5%～49.8%；经过初始干密度加权，破坏侧应变平均减小了 34.3%。说明完全排水条件下，围压越大，对土体的束缚作用越强，提高了干-湿循环红土抵抗侧向变形的能力，相应的侧应变越小。

2.4　干-湿循环红土的邓肯-张(E-B)模型参数特性

2.4.1　邓肯-张(E-B)模型参数

三轴 CD 试验条件下，干-湿循环红土的主应力差-轴向应变关系呈硬化型曲线，可以用邓肯-张(E-B)模型的双曲线关系来描述：

$$q = \sigma_1 - \sigma_3 = \frac{\varepsilon_1}{a + b\varepsilon_1} \tag{2-1}$$

式中，q——主应力差，$q=\sigma_1-\sigma_3$，kPa；

σ_1——大主应力，kPa；

σ_3——小主应力，围压，kPa；

a、b——双曲线拟合参数，根据试验确定。

根据主应力差-轴向应变的双曲线关系式(2-1)，可以得到邓肯-张模型参数。

2.4.1.1 切线弹性模量

E-B 模型的切线弹性模量 E_t 按下式确定：

$$E_t = k_e p_a \left(\frac{\sigma_3}{p_a}\right)^{n_e} \left[1 - \frac{R_f(\sigma_1 - \sigma_3)(1 - \sin\varphi)}{2c\cos\varphi + 2\sigma_3\sin\varphi}\right] \tag{2-2}$$

式中，E_t——切线弹性模量，MPa；

p_a——大气压力，kPa；

c、φ——分别为黏聚力和内摩擦角，根据三轴 CD 试验确定；

k_e、n_e——E_t 简布参数，分别为初始弹性模量系数、初始弹性模量指数。按下式确定：

$$E_0 = k_e p_a \left(\frac{\sigma_3}{p_a}\right)^{n_e} \tag{2-3}$$

其中，E_0 为初始弹性模量，等于试验参数 a 的倒数：

$$E_0 = \frac{1}{a} \tag{2-4}$$

R_f——破坏比，指破坏应力 $[q_f = (\sigma_1 - \sigma_3)_f]$ 与极限应力 $[q_{ult} = (\sigma_1 - \sigma_3)_{ult}]$ 之比：

$$R_f = \frac{(\sigma_1 - \sigma_3)_f}{(\sigma_1 - \sigma_3)_{ult}} \tag{2-5}$$

破坏应力根据主应力差-轴向应变关系 $(q\text{-}\varepsilon_1)$ 曲线确定，极限应力为试验参数 b 的倒数：

$$(\sigma_1 - \sigma_3)_{ult} = \frac{1}{b} \tag{2-6}$$

2.4.1.2 切线体积模量

E-B 模型的切线体积模量按下式确定：

$$B_t = k_b p_a \left(\frac{\sigma_3}{p_a}\right)^{n_b} \tag{2-7}$$

式中，B_t——切线体积模量，MPa；

p_a——大气压力，kPa；

k_b、n_b——B_t 简布参数，分别为初始体积模量系数、初始体积模量指数。根据初始体积模量 B_0 确定：

$$B_0 = \left.\frac{\sigma_1 - \sigma_3}{3\varepsilon_v}\right|_{S_L = 0.7} \tag{2-8}$$

式中，B_0——初始体积模量，MPa；

　　ε_v——体应变，%；

　　S_L——应力水平，是指土体实际所受应力与破坏应力的比值。

　　E-B 模型中的各个参数见表 2-39。

表 2-39　邓肯-张（E-B）模型参数

双曲线拟合参数	强度参数	弹性模量参数	体积模量参数	应力参数
ε_1/q-ε_1 直线的截距 a	黏聚力 c	初始弹性模量 E_0	初始体积模量 B_0	极限应力 q_{ult}
ε_1/q-ε_1 直线的斜率 b	内摩擦角 φ	初始弹性模量系数 k_e	初始体积模量系数 k_b	破坏应力 q_f
		初始弹性模量指数 n_e	初始体积模量指数 n_b	破坏比 R_f

2.4.2　干-湿循环红土的双曲线拟合参数

　　E-B 模型中，双曲线拟合参数是指主应力差 q 与轴向应变 ε_1 之间的拟合关系，包括 ε_1/q-ε_1 直线关系的截距 a 和斜率 b。

2.4.2.1　干-湿循环次数的影响

　　图 2-34、图 2-35 分别给出了三轴 CD 试验条件下，初始含水率 ω_0 为 37.7%，初始干密度 ρ_d 为 1.18g/cm^3，E-B 模型中，干-湿循环红土的主应力差-轴向应变 (q-ε_1) 双曲线拟合参数 a、b 值随循环次数 N_{gs} 和围压 σ_3 的变化关系。

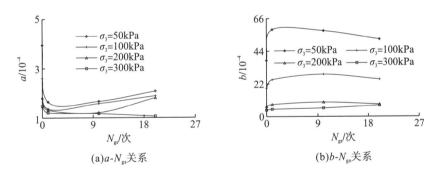

图 2-34　E-B 模型中干-湿循环红土的主应力差-轴向应变双曲线拟合参数随循环次数的变化

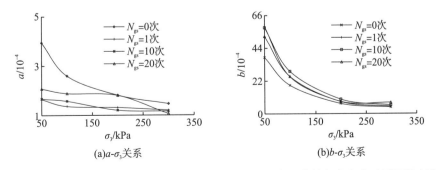

图 2-35　E-B 模型中干-湿循环红土的主应力差-轴向应变双曲线拟合参数随围压的变化

图 2-34 表明，E-B 模型中，围压一定时，随循环次数的增加，干-湿循环红土的主应力差-轴向应变双曲线关系拟合参数 a 呈波动减小的变化趋势，拟合参数 b 呈波动增大的变化趋势。围压为 50~300kPa，当循环次数由 0 次→20 次时，拟合参数 a 波动减小了 0.5%~47.2%，拟合参数 b 波动增大了 16.9%~42.1%。

图 2-35 表明，循环次数一定时，随围压的增大，干-湿循环红土的主应力差-轴向应变双曲线关系拟合参数 a、b 均呈减小的变化趋势。循环次数为 0~20 次，当围压由 50kPa→300kPa 时，拟合参数 a 减小了 26.7%~62.7%，拟合参数 b 减小了 85.4%~91.5%。

2.4.2.2 干-湿循环幅度的影响

图 2-36、图 2-37 给出了三轴 CD 试验条件下，初始含水率 ω_0 为 37.7%，初始干密度 ρ_d 为 1.18g/cm³，循环次数 N_{gs} 为 20 次时，E-B 模型中，干-湿循环红土的主应力差-轴向应变 $(q\text{-}\varepsilon_1)$ 双曲线拟合参数 a、b 值随循环幅度 A_{gs} 和围压 σ_3 的变化关系。

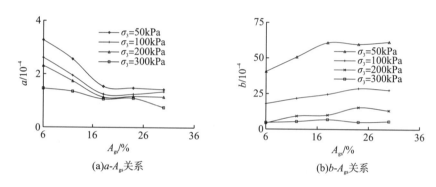

图 2-36 E-B 模型中干-湿循环红土的主应力差-轴向应变双曲线拟合参数随循环幅度的变化

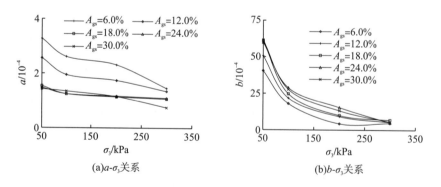

图 2-37 E-B 模型中干-湿循环红土的主应力差-轴向应变双曲线拟合参数随围压的变化

图 2-36 表明，E-B 模型中，围压一定时，随循环幅度的增加，干-湿循环红土的主应力差-轴向应变双曲线关系拟合参数 a 呈波动减小的变化趋势，拟合参数 b 呈波动增大的变化趋势。围压为 50~300kPa，循环幅度由 6.0%→30.0%时，拟合参数 a 波动减小了 48.3%~56.3%，拟合参数 b 波动增大了 16.0%~67.4%。

图 2-37 表明，循环幅度一定时，随围压的增大，干-湿循环红土的主应力差-轴向应变

双曲线关系拟合参数 a、b 均呈减小的变化趋势。循环幅度为 6.0%～30%，当围压由 50kPa →300kPa 时，拟合参数 a 减小了 25.7%～55.4%，拟合参数 b 减小了 88.3%～91.5%。

2.4.2.3　初始干密度的影响

图 2-38 给出了三轴 CD 试验条件下，初始含水率 ω_0 为 37.7%，循环次数 N_{gs} 为 20 次时，E-B 模型中，干-湿循环红土的主应力差-轴向应变(q-ε_1)双曲线拟合参数 a、b 值随初始干密度 ρ_d 和围压 σ_3 的变化关系。

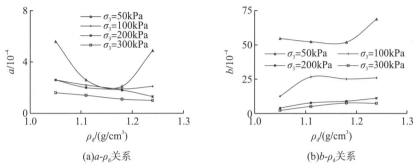

(a)a-ρ_d关系　　　　　　　　　　　　(b)b-ρ_d关系

图 2-38　E-B 模型中干-湿循环红土的主应力差-轴向应变双曲线拟合参数随初始干密度和围压的变化

图 2-38 表明，E-B 模型中，围压一定时，随初始干密度的增加，干-湿循环红土的主应力差-轴向应变双曲线关系拟合参数 a 呈波动减小的变化趋势，拟合参数 b 呈波动增大的变化趋势。围压为 50～300kPa，初始干密度由 1.05g/cm³→1.24g/cm³ 时，拟合参数 a 波动减小了 12.5%～50.0%，拟合参数 b 波动增大了 20.5%～70.0%。

初始干密度一定时，随围压的增大，干-湿循环红土的主应力差-轴向应变双曲线拟合参数 a、b 均呈减小的变化趋势。初始干密度为 1.05～1.24g/cm³，围压由 50kPa→300kPa 时，拟合参数 a 减小了 46.2%～80.0%，拟合参数 b 减小了 85.4%～96.0%。

2.4.3　干-湿循环红土的弹性模量参数

E-B 模型中，干-湿循环红土的弹性模量参数包括：初始弹性模量 E_0、初始弹性模量系数 k_e、初始弹性模量指数 n_e。其中，初始弹性模量系数 k_e 和初始弹性模量指数 n_e 统称为 E_t 简布参数。

2.4.3.1　初始弹性模量

1. 干-湿循环次数的影响

图 2-39 给出了三轴 CD 试验条件下，初始含水率 ω_0 为 37.7%，初始干密度 ρ_d 为 1.18g/cm³，E-B 模型中，干-湿循环红土的初始弹性模量 E_0 随循环次数 N_{gs} 和围压 σ_3 的变化关系。

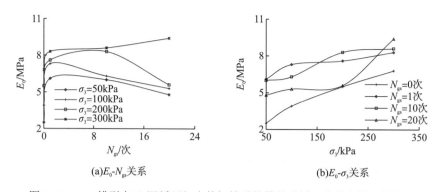

(a)E_0-N_{gs}关系   (b)E_0-σ_3关系

图2-39　E-B模型中干-湿循环红土的初始弹性模量随循环次数和围压的变化

图2-39(a)表明，各级围压下，相比循环前的素红土，随循环次数的增加，干-湿循环红土的初始弹性模量呈波动增大的变化趋势，存在极大值。其变化程度见表2-40。

表2-40　E-B模型中干-湿循环红土的初始弹性模量随循环次数的变化程度($E_{0\text{-}N}$/%)

| 干-湿循环次数 | 围压(σ_3)/kPa | | | | $E_{0\text{-}j\sigma3\text{-}N}$/% |
(N_{gs})/次	50	100	200	300	
0→1	144.0	87.2	38.2	22.1	46.4
0→20	92.0	35.9	1.8	38.2	30.8
1→20	−21.3	−27.4	−26.3	13.3	−7.8

注：$E_{0\text{-}N}$、$E_{0\text{-}j\sigma3\text{-}N}$分别代表三轴CD试验条件下，围压不同时，E-B模型中，干-湿循环红土的初始弹性模量以及围压加权值随循环次数的变化程度。

可见，围压为50~200kPa，相比循环前，循环1次时，干-湿循环红土的初始弹性模量增大了22.1%~144.0%；经过围压加权，初始弹性模量平均增大了46.4%。循环20次时，初始弹性模量增大了1.8%~92.0%；经过围压加权，初始弹性模量平均增大了30.8%。而当循环次数由1次→20次时，初始弹性模量变化程度为−27.4%~13.3%；经过围压加权，初始弹性模量平均减小了7.8%。说明完全排水条件下，反复的干-湿循环作用，增大了红土的初始弹性模量，但增大程度随循环次数的增多而降低。

图2-39(b)表明，各个循环次数下，随围压的增大，素红土和干-湿循环红土的初始弹性模量呈增大的变化趋势。其变化程度见表2-41。

表2-41　E-B模型中干-湿循环红土的初始弹性模量随围压的变化程度($E_{0\text{-}\sigma3}$/%)

| 围压 | 干-湿循环次数(N_{gs})/次 | | | | $E_{0\text{-}jN\text{-}\sigma3}$/% |
(σ_3)/kPa	0	1	10	20	
50→300	172.0	36.1	43.3	95.8	76.9

注：$E_{0\text{-}\sigma3}$、$E_{0\text{-}jN\text{-}\sigma3}$分别代表三轴CD试验条件下，循环次数不同时，E-B模型中，干-湿循环红土的初始弹性模量以及循环次数加权值随围压的变化程度。

可见，当围压由50kPa→300kPa时，循环前，素红土的初始弹性模量增大了172.0%；循环次数为1~20次时，干-湿循环红土的初始弹性模量增大了36.1%~95.8%；经过循环次数加权，初始弹性模量平均增大了 76.9%。说明完全排水条件下，围压越大，素红土和干-湿循环红土的初始弹性模量越大。

2. 干-湿循环幅度的影响

图 2-40 给出了三轴 CD 试验条件下，初始含水率 ω_0 为 37.7%，初始干密度 ρ_d 为 1.18g/cm³，循环次数 N_{gs} 为 20 次时，E-B 模型中，干-湿循环红土的初始弹性模量 E_0 随循环幅度 A_{gs} 和围压 σ_3 的变化关系。

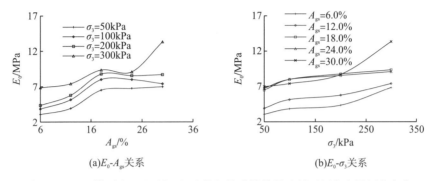

(a)E_0-A_{gs}关系　　　　　　　　(b)E_0-σ_3关系

图 2-40　E-B 模型中干-湿循环红土的初始弹性模量随循环幅度和围压的变化

图 2-40(a)表明，各级围压下，随循环幅度的增大，干-湿循环红土的初始弹性模量呈波动增大的变化趋势。其变化程度见表 2-42。

表 2-42　E-B 模型中干-湿循环红土的初始弹性模量随循环幅度的变化程度(E_{0-A}/%)

| 干-湿循环幅度 (A_{gs})/% | 围压 (σ_3)/kPa | | | | $E_{0-j\sigma3-A}$/% |
	50	100	200	300	
6.0→30.0	109.2	93.5	100.9	94.6	97.5

注：E_{0-A}、$E_{0-j\sigma3-A}$ 分别代表三轴 CD 试验条件下，围压不同时，E-B 模型中，干-湿循环红土的初始弹性模量以及围压加权值随循环幅度的变化程度。

可见，围压为 50～300kPa，当循环幅度由 6.0%→30.0%时，干-湿循环红土的初始弹性模量增大了 93.5%～109.2%；经过围压加权后，初始弹性模量平均增大了 97.5%。说明完全排水条件下，干-湿循环幅度越大，红土的初始弹性模量越大。

图 2-40(b)表明，各个循环幅度下，随围压的增大，干-湿循环红土的初始弹性模量呈波动增大的变化趋势。其变化程度见表 2-43。

表 2-43　E-B 模型中干-湿循环红土的初始弹性模量随围压的变化程度($E_{0-\sigma3}$/%)

| 围压 (σ_3)/kPa | 干-湿循环幅度(A_{gs})/% | | | | | $E_{0-jA-\sigma3}$/% |
	6.0	12.0	18.0	24.0	30.0	
50→300	123.9	89.5	44.1	34.5	90.7	68.4

注：$E_{0-\sigma3}$、$E_{0-jA-\sigma3}$ 分别代表三轴 CD 试验条件下，循环幅度不同时，E-B 模型中，干-湿循环红土的初始弹性模量以及循环幅度加权值随围压的变化程度。

可见，循环幅度为 6.0%～30.0%，当围压由 50kPa→300kPa 时，干-湿循环红土的初始
弹性模量增大了 34.5%～123.9%；经过循环幅度加权后，初始弹性模量平均增大了 68.4%。
说明完全排水条件下，围压越大，干-湿循环红土的初始弹性模量越大。

3. 初始干密度的影响

图 2-41 给出了三轴 CD 试验条件下，初始含水率 ω_0 为 37.7%，循环次数 N_{gs} 为 20 次
时，E-B 模型中，干-湿循环红土的初始弹性模量 E_0 随初始干密度 ρ_d 和围压 σ_3 的变化关系。

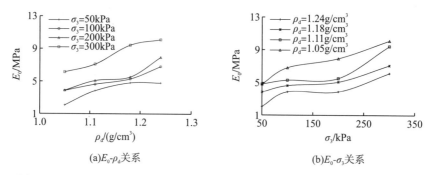

(a)E_0-ρ_d关系　　　　　　　　　　(b)E_0-σ_3关系

图 2-41　E-B 模型中干-湿循环红土的初始弹性模量随初始干密度和围压的变化

图 2-41(a)表明，各级围压下，随初始干密度的增大，干-湿循环红土的初始弹性模量
呈波动增大的变化趋势。其变化程度见表 2-44。

表 2-44　E-B 模型中干-湿循环红土的初始弹性模量随初始干密度的变化程度（$E_{0-\rho d}$/%）

初始干密度 (ρ_d)/(g/cm³)	围压 (σ_3)/kPa				$E_{0-j\sigma3-\rho d}$/%
	50	100	200	300	
1.05→1.24	133.0	76.4	104.6	64.8	84.1

注：$E_{0-\rho d}$、$E_{0-j\sigma3-\rho d}$ 分别代表三轴 CD 试验条件下，围压不同时，E-B 模型中，干-湿循环红土的初始弹性模量以及围压加
权值随初始干密度的变化程度。

可见，围压为 50～300kPa，当初始干密度由 1.05g/cm³→1.24g/cm³ 时，干-湿循环红
土的初始弹性模量增大了 64.8%～133.0%；经过围压加权后，初始弹性模量平均增大了
84.1%。说明初始干密度越大，红土体的密实程度越高，三轴 CD 试验的剪切过程中，承
受外荷载的能力越大，相应的初始弹性模量越大。

由图 2-41(b)表明，各个初始干密度下，随围压的增大，干-湿循环红土的初始弹性模
量呈波动增大的变化趋势。其变化程度见表 2-45。

表 2-45　E-B 模型中干-湿循环红土的初始弹性模量随围压的变化程度（$E_{0-\sigma3}$/%）

围压 (σ_3)/kPa	初始干密度 (ρ_d)/(g/cm³)				$E_{0-j\rho d-\sigma3}$/%
	1.05	1.11	1.18	1.24	
50→300	197.6	85.1	96.0	110.4	120.5

注：$E_{0-\sigma3}$、$E_{0-j\rho d-\sigma3}$ 分别代表三轴 CD 试验条件下，初始干密度不同时，E-B 模型中，干-湿循环红土的初始弹性模量以及
初始干密度加权值随围压的变化程度。

可见，初始干密度为 $1.05\sim1.24$g/cm^3，当围压由 50kPa→300kPa 时，干-湿循环红土的初始弹性模量增大了 $85.1\%\sim197.6\%$；经过初始干密度加权后，初始弹性模量平均增大了 120.5%。说明三轴 CD 试验的围压越大，干-湿循环红土的初始弹性模量越大。

2.4.3.2　E_t 简布参数

E-B 模型中，E_t 简布参数是指干-湿循环红土的 $\lg(E_0/p_a)\text{-}\lg(\sigma_3/p_a)$ 关系曲线的斜率和指数，包括初始弹性模量系数 k_e、初始弹性模量指数 n_e。

1. 干-湿循环次数的影响

图 2-42 给出了三轴 CD 试验条件下，初始含水率 ω_0 为 37.7%，初始干密度 ρ_d 为 1.18g/cm^3，围压 σ_3 为 $50\sim300$kPa，E-B 模型中，干-湿循环红土的 E_t 简布参数随循环次数 N_{gs} 的变化情况。

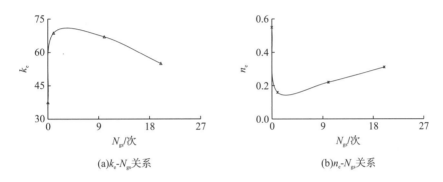

(a)k_e-N_{gs}关系　　　　　　　　　　　　(b)n_e-N_{gs}关系

图 2-42　E-B 模型中干-湿循环红土的 E_t 简布参数与循环次数的关系

图 2-42 表明，相比循环前的素红土，随循环次数的增多，干-湿循环红土的初始弹性模量系数呈凸形减小的变化趋势，循环 1 次时存在极大值；初始弹性模量指数呈凹形增大的变化趋势，循环 1 次时存在极小值。其变化程度见表 2-46。

表 2-46　E-B 模型中干-湿循环红土的 E_t 简布参数随循环次数的变化程度

E_t 简布参数的变化	干-湿循环次数(N_{gs})/次		
	0→1	0→20	1→20
$k_{e\text{-}N}$/%	83.7	46.8	-20.1
$n_{e\text{-}N}$/%	-70.9	-43.6	93.8

注：$k_{e\text{-}N}$、$n_{e\text{-}N}$ 分别代表三轴 CD 试验条件下，E-B 模型中，干-湿循环红土的 E_t 简布参数(初始弹性模量系数和初始弹性模量指数)随循环次数的变化程度。

可见，E-B 模型中，相比循环前，循环 1 次时，干-湿循环红土的初始弹性模量系数增大了 83.7%，初始弹性模量指数则减小了 70.9%；循环 20 次时，初始弹性模量系数增大了 46.8%，初始弹性模量指数则减小了 43.6%。而当循环次数由 1 次→20 次时，初始弹性模量系数减小了 20.1%，初始弹性模量指数则增大了 93.8%。说明完全排水条件下，反复的干-湿循环作用(0 次→20 次)，引起 E_t 简布参数中的初始弹性模量系数的增大，但增大程度随循环次数的增多而降低；反复的干-湿循环作用引起 E_t 简布参数中的初始弹性模量指数的减小，但减小程度随循环次数的增多而增大。

2. 干-湿循环幅度的影响

图 2-43 给出了三轴 CD 试验条件下，初始含水率 ω_0 为 37.7%，初始干密度 ρ_d 为 1.18g/cm³，围压 σ_3 为 50～300kPa，循环次数 N_{gs} 为 20 次时，E-B 模型中，干-湿循环红土的 E_t 简布参数随循环幅度 A_{gs} 的变化情况。

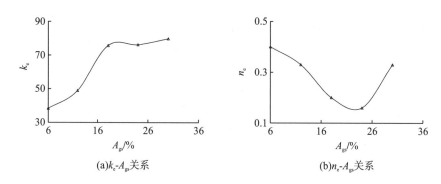

(a)k_e-A_{gs}关系　　　　　　　　(b)n_e-A_{gs}关系

图 2-43　E-B 模型中干-湿循环红土的 E_t 简布参数与循环幅度的关系

图 2-43 表明，E-B 模型中，随循环幅度的增大，干-湿循环红土的初始弹性模量系数呈波动增大的变化趋势，初始弹性模量指数呈凹形减小的变化趋势。当循环幅度由 6.0%→30.0% 时，干-湿循环红土的初始弹性模量系数增大了 107.9%，初始弹性模量指数减小了 17.5%。

3. 初始干密度的影响

图 2-44 给出了三轴 CD 试验条件下，初始含水率 ω_0 为 37.7%，循环次数 N_{gs} 为 20 次，围压为 50～300kPa，E-B 模型中，干-湿循环红土的 E_t 简布参数随初始干密度 ρ_d 的变化趋势。

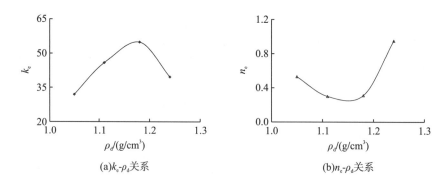

(a)k_e-ρ_d关系　　　　　　　　(b)n_e-ρ_d关系

图 2-44　E-B 模型中干-湿循环红土的 E_t 简布参数与初始干密度的关系

图 2-44 表明，E-B 模型中，随初始干密度的增大，干-湿循环红土的初始弹性模量呈凸形增大的变化趋势，约在初始干密度为 1.18g/cm³ 时存在极大值；初始弹性模量指数呈凹形增大的变化趋势，约在初始干密度为 1.18g/cm³ 时存在极小值。总体上，本试验条件

下，当初始干密度由 1.05g/cm³→1.24g/cm³ 时，干-湿循环红土的初始弹性模量系数增大了 24.1%，初始弹性模量指数增大了 79.2%。

2.4.4   干-湿循环红土的体积模量参数

E-B 模型中，干-湿循环红土的体积模量参数包括初始体积模量 B_0、初始体积模量系数 k_b、初始体积模量指数 n_b。其中，初始体积模量系数 k_b 和初始体积模量指数 n_b 统称为 B_t 简布参数。

2.4.4.1   初始体积模量

1. 干-湿循环次数的影响

图 2-45 给出了三轴 CD 试验条件下，初始含水率 ω_0 为 37.7%，初始干密度 ρ_d 为 1.18g/cm³，E-B 模型中，干-湿循环红土的初始体积模量 B_0 随循环次数 N_{gs} 和围压 σ_3 的变化关系。

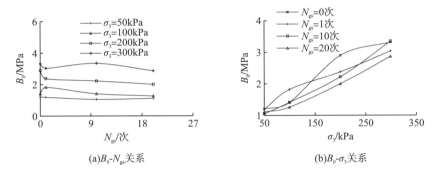

(a) B_0-N_{gs} 关系　　　　　　　　(b) B_0-σ_3 关系

图 2-45   E-B 模型中干-湿循环红土的初始体积模量随循环次数和围压的变化

图 2-45(a)表明，各级围压下，相比循环前的素红土，随循环次数的增多，干-湿循环红土的初始体积模量呈波动减小的变化趋势。其变化程度见表 2-47。

表 2-47   E-B 模型中干-湿循环红土的初始体积模量随循环次数的变化程度($B_{0\text{-}N}$/%)

干-湿循环次数 (N_{gs})/次	围压 (σ_3)/kPa				$B_{0\text{-}j\sigma3\text{-}N}$/%
	50	100	200	300	
0→1	-1.7	29.1	-17.9	-8.4	-5.0
0→20	-8.3	-10.6	-31.0	-13.6	-18.1
1→20	-6.7	-30.8	-16.0	-5.6	-12.8

注：$B_{0\text{-}N}$、$B_{0\text{-}j\sigma3\text{-}N}$ 分别代表三轴 CD 试验条件下，围压不同时，E-B 模型中，干-湿循环红土的初始体积模量以及围压加权值随循环次数的变化程度。

可见，围压为 50～300kPa，相比循环前，循环 1 次时，干-湿循环红土的初始体积模量变化程度为-17.9%～29.1%；经过围压加权，初始体积模量平均减小了 5.0%。循环 20 次时，初始体积模量减小了 8.3%～31.0%；经过围压加权，初始体积模量平均减小了 18.1%。

而当循环次数由 1 次→20 次时，初始体积模量减小了 5.6%～30.8%；经过围压加权，初始体积模量平均减小了 12.8%。说明 E-B 模型中，反复的干-湿循环作用，引起红土的体积模量减小。

图 2-45（b）表明，各个循环次数下，随围压的增大，干-湿循环红土的初始体积模量呈波动增大的变化趋势。其变化程度见表 2-48。

表 2-48　E-B 模型中干-湿循环红土的初始体积模量随围压的变化程度（$B_{0\text{-}\sigma3}$/%）

围压 （σ_3）/kPa	干-湿循环次数（N_{gs}）/次				$B_{0\text{-}jN\text{-}\sigma3}$/%
	0	1	10	20	
50→300	174.4	155.5	219.0	158.6	178.0

注：$B_{0\text{-}\sigma3}$、$B_{0\text{-}jN\text{-}\sigma3}$ 分别代表三轴 CD 试验条件下，循环次数不同时，E-B 模型中，干-湿循环红土的初始体积模量以及循环次数加权值随围压的变化程度。

可见，当围压由 50kPa→300kPa 时，循环前，素红土的初始体积模量增大了 174.4%；循环次数为 1 次～20 次，干-湿循环红土的初始体积模量增大了 155.5%～219.0%；经过循环次数加权，初始体积模量平均增大了 178.0%。说明 E-B 模型中，围压越大，素红土和干-湿循环红土的初始体积模量越大。

2. 干-湿循环幅度的影响

图 2-46 给出了三轴 CD 试验条件下，初始含水率 ω_0 为 37.7%，初始干密度 ρ_d 为 1.18g/cm³，循环次数 N_{gs} 为 20 次时，E-B 模型中，干-湿循环红土的初始体积模量 B_0 随循环幅度 A_{gs} 和围压 σ_3 的变化关系。

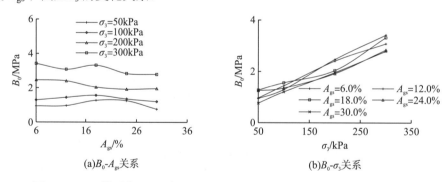

(a)B_0-A_{gs}关系　　　　　　　　(b)B_0-σ_3关系

图 2-46　E-B 模型中干-湿循环红土的初始体积模量随循环幅度和围压的变化

图 2-46（a）表明，各级围压下，随循环幅度的增大，干-湿循环红土的初始体积模量呈波动减小的变化趋势。其变化程度见表 2-49。

表 2-49　E-B 模型中干-湿循环红土的初始体积模量随循环幅度的变化程度（$B_{0\text{-}A}$/%）

干-湿循环幅度 （A_{gs}）/%	围压（σ_3）/kPa				$B_{0\text{-}j\sigma3\text{-}A}$/%
	50	100	200	300	
6.0→30.0	−19.1	−7.0	−20.6	−18.4	−17.4

注：$B_{0\text{-}A}$、$B_{0\text{-}j\sigma3\text{-}A}$ 分别代表三轴 CD 试验条件下，围压不同时，E-B 模型中，干-湿循环红土的初始体积模量以及围压加权值随循环幅度的变化程度。

可见，围压为 50~300kPa，当循环幅度由 6.0%→30.0% 时，干-湿循环红土的初始体积模量减小了 7.0%~20.6%；经过围压加权，初始体积模量平均减小了 17.4%。说明 E-B 模型中，干-湿循环幅度的增大，引起红土的初始体积模量减小。

图 2-46(b) 表明，各个循环幅度下，随围压的增大，干-湿循环红土的初始体积模量呈波动增大的变化趋势。其变化程度见表 2-50。

表 2-50 E-B 模型中干-湿循环红土的初始体积模量随围压的变化程度 $(B_{0\text{-}\sigma3}/\%)$

| 围压 (σ_3)/kPa | 干-湿循环幅度 (A_{gs})/% | | | | | $B_{0\text{-}jA\text{-}\sigma3}/\%$ |
	6.0	12.0	18.0	24.0	30.0	
50→300	263.8	220.8	161.4	127.2	267.1	202.3

注：$B_{0\text{-}\sigma3}$、$B_{0\text{-}jA\text{-}\sigma3}$ 分别代表三轴 CD 试验条件下，循环幅度不同时，E-B 模型中，干-湿循环红土的初始体积模量以及循环幅度加权值随围压的变化程度。

可见，循环幅度为 6.0%~30.0%，当围压由 50kPa→300kPa 时，干-湿循环红土的初始体积模量增大了 127.2%~267.1%；经过循环幅度加权后，初始体积模量平均增大了 202.3%。说明 E-B 模型中，围压越大，干-湿循环红土的初始体积模量越大。

3. 初始干密度的影响

图 2-47 给出了三轴 CD 试验条件下，初始含水率 ω_0 为 37.7%，循环次数 N_{gs} 为 20 次时，E-B 模型中，干-湿循环红土的初始体积模量 B_0 随初始干密度 ρ_d 和围压 σ_3 的变化关系。

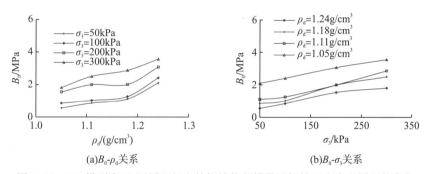

(a) B_0-ρ_d 关系　　　　　(b) B_0-σ_3 关系

图 2-47 E-B 模型中干-湿循环红土的初始体积模量随初始干密度和围压的变化

图 2-47(a) 表明，各级围压下，随初始干密度的增大，干-湿循环红土的初始体积模量呈波动增大的变化趋势。其变化程度见表 2-51。

表 2-51 E-B 模型中干-湿循环红土的初始体积模量随初始干密度的变化程度 $(B_{0\text{-}\rho d}/\%)$

| 初始干密度 (ρ_d)/(g/cm³) | 围压 (σ_3)/kPa | | | | $B_{0\text{-}j\sigma3\text{-}\rho d}/\%$ |
	50	100	200	300	
1.05→1.24	281.8	183.5	99.4	96.7	125.1

注：$B_{0\text{-}\rho d}$、$B_{0\text{-}j\sigma3\text{-}\rho d}$ 分别代表三轴 CD 试验条件下，围压不同时，E-B 模型中，干-湿循环红土的初始体积模量以及围压加权值随初始干密度的变化程度。

可见，围压为 50~300kPa，当初始干密度由 $1.05g/cm^3 \rightarrow 1.24g/cm^3$ 时，干-湿循环红土的初始体积模量增大了 96.7%~281.8%；经过围压加权，初始体积模量平均增大了 125.1%。说明 E-B 模型中，初始干密度越大，干-湿循环红土的初始体积模量越大。

图 2-47(b)表明，各个初始干密度下，随围压的增大，干-湿循环红土的初始体积模量呈波动增大的变化趋势。其变化程度见表 2-52。

表 2-52　E-B 模型中干-湿循环红土的初始体积模量随围压的变化程度($B_{0-\sigma3}$/%)

围压 (σ_3)/kPa	初始干密度(ρ_d)/(g/cm³)				$B_{0\text{-j}\rho\text{d-}\sigma3}$/%
	1.05	1.11	1.18	1.24	
50→300	229.1	190.7	158.6	69.5	158.4

注：$B_{0-\sigma3}$、$B_{0\text{-j}\rho\text{d-}\sigma3}$ 分别代表三轴 CD 试验条件下，初始干密度不同时，E-B 模型中，干-湿循环红土的初始体积模量以及初始干密度加权值随围压的变化程度。

可见，初始干密度为 $1.05\sim1.24g/cm^3$，当围压由 50kPa→300kPa 时，干-湿循环红土的初始体积模量增大了 69.5%~229.1%；经过初始干密度加权后，初始体积模量平均增大了 158.4%。说明 E-B 模型中，围压越大，干-湿循环红土的初始体积模量越大。

2.4.4.2　B_t 简布参数

E-B 模型中，B_t 简布参数是指干-湿循环红土的 $\lg(B_0/p_a)$-$\lg(\sigma_3/p_a)$ 关系曲线的斜率和指数，包括初始体积模量系数 k_b、初始体积模量指数 n_b。

1. 干-湿循环次数的影响

图 2-48 给出了三轴 CD 试验条件下，初始含水率 ω_0 为 37.7%，初始干密度 ρ_d 为 $1.18g/cm^3$，围压 σ_3 为 50~300kPa，E-B 模型中，干-湿循环红土的 B_t 简布参数随循环次数 N_{gs} 的变化趋势。

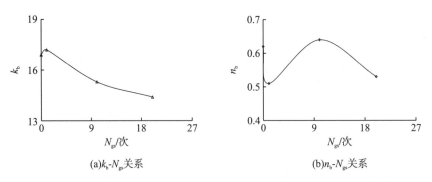

(a)k_b-N_{gs}关系　　　　(b)n_b-N_{gs}关系

图 2-48　E-B 模型中干-湿循环红土的 B_t 简布参数与循环次数的关系

图 2-48 表明，随循环次数的增加，干-湿循环红土的初始体积模量系数和初始体积模量指数呈波动减小的变化趋势。相比循环前，循环 20 次时，干-湿循环红土的初始体积模量系数减小了 14.8%，初始体积模量指数减小了 14.5%。说明 E-B 模型中，反复的干-湿循环作用，引起 B_t 简布参数的减小。

2. 干-湿循环幅度的影响

图 2-49 给出了三轴 CD 试验条件下，初始含水率 ω_0 为 37.7%，初始干密度 ρ_d 为 1.18g/cm^3，围压 σ_3 为 50～300kPa，循环次数 N_{gs} 为 20 次时，E-B 模型中，干-湿循环红土的 B_t 简布参数随循环幅度 A_{gs} 的变化趋势。

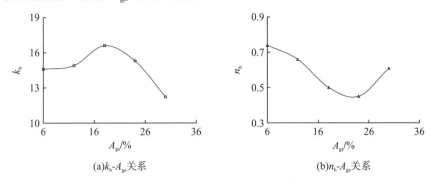

(a)k_b-A_{gs}关系　　　　　　　　　　　(b)n_b-A_{gs}关系

图 2-49　E-B 模型中干-湿循环红土的 B_t 简布参数与循环幅度的关系

图 2-49 表明，随循环幅度的增大，干-湿循环红土的初始体积模量系数呈凸形减小的变化趋势，约在循环幅度为 18.0%时存在极大值；初始体积模量指数呈凹形增大的变化趋势，约在循环幅度为 24.0%时存在极小值。总体上，本试验条件下，当循环幅度由 6.0%→30.0%时，干-湿循环红土的初始体积模量系数减小了 16.4%，初始体积模量指数减小了 17.6%。说明 E-B 模型中，干-湿循环幅度增大，B_t 简布参数减小。

3. 初始干密度的影响

图 2-50 给出了三轴 CD 试验条件下，初始含水率 ω_0 为 37.7%，循环次数 N_{gs} 为 20 次，围压 σ_3 为 50～300kPa，E-B 模型中，干-湿循环红土的 B_t 简布参数随初始干密度 ρ_d 的变化趋势。

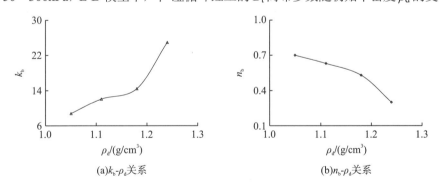

(a)k_b-ρ_d关系　　　　　　　　　　　(b)n_b-ρ_d关系

图 2-50　E-B 模型中干-湿循环红土的 B_t 简布参数与初始干密度的关系

图 2-50 表明，E-B 模型中，随初始干密度的增大，干-湿循环红土的初始体积模量系数呈增大的变化趋势，初始体积模量指数呈减小的变化趋势。总体上，本试验条件下，当初始干密度由 1.05g/cm^3→1.24g/cm^3 时，干-湿循环红土的初始体积模量系数增大了 184.4%，初始体积模量指数减小了 57.1%。说明 E-B 模型中，初始干密度的增大，引起 B_t 简布参数中的初始体积模量系数增大、初始体积模量指数减小。

2.4.5　干-湿循环红土的应力参数

2.4.5.1　极限应力

这里的极限应力 q_{ult} 指的是主应力差 $(\sigma_1-\sigma_3)$ 的极限值，即 $q_{ult}=(\sigma_1-\sigma_3)_{ult}$。

1. 干-湿循环次数的影响

图 2-51 给出了三轴 CD 试验条件下，初始含水率 ω_0 为 37.7%，初始干密度 ρ_d 为 1.18g/cm³，E-B 模型中，干-湿循环红土的极限应力 q_{ult} 随循环次数 N_{gs} 和围压 σ_3 的变化关系。

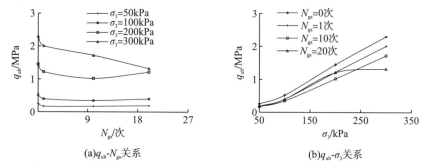

(a) q_{ult}-N_{gs} 关系　　　　　　　　(b) q_{ult}-σ_3 关系

图 2-51　E-B 模型中干-湿循环红土的极限应力随循环次数和围压的变化

图 2-51(a) 表明，各级围压下，随循环次数的增多，干-湿循环红土的极限应力呈波动减小的变化趋势，由 0.26～2.30MPa 减小到 0.19～1.32MPa。其变化程度见表 2-53。

表 2-53　E-B 模型中干-湿循环红土的极限应力随循环次数的变化程度 $(q_{ult\text{-}N}/\%)$

干-湿循环次数 (N_{gs})/次	围压 (σ_3)/kPa				$q_{ult\text{-}j\sigma3\text{-}N}/\%$
	50	100	200	300	
0→1	-34.6	-23.1	-15.9	-12.6	-16.9
0→20	-26.9	-23.1	-16.6	-42.6	-30.4
1→20	11.8	0.0	-0.8	-34.3	-15.2

注：$q_{ult\text{-}N}$、$q_{ult\text{-}j\sigma3\text{-}N}$ 分别代表三轴 CD 试验条件下，围压不同时，E-B 模型中，干-湿循环红土的极限应力以及围压加权值随循环次数的变化程度。

可见，围压为 50～300kPa，相比循环前，循环 1 次时，干-湿循环红土的极限应力减小了 12.6%～34.6%；经过围压加权，极限应力平均减小了 16.9%。循环 20 次时，极限应力减小了 16.6%～42.6%；经过围压加权，极限应力平均减小了 30.4%。当循环次数由 1 次→20 次时，极限应力变化程度为-34.3%～11.8%；经过围压加权，极限应力平均减小了 15.2%。说明反复的干-湿循环作用，降低了红土的极限应力。

图 2-51(b) 表明，各个循环次数下，随围压的增大，干-湿循环红土的极限应力呈波动增大的变化趋势，由 0.19～0.26MPa 增大到 1.32～2.30MPa。其变化程度见表 2-54。

表 2-54　E-B 模型中干-湿循环红土的极限应力随围压的变化程度($q_{\text{ult-}\sigma3}$/%)

围压 (σ_3)/kPa	干-湿循环次数 (N_{gs})/次				$q_{\text{ult-jN-}\sigma3}$/%
	0	1	10	20	
50→300	784.6	1082.4	911.8	594.7	712.7

注：$q_{\text{ult-}\sigma3}$、$q_{\text{ult-jN-}\sigma3}$ 分别代表三轴 CD 试验条件下，循环次数不同时，E-B 模型中，干-湿循环红土的极限应力以及循环次数加权值随围压的变化程度。

可见，当围压由 50kPa→300kPa 时，循环前，素红土的极限应力增大了 784.6%；循环次数为 1 次～20 次，干-湿循环红土的极限应力增大了 594.7%～1082.4%；经过循环次数加权，极限应力平均增大了 712.7%。说明围压越大，素红土和干-湿循环红土的极限应力越大。

2. 干-湿循环幅度的影响

图 2-52 给出了三轴 CD 试验条件下，初始含水率 ω_0 为 37.7%，初始干密度 ρ_d 为 1.18g/cm³，循环次数 N_{gs} 为 20 次时，E-B 模型中，干-湿循环红土的极限应力 q_{ult} 随循环幅度 A_{gs} 和围压 σ_3 的变化关系。

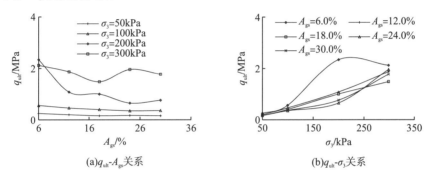

(a)q_{ult}-A_{gs}关系　　　　　　　(b)q_{ult}-σ_3关系

图 2-52　E-B 模型中干-湿循环红土的极限应力随循环幅度和围压的变化

图 2-52（a）表明，各级围压下，随循环幅度的增大，干-湿循环红土的极限应力呈波动减小的变化趋势，由 0.25～2.34MPa 减小到 0.16～1.77MPa。其变化程度见表 2-55。

表 2-55　E-B 模型中干-湿循环红土的极限应力随循环幅度的变化程度($q_{\text{ult-A}}$/%)

干-湿循环幅度 (A_{gs})/%	围压 (σ_3)/kPa				$q_{\text{ult-j}\sigma3\text{-A}}$/%
	50	100	200	300	
6.0→30.0	−36.0	−35.7	−67.5	−16.5	−36.6

注：$q_{\text{ult-A}}$、$q_{\text{ult-j}\sigma3\text{-A}}$ 分别代表三轴 CD 试验条件下，围压不同时，E-B 模型中，干-湿循环红土的极限应力以及围压加权值随循环幅度的变化程度。

可见，围压为 50～300kPa，当循环幅度由 6.0%→30.0%时，干-湿循环红土的极限应力减小了 16.5%～67.5%；经过围压加权，极限应力平均减小了 36.6%。说明干-湿循环作用下，循环幅度的增大，引起干-湿循环红土的极限应力减小。

图 2-52（b）表明，各个循环幅度下，随围压的增大，干-湿循环红土的极限应力呈波动增大的变化趋势，由 0.16～0.25MPa 增大到 1.48～2.12MPa。其变化程度见表 2-56。

表 2-56　E-B 模型中干-湿循环红土的极限应力随围压的变化程度 ($q_{ult\text{-}\sigma3}$/%)

围压 (σ_3)/kPa	干-湿循环幅度 (A_{gs})/%					$q_{ult\text{-}jA\text{-}\sigma3}$/%
	6.0	12.0	18.0	24.0	30.0	
50→300	748.0	835.0	825.0	1052.9	1006.2	942.4

注：$q_{ult\text{-}\sigma3}$、$q_{ult\text{-}jA\text{-}\sigma3}$ 分别代表三轴 CD 试验条件下，循环幅度不同时，E-B 模型中，干-湿循环红土的极限应力以及循环幅度加权值随围压的变化程度。

可见，循环幅度为 6.0%～30.0%，当围压由 50kPa→300kPa 时，干-湿循环红土的极限应力增大了 748.0%～1052.9%；经过循环幅度加权后，极限应力平均增大了 942.4%。说明 E-B 模型中，围压越大，干-湿循环红土的极限应力越大。

3. 初始干密度的影响

图 2-53 给出了三轴 CD 试验条件下，初始含水率 ω_0 为 37.7%，循环次数 N_{gs} 为 20 次时，E-B 模型中，干-湿循环红土的极限应力 q_{ult} 随初始干密度 ρ_d 和围压 σ_3 的变化关系。

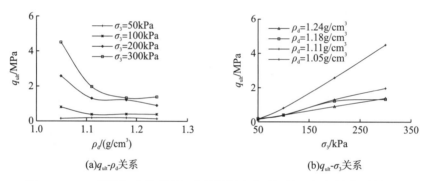

(a)q_{ult}-ρ_d关系　　(b)q_{ult}-σ_3关系

图 2-53　E-B 模型中干-湿循环红土的极限应力随初始干密度和围压的变化

图 2-53(a)表明，各级围压下，随初始干密度的增大，干-湿循环红土的极限应力呈波动减小的变化趋势，由 0.15～4.5MPa 减小到 0.14～1.38MPa。其变化程度见表 2-57。

表 2-57　E-B 模型中干-湿循环红土的极限应力随初始干密度的变化程度 ($q_{ult\text{-}pd}$/%)

初始干密度 (ρ_d)/(g/cm³)	围压 (σ_3)/kPa				$q_{ult\text{-}j\sigma3\text{-}pd}$/%
	50	100	200	300	
1.05→1.24	−6.7	−51.3	−65.1	−69.3	−60.4

注：$q_{ult\text{-}pd}$、$q_{ult\text{-}j\sigma3\text{-}pd}$ 分别代表三轴 CD 试验条件下，围压不同时，E-B 模型中，干-湿循环红土的极限应力以及围压加权值随初始干密度的变化程度。

可见，围压为 50～300kPa，当初始干密度由 1.05g/cm³→1.24g/cm³ 时，干-湿循环红土的极限应力减小了 6.7%～69.3%；经过围压加权，极限应力平均减小了 60.4%。说明初始干密度越大，干-湿循环红土的极限应力越小。

图 2-53(b)表明，各个初始干密度下，随围压的增大，干-湿循环红土的极限应力呈波动增大的变化趋势，由 0.14～0.15MPa 增大到 1.32～4.50MPa。其变化程度见表 2-58。

表 2-58　E-B 模型中干-湿循环红土的极限应力随围压的变化程度（$q_{ult\text{-}\sigma3}$/%）

围压 (σ_3)/kPa	初始干密度（ρ_d）/(g/cm³)				$q_{ult\text{-}jpd\text{-}\sigma3}$/%
	1.05	1.11	1.18	1.24	
50→300	2900.0	936.8	594.7	885.7	1284.9

注：$q_{ult\text{-}\sigma3}$、$q_{ult\text{-}jpd\text{-}\sigma3}$ 分别代表三轴 CD 试验条件下，初始干密度不同时，E-B 模型中，干-湿循环红土的极限应力以及初始干密度加权值随围压的变化程度。

可见，初始干密度为 1.05～1.24g/cm³，当围压由 50kPa→300kPa 时，干-湿循环红土的极限应力增大了 594.7%～2900.0%；经过初始干密度加权后，极限应力平均增大了 1284.9%。说明 E-B 模型中，围压越大，干-湿循环红土的极限应力越大。

2.4.5.2　破坏应力

这里的破坏应力 q_f 指的是达到破坏时的主应力差 $(\sigma_1-\sigma_3)_f$，即 $q_f=(\sigma_1-\sigma_3)_f$。

1. 干-湿循环次数的影响

图 2-8 给出了三轴 CD 试验条件下，初始含水率 ω_0 为 37.7%，初始干密度 ρ_d 为 1.18g/cm³，围压 σ_3 为 50～300kPa，干-湿循环红土的破坏应力 q_f 随循环次数 N_{gs} 的变化关系。图 2-8 表明，随循环次数的增多，干-湿循环红土的破坏应力呈波动减小的变化趋势。表 2-59 给出了破坏应力以及相应的极限应力的变化范围。可见，当循环次数由 0 次→20 次时，干-湿循环红土的破坏应力由 0.15～0.69MPa 减小到 0.14～0.68MPa，相应的极限应力则由 0.26～2.30MPa 减小到 0.19～1.32MPa，破坏应力小于极限应力。

表 2-59　三轴 CD 试验下干-湿循环红土的破坏应力-极限应力的变化范围

	影响因素					
	干-湿循环次数（N_{gs}）/次		干-湿循环幅度（A_{gs}）/%		初始干密度（ρ_d）/(g/cm³)	
	0	20	6.0	30.0	1.05	1.24
q_f/MPa	0.15～0.69	0.14～0.68	0.16～0.69	0.14～0.67	0.12～0.61	0.17～0.72
q_{ult}/MPa	0.26～2.30	0.19～1.32	0.25～2.34	0.16～1.77	0.15～4.50	0.14～1.38
对比	0→20，$q_f,q_{ult}↓$，$q_f→q_{ult}↑$		6.0→30.0 $q_f,q_{ult}↓$，$q_f→q_{ult}↑$		1.05→1.24，$q_f,q_{ult}↑$，$q_f→q_{ult}↑$	

注：q_f、q_{ult} 分别代表三轴 CD 试验条件下，干-湿循环红土的破坏应力和极限应力。

2. 干-湿循环幅度的影响

图 2-10 给出了三轴 CD 试验条件下，初始含水率 ω_0 为 37.7%，初始干密度 ρ_d 为 1.18g/cm³，围压 σ_3 为 50～300kPa，循环次数 N_{gs} 为 20 次时，干-湿循环红土的破坏应力 q_f 随循环幅度 A_{gs} 的变化关系。图 2-10 表明，随循环幅度的增大，干-湿循环红土的破坏应力呈波动减小的变化趋势。表 2-59 给出了破坏应力以及相应的极限应力的变化范围。可见，当循环幅度由 6.0%→30.0%时，干-湿循环红土的破坏应力由 0.16～0.69MPa 减小到 0.14～0.67MPa，相应的极限应力则由 0.25～2.34MPa 减小到 0.16～1.77MPa，破坏应力小于极限应力。

3. 初始干密度的影响

图 2-12 给出了三轴 CD 试验条件下，初始含水率 ω_0 为 37.7%，围压 σ_3 为 50～300kPa，循环次数 N_{gs} 为 20 次时，干-湿循环红土的破坏应力 q_f 随初始干密度 ρ_d 的变化关系。图 2-12 表明，随初始干密度的增大，干-湿循环红土的破坏应力呈增大的变化趋势。表 2-59 给出了破坏应力以及相应的极限应力的变化范围。可见，当初始干密度由 $1.05\text{g/cm}^3 \rightarrow 1.24\text{g/cm}^3$ 时，干-湿循环红土的破坏应力由 0.12～0.61MPa 增大到 0.17～0.72MPa，而相应的极限应力则由 0.15～4.50MPa 减小到 0.14～1.38MPa。破坏应力小于极限应力。

2.4.5.3　破坏比

E-B 模型中，破坏比 R_f 是指三轴 CD 试验条件下，红土体的破坏应力 q_f 与极限应力 q_{ult} 之比，即 $R_f = q_f/q_{ult}$。

1. 干-湿循环次数的影响

图 2-54 给出了三轴 CD 试验条件下，初始含水率 ω_0 为 37.7%，初始干密度 ρ_d 为 1.18g/cm^3，E-B 模型中，干-湿循环红土的破坏比 R_f 随循环次数 N_{gs} 和围压 σ_3 的变化关系。

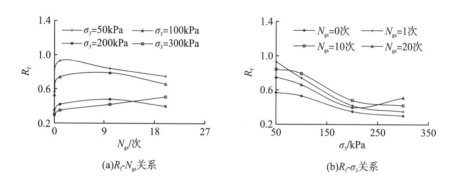

图 2-54　E-B 模型中干-湿循环红土的破坏比随循环次数和围压的变化

图 2-54(a) 表明，各级围压下，随循环次数的增多，干-湿循环红土的破坏比呈波动增大的变化趋势，由 0.30～0.57 增大到 0.40～0.75。其变化程度见表 2-60。

表 2-60　E-B 模型中干-湿循环红土的破坏比随循环次数的变化程度(R_{f-N}/%)

干-湿循环次数 (N_{gs})/次	围压(σ_3)/kPa				$R_{f-j\sigma3-N}$/%
	50	100	200	300	
0→1	63.2	39.6	20.0	16.7	24.8
0→20	31.6	24.5	14.3	70.0	42.9
1→20	-19.4	-10.8	-4.8	45.7	16.5

注：R_{f-N}、$R_{f-j\sigma3-N}$ 分别代表三轴 CD 试验条件下，围压不同时，E-B 模型中，干-湿循环红土的破坏比以及围压加权值随循环次数的变化程度。

可见，围压为 50~300kPa，相比循环前，循环 1 次时，干-湿循环红土的破坏比增大了 16.7%～63.2%；经过围压加权，破坏比平均增大了 24.8%。循环 20 次时，破坏比增大了 14.3%～70.0%；经过围压加权，破坏比平均增大了 42.9%。而当循环次数由 1 次→20 次时，破坏比变化程度为-19.4%～45.7%；经过围压加权，破坏比平均增大了 16.5%。说明 E-B 模型中，反复的干-湿循环作用，导致红土的破坏比增大，破坏应力接近极限应力。

图 2-54(b)表明，各个循环次数下，随围压的增大，干-湿循环红土的破坏比呈波动减小的变化趋势，由 0.57～0.93 减小到 0.30～0.51。其变化程度见表 2-61。

表 2-61　E-B 模型中干-湿循环红土的破坏比随围压的变化程度 $(R_{f\text{-}\sigma3}/\%)$

| 围压 (σ_3)/kPa | 干-湿循环次数 (N_{gs})/次 | | | | $R_{f\text{-}jN\text{-}\sigma3}$/% |
	0	1	10	20	
50→300	-47.4	-62.4	-50.0	-32.0	-38.8

注：$R_{f\text{-}\sigma3}$、$R_{f\text{-}jN\text{-}\sigma3}$ 分别代表三轴 CD 试验条件下，循环次数不同时，E-B 模型中，干-湿循环红土的破坏比以及循环次数加权值随围压的变化程度。

可见，循环次数为 0～20 次，当围压由 50kPa→300kPa 时，干-湿循环红土的破坏比减小了 32.0%～62.4%；经过循环次数加权后，破坏比平均减小了 38.8%。说明 E-B 模型中，围压越大，干-湿循环红土的破坏比越小，破坏应力与极限应力相差越大。

2. 干-湿循环幅度的影响

图 2-55 给出了三轴 CD 试验条件下，初始含水率 ω_0 为 37.7%，初始干密度 ρ_d 为 1.18g/cm³，循环次数 N_{gs} 为 20 次时，E-B 模型中，干-湿循环红土的破坏比 R_f 随循环幅度 A_{gs} 和围压 σ_3 的变化趋势。

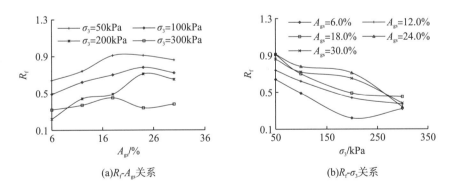

(a)R_f-A_{gs}关系　　　　　　　　　(b)R_f-σ_3关系

图 2-55　E-B 模型中干-湿循环红土的破坏比随循环幅度和围压的变化

图 2-55(a)表明，各级围压下，随循环幅度的增大，干-湿循环红土的破坏比呈波动增大的变化趋势，由 0.22～0.64 增大到 0.38～0.86。其变化程度见表 2-62。

表 2-62　E-B 模型中干-湿循环红土的破坏比随循环幅度的变化程度($R_{f\text{-}A}$/%)

干-湿循环幅度 (A_{gs})/%	围压(σ_3)/kPa				$R_{f\text{-}j\sigma3\text{-}A}$/%
	50	100	200	300	
6.0→30.0	34.4	46.9	195.5	18.8	78.7

注：$R_{f\text{-}A}$、$R_{f\text{-}j\sigma3\text{-}A}$ 分别代表三轴 CD 试验条件下，围压不同时，E-B 模型中，干-湿循环红土的破坏比以及围压加权值随循环幅度的变化程度。

可见，围压为 50～300kPa，当循环幅度由 6.0%→30.0%时，干-湿循环红土的破坏比增大了 18.8%～195.5%；经过围压加权后，破坏比平均增大了 78.7%。说明 E-B 模型中，循环幅度越大，干-湿循环红土的破坏比越大。

图 2-55(b)表明，各个循环幅度下，随围压的增大，干-湿循环红土的破坏比呈波动减小的变化趋势，由 0.64～0.91 减小到 0.34～0.45。其变化程度见表 2-63。

表 2-63　E-B 模型中干-湿循环红土的破坏比随围压的变化程度($R_{f\text{-}\sigma3}$/%)

围压 (σ_3)/kPa	干-湿循环幅度 (A_{gs})/%					$R_{f\text{-}jA\text{-}\sigma3}$/%
	6.0	12.0	18.0	24.0	30.0	
50→300	-50.0	-50.0	-50.5	-62.6	-55.8	-55.4

注：$R_{f\text{-}\sigma3}$、$R_{f\text{-}jA\text{-}\sigma3}$ 分别代表三轴 CD 试验条件下，循环幅度不同时，E-B 模型中，干-湿循环红土的破坏比以及循环幅度加权值随围压的变化程度。

可见，循环幅度为 6.0%～30.0%，当围压由 50kPa→300kPa 时，干-湿循环红土的破坏比减小了 50.0%～62.6%；经过循环幅度加权后，破坏比平均减小了 55.4%。说明 E-B 模型中，围压越大，干-湿循环红土的破坏比越小。

3. 初始干密度的影响

图 2-56 给出了三轴 CD 试验条件下，初始含水率 ω_0 为 37.7%，循环次数 N_{gs} 为 20 次时，E-B 模型中，干-湿循环红土的破坏比 R_f 随初始干密度 ρ_d 和围压 σ_3 的变化关系。

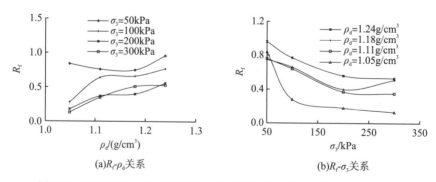

图 2-56　E-B 模型中干-湿循环红土的破坏比随初始干密度和围压的变化

图 2-56(a)表明，各级围压下，随初始干密度的增大，干-湿循环红土的破坏比呈波动增大的变化趋势，由 0.13～0.84 增大到 0.53～0.96。其变化程度见表 2-64。

表 2-64　E-B 模型中干-湿循环红土的破坏比随初始干密度的变化程度($R_{\text{f-}\rho d}$/%)

初始干密度	围压(σ_3)/kPa				$R_{\text{f-j}\sigma3\text{-}\rho d}$/%
(ρ_d)/(g/cm^3)	50	100	200	300	
1.05→1.24	14.3	175.0	211.1	307.7	235.0

注：$R_{\text{f-}\rho d}$、$R_{\text{f-j}\sigma3\text{-}\rho d}$ 分别代表三轴 CD 试验条件下，围压不同时，E-B 模型中，干-湿循环红土的破坏比以及围压加权值随初始干密度的变化程度。

可见，围压为 50～300kPa，当初始干密度由 1.05g/cm^3→1.24g/cm^3 时，干-湿循环红土的破坏比增大了 14.3%～307.7%；经过围压加权，破坏比平均增大了 235.0%。说明 E-B 模型中，初始干密度越大，干-湿循环红土的破坏比越大。

图 2-56(b)表明，各个初始干密度下，随围压的增大，干-湿循环红土的破坏比呈波动减小的变化趋势，由 0.76～0.96 减小到 0.13～0.53。其变化程度见表 2-65。

表 2-65　E-B 模型中干-湿循环红土的破坏比随围压的变化程度($R_{\text{f-}\sigma3}$/%)

围压	初始干密度(ρ_d)/(g/cm^3)				$R_{\text{f-j}\rho d\text{-}\sigma3}$/%
(σ_3)/kPa	1.05	1.11	1.18	1.24	
50→300	−84.5	−53.9	−32.0	−44.8	−52.8

注：$R_{\text{f-}\sigma3}$、$R_{\text{f-j}\rho d\text{-}\sigma3}$ 分别代表三轴 CD 试验条件下，初始干密度不同时，E-B 模型中，干-湿循环红土的破坏比以及初始干密度加权值随围压的变化程度。

可见，初始干密度为 1.05～1.24g/cm^3，当围压由 50kPa→300kPa 时，干-湿循环红土的破坏比减小了 32.0%～84.5%；经过初始干密度加权后，破坏比平均减小了 52.8%。说明 E-B 模型中，围压越大，干-湿循环红土的破坏比越小。

第3章 干湿循环作用下红土的 CU 剪切特性

3.1 试 验 设 计

3.1.1 试验材料

试验用土选取昆明世博园地区红土,该红土料的基本特性见表 3-1,化学组成见表 3-2。可知,该红土料以粉粒和黏粒为主,含量占 90.6%;塑性指数为 15.3,介于 10.0～17.0,液限为 47.2%,小于 50.0%;土颗粒的比重较大、最大干密度较大,最优含水率较小。分类属于低液限粉质红黏土,富含石英、三水铝石、赤铁矿、钛铁矿、白云母等物质。

表 3-1 红土样的基本特性

比重 (G_S)	颗粒组成(P_g)/%			界限含水指标			最佳击实指标	
	砂粒/mm 0.075~2.0	粉粒/mm 0.005~0.075	黏粒/mm <0.005	液限 (ω_L)/%	塑限 (ω_p)/%	塑性指数 (I_p)	最大干密度 (ρ_{dmax})/(g/cm³)	最优含水率 (ω_{op})/%
2.77	9.4	45.7	44.9	47.2	31.9	15.3	1.49	27.4

表 3-2 红土样的化学组成

	石英	三水铝石	赤铁矿	钛铁矿	白云母	其他
化学式	SiO_2	$Al(OH)_3$	Fe_2O_3	$FeTiO_3$	$KAl_2Si_3AlO_{10}(OH)_2$	—
含量(H_c)/%	54.81	26.96	7.14	2.43	5.66	3.00

3.1.2 试验方案

3.1.2.1 脱湿作用下红土的三轴 CU 试验方案

以云南红土为研究对象,以脱湿作用作为控制条件,考虑初始干密度、脱湿时间、围压等影响因素,采用 40℃低温脱湿的方法,制备不同影响因素下的脱湿红土试样,通过三轴固结不排水(CU)剪切试验,研究脱湿红土的三轴 CU 剪切特性。其中,初始含水率 ω_0 控制为 26.9%,初始干密度 ρ_d 设定为 1.28～1.43g/cm³,脱湿时间 t_t 设定为 0～72h,围压 σ_3 设定为 100～400kPa。

试验过程中,根据设定的初始含水率和初始干密度,先采用分层击实法制备直径为 39.1mm、高度为 80.0mm 的素红土三轴试样;然后将制备好的素红土试样放入 40℃的低温烘箱中脱湿不同时间,模拟红土的脱湿过程,制备脱湿红土试样;再将制备好的脱湿红土试样放入真空饱和器中抽气饱和 24h,制备脱湿饱和红土试样;最后利用 TSZ-2 型全自动三轴仪,开展不同影响因素下脱湿饱和红土的三轴 CU 剪切试验,剪切速率 v 控制为0.80mm/min,测试分析不同影响因素对脱湿饱和红土的三轴 CU 剪切特性的影响。这里的脱湿饱和红土后面简称为脱湿红土。

3.1.2.2 增湿作用下红土的三轴 CU 试验方案

以云南红土为研究对象,以增湿作用作为控制条件,考虑初始干密度、增湿时间、围压等影响因素,采用水溶液浸泡增湿的方法,制备不同影响因素下的增湿红土试样,通过三轴固结不排水(CU)剪切试验,研究增湿红土的三轴 CU 剪切特性。其中,初始含水率 ω_0 控制为26.9%,初始干密度 ρ_d 设定为1.28～1.43g/cm³,增湿时间 t_z 设定为0～24h,围压 σ_3 设定为100～400kPa。

试验过程中,根据设定的初始含水率和初始干密度,先采用分层击实法制备直径为39.1mm、高度为 80.0mm 的素红土三轴试样;然后将制备好的素红土试样放入水溶液中浸泡不同时间,以模拟红土的增湿过程,制备增湿红土试样;再将制备好的增湿红土试样放入真空饱和器中抽气饱和 24h,制备增湿饱和红土试样;最后利用 TSZ-2 型全自动三轴仪,开展不同影响因素下增湿饱和红土的三轴 CU 剪切试验,剪切速率 v 控制为0.80mm/min,测试分析不同影响因素对增湿饱和红土的三轴 CU 剪切特性的影响。这里的增湿饱和红土后面简称为增湿红土。

3.1.2.3 干-湿循环作用下红土的三轴 CU 试验方案

以云南红土为研究对象,以干-湿循环作为控制条件,考虑干-湿循环次数、初始干密度、围压等影响因素,采用反复低温烘干脱湿、水溶液浸泡增湿的方法,制备不同影响因素下的干-湿循环红土试样,通过三轴固结不排水(CU)剪切试验,研究干-湿循环红土的三轴 CU 剪切特性。其中,初始含水率 ω_0 控制为26.9%,初始干密度 ρ_d 设定为1.28～1.43g/cm³,干-湿循环次数设定为0～10 次,围压 σ_3 设定为100～400kPa。

试验过程中,根据设定的初始含水率和初始干密度,先采用分层击实法制备直径为39.1mm、高度为80.0mm 的素红土三轴试样。后将制备好的素红土试样置于 40℃的恒温箱内烘干24h,以模拟红土的脱湿过程;脱湿结束后,取出试样放入水溶液中浸泡12h,以模拟红土的增湿过程。经过一次脱湿、一次增湿过程后,即完成一次干-湿循环过程。重复上述脱湿、增湿过程,可完成多次干-湿循环过程,制备干-湿循环红土试样。将制备好的干-湿循环红土试样放入真空饱和器中抽气饱和24h(饱和度>95%),制备干-湿循环饱和红土试样。然后利用 TSZ-2 型全自动三轴仪,开展不同影响因素下干-湿循环饱和红土的三轴 CU剪切试验,剪切速率 v 控制为0.80mm/min,测试分析不同影响因素对干-湿循环饱和红土的三轴 CU 剪切特性的影响。这里的干-湿循环饱和红土后面简称为干-湿循环红土。

3.2　脱湿作用下红土的 CU 剪切特性

3.2.1　脱湿含水特性

3.2.1.1　脱湿时间的影响

图 3-1 给出了脱湿过程中，初始含水率 ω_0 为 26.9%，初始干密度 ρ_d 不同时，红土的脱湿含水率 ω_t 随脱湿时间 t_t 的变化关系。

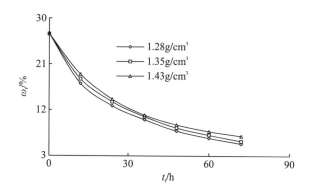

图 3-1　脱湿过程中红土的脱湿含水率随脱湿时间的变化

图 3-1 表明，脱湿过程中，初始干密度一定时，随脱湿时间的延长，红土的脱湿含水率呈减小的变化趋势。其变化程度见表 3-3。

表 3-3　脱湿过程中红土的脱湿含水率随脱湿时间的变化程度（$\omega_{t\text{-}t}$/%）

脱湿时间 (t_t)/h	初始干密度 (ρ_d)/(g/cm³)			$\omega_{t\text{-}j\rho d\text{-}t}$/%
	1.28	1.35	1.43	
0→72	−79.9	−78.1	−74.3	−77.3
0→12	−36.1	−32.7	−29.4	−32.6
12→72	−68.6	−67.4	−63.7	−66.5

注：$\omega_{t\text{-}t}$、$\omega_{t\text{-}j\rho d\text{-}t}$ 分别代表脱湿过程中，初始干密度不同时，红土样的脱湿含水率以及初始干密度加权值随脱湿时间的变化程度。

表 3-3 表明，初始干密度为 1.28～1.43g/cm³，相比脱湿前，脱湿时间达到 72h 时，红土的脱湿含水率减小了 74.3%～79.9%；经过初始干密度加权，脱湿含水率平均减小了 77.3%。当脱湿时间由 0h→12h 时，脱湿含水率减小了 29.4%～36.1%；经过初始干密度加权，脱湿含水率平均减小了 32.6%，每脱湿 1h，脱湿含水率平均减小了 2.7%。当脱湿时间由 12h→72h 时，脱湿含水率减小了 63.7%～68.6%；经过初始干密度加权，脱湿含水率

平均减小了 66.5%，每脱湿 1h，脱湿含水率平均减小了 1.1%。说明脱湿时间越长，红土样中的水分迁出越多，相应地脱湿含水率越小。脱湿初期(0h→12h)，含水率减小较快；脱湿中后期(12h→72h)，含水率减小缓慢。

3.2.1.2　初始干密度的影响

图 3-2 给出了脱湿过程中，初始含水率 ω_0 为 26.9%，脱湿时间 t_t 不同时，红土的脱湿含水率 ω_t 随初始干密度 ρ_d 的变化关系。

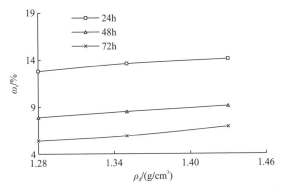

图 3-2　脱湿过程中红土的脱湿含水率随初始干密度的变化

图 3-2 表明，脱湿过程中，脱湿时间一定时，随初始干密度的增大，红土的脱湿含水率呈增大的变化趋势。其变化程度见表 3-4。

表 3-4　脱湿过程中红土的脱湿含水率随初始干密度的变化程度($\omega_{t\text{-}pd}$/%)

| 初始干密度 (ρ_d) /(g/cm³) | 脱湿时间 (t_t)/h | | | | | | $\omega_{t\text{-}jt\text{-}pd}$/% |
	12	24	36	48	60	72	
1.28→1.43	10.5	10.2	8.9	15.2	20	27.8	18.3

注：$\omega_{t\text{-}pd}$、$\omega_{t\text{-}jt\text{-}pd}$ 分别代表脱湿过程中，脱湿时间不同时，红土的脱湿含水率以及时间加权值随初始干密度的变化程度。

由表 3-4 可知，脱湿时间为 12～72h，初始干密度由 1.28g/cm³→1.43g/cm³ 时，红土样的脱湿含水率增大了 8.9%～27.8%；经过时间加权后，脱湿含水率平均增大了 18.3%。说明初始干密度越大，红土体的密实性越高，水分迁出越困难，相同脱湿时间下，迁出的水分越少，相应地脱湿含水率越大。

3.2.2　固结排水特性

3.2.2.1　脱湿时间的影响

图 3-3 给出了三轴 CU 试验条件下，初始含水率 ω_0 为 26.9%，围压 σ_3 不同、初始干密度 ρ_d 不同时，脱湿红土的固结排水量 ΔV_g 随脱湿时间 t_t 的变化关系。

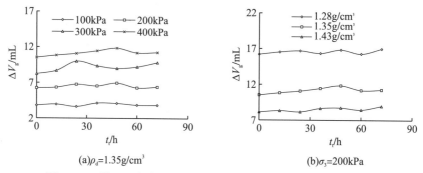

(a)ρ_d=1.35g/cm³   (b)σ_3=200kPa

图 3-3   三轴 CU 试验下脱湿红土的固结排水量随脱湿时间的变化

图 3-3 表明，围压一定、初始干密度一定时，随脱湿时间的延长，脱湿红土的固结排水量呈波动增大的变化趋势。其变化程度见表 3-5。

表 3-5   三轴 CU 试验下脱湿红土的固结排水量随脱湿时间的变化程度（$\Delta V_{g\text{-}t}$/%）

脱湿时间 (t_t)/h	围压 (σ_3)/kPa				初始干密度 (ρ_d)/(g/cm³)		
	100	200	300	400	1.28	1.35	1.43
0→72	0.5	2.4	19.4	6.9	4.8	6.9	10.2
	$\Delta V_{g\text{-}j\sigma3\text{-}t}$=9.1%				$\Delta V_{g\text{-}j\rho d\text{-}t}$=7.4%		

注：$\Delta V_{g\text{-}t}$、$\Delta V_{g\text{-}j\sigma3\text{-}t}$、$\Delta V_{g\text{-}j\rho d\text{-}t}$ 分别代表三轴 CU 试验条件下，脱湿红土的固结排水量以及围压加权值和初始干密度加权值随脱湿时间的变化程度。

由表 3-5 可知，相比脱湿前，脱湿时间达到 72h 时，围压为 100~400kPa，脱湿红土的固结排水量增大了 0.5%~19.4%；经过围压加权后，固结排水量平均增大了 9.1%。初始干密度为 1.28~1.43g/cm³，脱湿红土的固结排水量增大了 4.8%~10.2%；经过初始干密度加权后，固结排水量平均增大了 7.4%。说明脱湿作用下，不论围压大小和初始干密度大小，随脱湿时间延长，失水收缩作用引起红土体的细微裂隙发育，三轴 CU 试验的固结过程中更易于排水，体现出固结排水量的增大，但增大程度不明显。

3.2.2.2   初始干密度的影响

图 3-4 给出了三轴 CU 试验条件下，初始含水率ω_0为 26.9%，不同脱湿时间 t_t、不同围压σ_3时，脱湿红土的固结排水量ΔV_g随初始干密度ρ_d的变化关系。

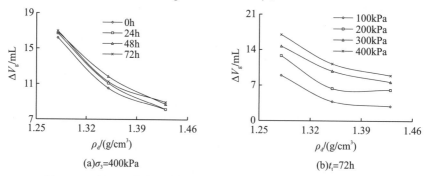

(a)σ_3=400kPa   (b)t_t=72h

图 3-4   三轴 CU 试验下脱湿红土的固结排水量随初始干密度的变化

图 3-4 表明，不同围压、不同脱湿时间下，随初始干密度的增大，素红土和脱湿红土的固结排水量呈减小的变化趋势。其变化程度见表 3-6。

表 3-6　三轴 CU 试验下脱湿红土的固结排水量随初始干密度的变化程度 ($\Delta V_{g\text{-}\rho d}$/%)

初始干密度 (ρ_d)/(g/cm³)	脱湿时间 (t_t)/h				围压 (σ_3)/kPa			
	0	24	48	72	100	200	300	400
1.28→1.43	−49.8	−51.2	−48.2	−47.2	−67.9	−52.3	−47.7	−47.2
	$\Delta V_{g\text{-jt-}\rho d}$=−48.2%				$\Delta V_{g\text{-j}\sigma3\text{-}\rho d}$=−50.4%			

注：$\Delta V_{g\text{-}\rho d}$、$\Delta V_{g\text{-j}\sigma3\text{-}\rho d}$、$\Delta V_{g\text{-jt-}\rho d}$ 分别代表三轴 CU 试验条件下，脱湿红土的固结排水量以及围压加权值和时间加权值随初始干密度的变化程度。

由表 3-6 可知，当初始干密度由 1.28g/cm³→1.43g/cm³ 时，脱湿前，素红土的固结排水量减小了 49.8%。脱湿时间为 24～72h，脱湿红土的固结排水量减小了 47.2%～51.2%；经过时间加权，固结排水量平均减小了 48.2%。围压为 100～400kPa，脱湿红土的固结排水量减小了 47.2%～67.9%；经过围压加权，固结排水量平均减小了 50.4%。说明不论是否进行脱湿作用，不论脱湿时间长短和围压大小，红土的初始干密度越大，密实性越高，三轴 CU 试验的固结过程中水分排出越困难，体现为固结排水量的减小。

3.2.2.3　围压的影响

图 3-5 给出了三轴 CU 试验条件下，初始含水率 ω_0 为 26.9%，不同脱湿时间 t_t、不同初始干密度 ρ_d 时，脱湿红土的固结排水量 ΔV_g 随围压 σ_3 的变化关系。

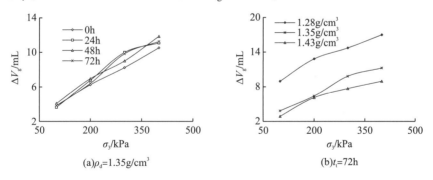

(a)ρ_d=1.35g/cm³　　　　　　　　　(b)t_t=72h

图 3-5　三轴 CU 试验下脱湿红土的固结排水量随围压的变化

图 3-5 表明，不同初始干密度、不同脱湿时间下，随围压的增大，素红土和脱湿红土的固结排水量呈增大的变化趋势，脱湿前后的变化趋势一致。其变化程度见表 3-7。

表 3-7　三轴 CU 试验下脱湿红土的固结排水量随围压的变化程度 ($\Delta V_{g\text{-}\sigma3}$/%)

围压 (σ_3)/kPa	脱湿时间 (t_t)/h				初始干密度 (ρ_d)/(g/cm³)		
	0	24	48	72	1.28	1.35	1.43
100→400	176.1	205.2	190.2	193.7	89.5	193.7	211.1
	$\Delta V_{g\text{-jt-}\sigma3}$=194.5%				$\Delta V_{g\text{-j}\rho d\text{-}\sigma3}$=167.0%		

注：$\Delta V_{g\text{-}\sigma3}$、$\Delta V_{g\text{-jt-}\sigma3}$、$\Delta V_{g\text{-j}\rho d\text{-}\sigma3}$ 分别代表三轴 CU 试验条件下，脱湿红土的固结排水量以及时间加权值和初始干密度加权值随围压的变化程度。

由表 3-7 可知，当围压由 100kPa→400kPa 时，脱湿前，素红土的固结排水量增大了 176.1%。脱湿时间为 24～72h，脱湿红土的固结排水量增大了 190.2%～205.2%；经过时间加权，固结排水量平均增大了 194.5%。初始干密度为 1.28～1.43g/cm³，脱湿红土的固结排水量增大了 89.5%～211.1%；经过初始干密度加权，固结排水量平均增大了 167.0%。说明不论是否进行脱湿作用，不论脱湿时间长短和初始干密度大小，三轴 CU 试验的围压越大，对红土体的约束作用越强，固结过程中越易于排出水分，体现为固结排水量的增大。

3.2.2.4　各因素影响程度对比

对比表 3-5、表 3-6、表 3-7 可知，本试验条件下，脱湿时间、初始干密度、围压对脱湿红土的固结排水量的影响程度见表 3-8。

表 3-8　三轴 CU 试验下各因素对脱湿红土固结排水量的影响程度对比

影响因素	脱湿时间(t_t)/h	初始干密度(ρ_d)/(g/cm³)	围压(σ_3)/kPa
	0→72	1.28→1.43	100→400
加权值变化范围	7.4%～9.1%	-50.4%～-48.2%	167.0%～194.5%

可见，脱湿作用下，围压由 100kPa→400kPa 时，脱湿红土的固结排水量明显增大了 167.0%～194.5%，初始干密度由 1.28g/cm³→1.43g/cm³ 时的固结排水量则减小了 48.2%～50.4%，脱湿时间由 0h→72h 时的固结排水量仅增大了 7.4%～9.1%。就加权值的绝对值来看，围压对脱湿红土的固结排水量的影响程度最大，初始干密度对固结排水量的影响程度居中，而脱湿时间对固结排水量的影响程度最小。

3.2.3　主应力差-轴向应变特性

3.2.3.1　脱湿时间的影响

1. 主应力差-轴向应变关系

图 3-6 给出了三轴 CU 试验条件下，初始含水率 ω_0 为 26.9%，围压 σ_3 为 200kPa，初始干密度 ρ_d 相同时，脱湿红土的主应力差-轴向应变(q-ε_1)关系随脱湿时间 t_t 的变化情况。图中，t_t=0h 时对应的曲线代表脱湿前素红土的 q-ε_1 关系。

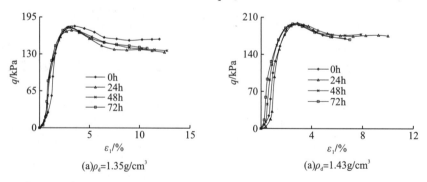

图 3-6　三轴 CU 试验下脱湿红土的主应力差-轴向应变关系随脱湿时间的变化

图 3-6 表明，初始干密度一定时，脱湿前后，各个脱湿时间下，素红土和脱湿红土的主应力差-轴向应变曲线均存在峰值点，表现出应变软化的特征。随脱湿时间的延长，脱湿红土的主应力差-轴向应变曲线的位置呈降低的趋势，峰值点左移、略微下降，初始斜率增大，应变软化现象明显。

2. 峰值特征参数

图 3-7 分别给出了三轴 CU 试验条件下，初始含水率 ω_0 为 26.9%，围压 σ_3 为 200kPa，初始干密度 ρ_d 不同时，脱湿红土的主应力差-轴向应变曲线的峰值应力 q_f、峰值应变 ε_{1f} 等特征参数随脱湿时间 t_t 的变化关系。这里的峰值应力、峰值应变指的是峰值主应力差、峰值轴向应变。以下同。

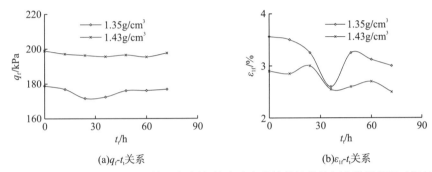

(a)q_f-t_t关系   (b)ε_{1f}-t_t关系

图 3-7   三轴 CU 试验下脱湿红土的主应力差-轴向应变曲线的峰值特征参数随脱湿时间的变化

图 3-7 表明，当初始干密度一定时，随脱湿时间的延长，脱湿红土的峰值应力、峰值应变总体上呈波动减小的变化趋势。其变化程度见表 3-9。

表 3-9   三轴 CU 试验下脱湿红土的主应力差-轴向应变曲线峰值特征参数随脱湿时间的变化程度

脱湿时间 (t_t)/h	峰值参数的变化	初始干密度 ρ_d/(g/cm³)		初始干密度加权
		1.35	1.43	
0→72	q_{f-t}/%	−1.1	−0.7	−0.9
	ε_{1f-t}/%	−15.7	−13.8	−14.7

注：q_{f-t}、ε_{1f-t} 分别代表三轴 CU 试验条件下，初始干密度不同时，脱湿红土的主应力差-轴向应变曲线的峰值应力、峰值应变特征参数随脱湿时间的变化程度。

由表 3-9 可知，初始干密度为 1.35g/cm³、1.43g/cm³，相比脱湿前，脱湿时间达到 72h 时，脱湿红土的峰值应力减小了 1.1%、0.7%，峰值应变减小了 15.7%、13.8%。经过初始干密度加权后，总体上，峰值应力、峰值应变平均减小了 0.9%、14.7%。说明不论初始干密度大小，脱湿时间越长，红土体收缩引起的微结构损伤越严重，剪切过程中的承载力越低，更早达到破坏，相应地峰值应力和峰值应变减小。

3.2.3.2   初始干密度的影响

1. 主应力差-轴向应变关系

图 3-8 给出了三轴 CU 试验条件下，初始含水率 ω_0 为 26.9%，围压 σ_3 为 200kPa，脱湿

时间 t_t 相同时，脱湿红土的主应力差-轴向应变 $(q$-$\varepsilon_1)$ 关系随初始干密度 ρ_d 的变化情况。图中，t_t=0h 时对应的曲线代表脱湿前素红土的 q-ε_1 关系。

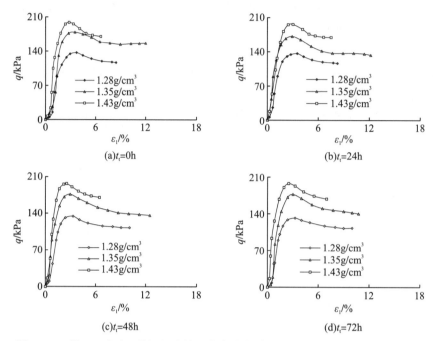

图 3-8　三轴 CU 试验下脱湿红土的主应力差-轴向应变关系随初始干密度的变化

图 3-8 表明，脱湿前后，脱湿时间一定时，各个初始干密度下，素红土和脱湿红土的主应力差-轴向应变曲线的变化趋势一致，呈凸形变化的应变软化特征；随初始干密度的增大，主应力差-轴向应变关系曲线的位置升高，峰值点突出、左移，初始斜率增大，应变软化现象显著。

2. 峰值特征参数

图 3-9 给出了三轴 CU 试验条件下，初始含水率 ω_0 为 26.9%，围压 σ_3 为 200kPa，脱湿时间 t_t 不同时，脱湿红土的主应力差-轴向应变曲线的峰值应力 q_f、峰值应变 ε_{1f} 等特征参数随初始干密度 ρ_d 的变化关系。

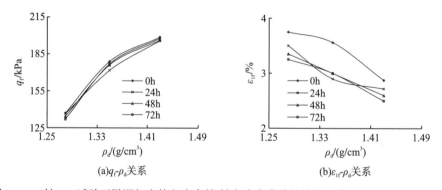

图 3-9　三轴 CU 试验下脱湿红土的主应力差-轴向应变曲线的峰值参数随初始干密度的变化

图 3-9 表明，脱湿前后，随初始干密度增大，素红土和脱湿红土的主应力差-轴向应变曲线的峰值应力呈增大的变化趋势，峰值应变呈减小的变化趋势。其变化程度见表 3-10。

表 3-10　三轴 CU 试验下脱湿红土的主应力差-轴向应变曲线峰值参数随初始干密度的变化程度

初始干密度 (ρ_d)/(g/cm³)	峰值参数的变化	脱湿时间 (t_t)/h				时间加权
		0	24	48	72	
1.28→1.43	$q_{f\text{-}pd}$/%	45.2	43.5	46.3	49.8	47.6
	$\varepsilon_{1f\text{-}pd}$/%	−23.3	−22.3	−22.4	−23.1	−22.7

注：$q_{f\text{-}pd}$、$\varepsilon_{1f\text{-}pd}$ 分别代表三轴 CU 试验条件下，脱湿时间不同时，脱湿红土的主应力差-轴向应变曲线的峰值应力、峰值应变特征参数随初始干密度的变化程度。

由表 3-10 可知，当初始干密度由 1.28g/cm³→1.43g/cm³ 时，脱湿前，素红土的峰值应力增大了 45.2%，峰值应变减小了 23.3%；脱湿时间为 24～72h 时，脱湿红土的峰值应力增大了 43.5%～49.8%，峰值应变减小了 22.3%～23.1%。经过时间加权后，总体上，峰值应力平均增大了 47.6%，峰值应变平均减小了 22.7%。说明不论是否进行脱湿作用，初始干密度越大，红土体的密实性越高，剪切过程中承受外荷载的能力越强，抵抗剪切变形的能力越大，体现为峰值应力的增大、峰值应变的减小。

3.2.3.3　围压的影响

1. 主应力差-轴向应变关系

图 3-10 给出了三轴 CU 试验条件下，初始含水率 ω_0 为 26.9%，初始干密度 ρ_d 为 1.35g/cm³，脱湿时间 t_t 相同时，脱湿红土的主应力差-轴向应变 (q-ε_1) 关系随围压 σ_3 的变化情况。

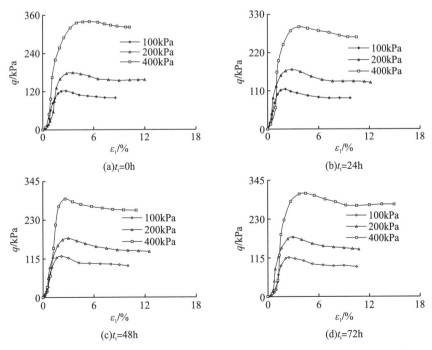

图 3-10　三轴 CU 试验下脱湿红土的主应力差-轴向应变关系随围压的变化

图 3-10 表明，脱湿前后，脱湿时间相同时，各级围压状态下，素红土和脱湿红土的主应力差-轴向应变曲线呈凸形变化的应变软化特征；随围压的增大，主应力差-轴向应变关系曲线的位置升高，峰值点上升、右移，应变软化现象减弱。

2. 峰值特征参数

图 3-11 给出了三轴 CU 试验条件下，初始含水率 ω_0 为 26.9%，初始干密度 ρ_d 为 1.35g/cm^3，脱湿时间 t_t 不同时，脱湿红土的主应力差-轴向应变曲线的峰值应力 q_f、峰值应变 ε_{1f} 等特征参数随围压 σ_3 的变化关系。

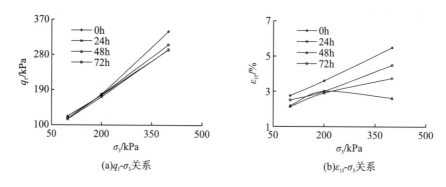

(a)q_f-σ_3关系　　　　　　(b)ε_{1f}-σ_3关系

图 3-11　三轴 CU 试验下脱湿红土的主应力差-轴向应变曲线的峰值特征参数随围压的变化

图 3-11 表明，脱湿前后，随围压增大，素红土和脱湿红土的主应力差-轴向应变曲线的峰值应力、峰值应变总体上呈增大的变化趋势。其变化程度见表 3-11。

表 3-11　三轴 CU 试验下脱湿红土的主应力差-轴向应变曲线峰值特征参数随围压的变化程度

围压 (σ_3)/kPa	峰值参数的变化	脱湿时间(t_t)/h				时间加权
		0	24	48	72	
100→400	$q_{f\text{-}\sigma3}$/%	179.0	156.5	139.5	163.3	154.2
	$\varepsilon_{1f\text{-}\sigma3}$/%	100.0	76.5	-19.9	80.0	46.1

注：$q_{f\text{-}\sigma3}$、$\varepsilon_{1f\text{-}\sigma3}$ 分别代表三轴 CU 试验条件下，脱湿红土的主应力差-轴向应变曲线的峰值应力、峰值应变特征参数随围压的变化程度。

由表 3-11 可知，当围压由 100kPa→400kPa 时，脱湿前，素红土的峰值应力、峰值应变分别增大了 179.0%、100.0%，脱湿时间为 24～72h 时，脱湿红土的峰值应力增大了 139.5%～163.3%，峰值应变变化程度为-19.9%～80.0%。经过时间加权后，总体上，峰值应力、峰值应变平均增大了 154.2%、46.1%。说明不论是否进行脱湿作用，三轴 CU 试验的围压越大，对红土体的约束作用越强，固结过程中的排水量越大，红土体密实性越高，剪切过程中承受外荷载的能力增强，抵抗变形的能力减弱，体现为峰值应力以及对应的峰值应变的增大。

3.2.3.4　各因素影响程度对比

对比表 3-9、表 3-10、表 3-11 可知，本试验条件下，脱湿时间、初始干密度、围压对脱湿红土的主应力差-轴向应变曲线特征参数的影响程度见表 3-12。其中，脱湿时间的影响对应的初始干密度为 1.35g/cm³、围压为 200kPa，初始干密度的影响对应的围压为 200kPa、脱湿时间为 72h，围压的影响对应的初始干密度为 1.35g/cm³、脱湿时间为 72h。

表 3-12　三轴 CU 试验下各因素对脱湿红土的主应力差-轴向应变曲线峰值特征参数的影响程度对比

影响因素	脱湿时间 (t_t)/h		初始干密度 (ρ_d)/(g/cm³)		围压 (σ_3)/kPa	
	0→72		1.28→1.43		100→400	
峰值参数的变化	$q_{f\text{-}t}$/%	$\varepsilon_{1f\text{-}t}$/%	$q_{f\text{-}\rho d}$/%	$\varepsilon_{1f\text{-}\rho d}$/%	$q_{f\text{-}\sigma3}$/%	$\varepsilon_{1f\text{-}\sigma3}$/%
	-0.9	-14.7	47.6	-22.7	154.2	46.1

可见，脱湿作用下，围压由 100kPa→400kPa 时，脱湿红土的峰值应力、峰值应变分别增大了 154.2%、46.1%；初始干密度由 1.28g/cm³→1.43g/cm³ 时，峰值应力增大了 47.6%，峰值应变减小了 22.7%；脱湿时间由 0h→72h 时，峰值应力、峰值应变则分别减小了 0.9%、14.7%。就绝对值来看，围压对脱湿红土的峰值特征参数的影响程度最大，初始干密度的影响程度居中，而脱湿时间的影响程度最小。

3.2.4　孔隙水压力特性

3.2.4.1　脱湿时间的影响

1. 孔压-轴向应变关系

图 3-12 给出了三轴 CU 试验条件下，初始含水率 ω_0 为 26.9%，围压 σ_3 为 200kPa，初始干密度 ρ_d 相同、脱湿时间 t_t 不同时，脱湿红土的孔压-轴向应变 (u-ε_1) 关系随脱湿时间 t_t 的变化情况。

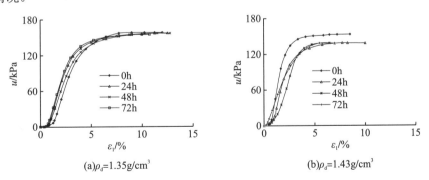

图 3-12　三轴 CU 试验下脱湿红土的孔压-轴向应变关系随脱湿时间的变化

图 3-12 表明，脱湿前后，初始干密度相同时，不同脱湿时间下，素红土和脱湿红土的孔压-轴向应变关系曲线呈 S 形变化趋势。剪切初期(轴向应变约 0.5%)，孔隙水压力较小；剪切中期(轴向应变为 0.5%～7.0%)，孔隙水压力急剧增加；剪切后期(轴向应变 7.0% 以后)，孔压缓慢增加，最终趋于稳定。

2. 孔压特征参数

图 3-13 给出了三轴 CU 试验条件下，初始含水率 ω_0 为 26.9%，围压 σ_3 不同、初始干密度 ρ_d 不同时，脱湿红土的孔压-轴向应变曲线的峰值孔压 u_f 随脱湿时间 t_t 的变化关系。

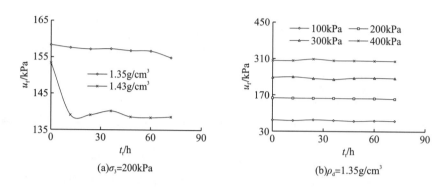

图 3-13   三轴 CU 试验下脱湿红土的孔压-轴向应变曲线特征参数随脱湿时间的变化

图 3-13 表明，随脱湿时间的延长，围压一定时，不同初始干密度下，脱湿红土的峰值孔压呈减小的变化趋势；初始干密度一定时，不同围压下，脱湿红土的峰值孔压变化很小。其变化程度见表 3-13。

表 3-13   三轴 CU 试验下脱湿红土的峰值孔压随脱湿时间的变化程度 $(u_{f\text{-}t}/\%)$

脱湿时间 (t_t)/h	初始干密度 (ρ_d)/(g/cm³)		围压 (σ_3)/kPa			
	1.35	1.43	100	200	300	400
0→72	-2.2	-9.6	-4.6	-2.2	-1.3	-0.5
	$u_{f\text{-}j\rho d\text{-}t}$=-6.0%		$u_{f\text{-}j\sigma3\text{-}t}$=-1.5%			

注：$u_{f\text{-}t}$、$u_{f\text{-}j\rho d\text{-}t}$、$u_{f\text{-}j\sigma3\text{-}t}$ 分别代表三轴 CU 试验条件下，脱湿红土的孔压-轴向应变曲线的峰值孔压以及初始干密度加权值和围压加权值随脱湿时间的变化程度。

由表 3-13 可知，相比脱湿前，脱湿 72h 后，初始干密度为 1.35g/cm³、1.43g/cm³，脱湿红土的峰值孔压减小了 2.2%、9.6%；经过初始干密度加权，峰值孔压平均减小了 6.0%；而围压为 100~400kPa 时，峰值孔压减小了 0.5%~4.6%；经过围压加权，峰值孔压平均减小了 1.5%。说明脱湿作用下，不论初始干密度和围压大小，随脱湿时间的延长，引起峰值孔压的减小。但围压的影响小于初始干密度的影响。

3.2.4.2   初始干密度的影响

图 3-13(a) 还表明了三轴 CU 试验条件下，初始含水率 ω_0 为 26.9%，围压 σ_3 为 200kPa，脱湿时间 t_t 不同时，脱湿红土的孔压-轴向应变曲线的峰值孔压 u_f 随初始干密度 ρ_d 的变化关系。说明各个脱湿时间下，随初始干密度的增大，脱湿红土的峰值孔压曲线的位置降低，峰值孔压减小。其变化程度见表 3-14。

表 3-14　三轴 CU 试验下脱湿红土的峰值孔压随初始干密度的变化程度($u_{\text{f-}\rho\text{d}}$/%)

初始干密度 $(\rho_{\text{d}})/(\text{g/cm}^3)$	脱湿时间(t_{t})/h						$u_{\text{f-jt-}\rho\text{d}}$/%
	0	12	24	36	48	72	
1.35→1.43	-3.1	-11.7	-11.5	-10.9	-11.6	-10.5	-11.1

注：$u_{\text{f-}\rho\text{d}}$、$u_{\text{f-jt-}\rho\text{d}}$ 分别代表三轴 CU 试验条件下，脱湿红土的孔压-轴向应变曲线的峰值孔压以及时间加权值随初始干密度的变化程度。

由表 3-14 可知，当初始干密度由 1.35g/cm^3→1.43g/cm^3 时，脱湿前，素红土的峰值孔压减小了 3.1%；脱湿时间为 12～72h，脱湿红土的峰值孔压减小了 10.5%～11.7%，经过时间加权，峰值孔压平均减小了 11.1%。说明不论是否进行脱湿作用，不论脱湿时间长短，初始干密度越大，红土体的密实程度越高，承受外荷载的能力越强，孔隙水承担的外荷载越小，体现为峰值孔压的减小。

3.2.4.3　围压的影响

图 3-14 给出了三轴 CU 试验条件下，初始含水率 ω_0 为 26.9%，初始干密度 ρ_{d} 为 1.35g/cm^3，脱湿时间 t_{t} 不同时，脱湿红土的孔压-应变曲线的峰值孔压 u_{f} 随围压 σ_3 的变化关系。

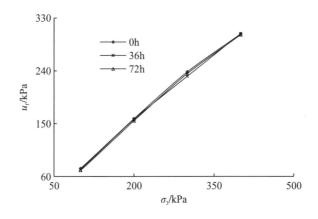

图 3-14　三轴 CU 试验下脱湿红土的孔压-轴向应变曲线特征参数随围压的变化

图 3-14 表明，随围压的增大，脱湿前后，素红土和脱湿红土的峰值孔压呈明显增大的变化趋势；但各个脱湿时间下的峰值孔压曲线基本重合，体现了脱湿时间对峰值孔压的影响较小。其变化程度见表 3-15。

表 3-15　三轴 CU 试验下脱湿红土的峰值孔压随围压的变化程度($u_{\text{f-}\sigma3}$/%)

围压 (σ_3)/kPa	脱湿时间(t_{t})/h						$u_{\text{f-jt-}\sigma3}$/%
	0	12	24	36	48	72	
100→400	310.4	323.3	315.3	319.0	333.2	328.0	325.7

注：$u_{\text{f-}\sigma3}$、$u_{\text{f-jt-}\sigma3}$ 分别代表三轴 CU 试验条件下，脱湿时间不同时，脱湿红土的孔压-轴向应变曲线的峰值孔压以及时间加权值随围压的变化程度。

由表 3-15 可知，当围压由 100kPa→400kPa 时，脱湿前，素红土的峰值孔压增大了 310.4%；脱湿时间为 12~72h 时，脱湿红土的峰值孔压增大了 315.3%~333.2%；经过时间加权后，峰值孔压平均增大了 325.7%。说明不论是否进行脱湿作用，不论脱湿时间长短，三轴 CU 试验的围压越大，固结过程中对红土体的约束作用越强，引起剪切过程中孔隙水承担的外荷载增大，体现为峰值孔压的增大。

3.2.4.4 各因素影响程度对比

对比表 3-13、表 3-14、表 3-15 可知，本试验条件下，脱湿时间、初始干密度、围压对脱湿红土的峰值孔压的影响程度见表 3-16。其中，脱湿时间的影响对应的初始干密度为 1.35g/cm³、围压为 200kPa，初始干密度的影响对应的围压为 200kPa、脱湿时间为 72h，围压的影响对应的初始干密度为 1.35g/cm³、脱湿时间为 72h。

表 3-16   三轴 CU 试验下各因素对脱湿红土的峰值孔压的影响程度对比

影响因素	脱湿时间 (t_t)/h	初始干密度 (ρ_d)/(g/cm³)	围压 (σ_3)/kPa
	0→72	1.35→1.43	100→400
加权值变化范围	−6.0%~−1.5%	−11.1%	325.7%

可见，脱湿作用下，围压由 100kPa→400kPa 时，脱湿红土的峰值孔压增大了 325.7%，初始干密度由 1.35g/cm³→1.43g/cm³ 时的峰值孔压则减小了 11.1%，脱湿时间由 0h→72h 时的峰值孔压仅减小了 1.5%~6.0%。就加权值的绝对值来看，围压对脱湿红土的峰值孔压的影响程度最大，初始干密度的影响程度居中，而脱湿时间的影响程度最小。

3.2.5   抗剪强度指标特性

3.2.5.1   脱湿时间的影响

图 3-15、图 3-16 分别给出了三轴 CU 试验条件下，初始含水率 ω_0 为 26.9%，围压 σ_3 为 100~400kPa，初始干密度 ρ_d 分别为 1.35g/cm³、1.43g/cm³ 时，脱湿红土的总黏聚力 c、总内摩擦角 φ 以及有效黏聚力 c'、有效内摩擦角 φ' 等 4 个抗剪强度指标随脱湿时间 t_t 的变化关系。这里的总黏聚力、总内摩擦角称为总应力抗剪强度指标，有效黏聚力、有效内摩擦角称为有效应力抗剪强度指标。以下同。

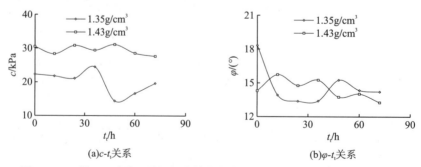

(a)c-t关系   (b)φ-t关系

图 3-15   三轴 CU 试验下脱湿红土的总应力抗剪强度指标随脱湿时间的变化

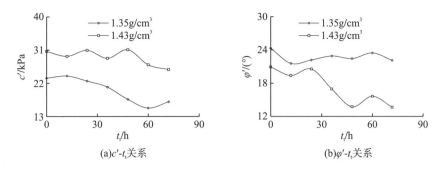

图 3-16　三轴 CU 试验下脱湿红土的有效应力抗剪强度指标随脱湿时间的变化

图 3-15、图 3-16 表明，三轴 CU 试验条件下，初始干密度一定时，随脱湿时间的延长，脱湿红土的总黏聚力、总内摩擦角、有效黏聚力、有效内摩擦角等抗剪强度指标呈波动减小的变化，总应力抗剪强度指标和有效应力抗剪强度指标的变化趋势一致。其变化程度见表 3-17。

表 3-17　三轴 CU 试验下脱湿红土的抗剪强度指标随脱湿时间的变化程度

脱湿时间 (t_t)/h	初始干密度 (ρ_d)/(g/cm³)	黏聚力的变化		内摩擦角的变化	
		c_t /%	c_t' /%	φ_t /%	φ_t' /%
0→72	1.35	-11.9	-16.0	-22.4	-9.0
	1.43	-9.3	-27.4	-7.2	-34.8
	初始干密度加权	-10.6	-21.9	-14.6	-22.3

注：c_t、c_t'、φ_t、φ_t' 分别表示三轴 CU 试验条件下，脱湿红土的总黏聚力、有效黏聚力以及总内摩擦角、有效内摩擦角随脱湿时间的变化程度。

由表 3-17 可知，初始干密度为 1.35g/cm³、1.43g/cm³，相比脱湿前，脱湿 72h 时，脱湿红土的总黏聚力、总内摩擦角、有效黏聚力、有效内摩擦角等指标减小了 7.2%～34.8%，经过初始干密度加权后，各指标平均减小了 10.6%～22.3%。说明不论初始干密度大小如何，随脱湿时间的延长，对红土颗粒之间的连接能力和摩擦能力的损伤增大，体现为黏聚力和内摩擦角的减小。

3.2.5.2　初始干密度的影响

图 3-15、图 3-16 还表明了三轴 CU 试验条件下，初始含水率 ω_0 为 26.9%，围压 σ_3 为 100～400kPa，脱湿时间 t_t 相同时，脱湿红土的总黏聚力 c、总内摩擦角 φ 以及有效黏聚力 c'、有效内摩擦角 φ' 等 4 个抗剪强度指标随初始干密度 ρ_d 的变化情况。表明相同脱湿时间下，随初始干密度的增大，脱湿红土的总黏聚力曲线、有效黏聚力曲线的位置升高，总内摩擦角曲线交叉变化，有效内摩擦角曲线的位置降低。其变化程度见表 3-18。

表 3-18   三轴 CU 试验下脱湿红土的抗剪强度指标随初始干密度的变化程度

初始干密度 $(\rho_d) / (g/cm^3)$	脱湿时间 $(t_t)/h$	黏聚力的变化		内摩擦角的变化	
		$c_{pd}/\%$	$c'_{pd}/\%$	$\varphi_{pd}/\%$	$\varphi'_{pd}/\%$
1.35→1.43	0	36.5	30.9	−22.0	−13.9
	24	46.0	36.7	10.5	−7.3
	48	116.2	76.3	−10.0	−38.8
	72	40.6	51.5	−6.7	−38.3
	时间加权	66.7	57.3	−4.9	−33.3

注：c_{pd}、c'_{pd}、φ_{pd}、φ'_{pd} 分别表示三轴 CU 试验条件下，脱湿红土的总黏聚力、有效黏聚力以及总内摩擦角、有效内摩擦角等 4 个抗剪强度指标随初始干密度的变化程度。

由表 3-18 可知，当初始干密度由 1.35g/cm³→1.43g/cm³ 时，脱湿前，素红土的总黏聚力、有效黏聚力分别增大了 36.5%、30.9%，总内摩擦角、有效内摩擦角分别减小了 22.0%、13.9%；脱湿时间为 24～72h 时，脱湿红土的总黏聚力、有效黏聚力增大了 36.7%～116.2%，总内摩擦角、有效内摩擦角变化程度为-38.8%～10.5%。经过时间加权后，总体上，脱湿红土的总黏聚力、有效黏聚力平均增大了 66.7%、57.3%，总内摩擦角、有效内摩擦角平均减小了 4.9%、33.3%。说明不论是否进行脱湿作用，不论脱湿时间长短，红土体的初始干密度越大，颗粒之间的连接能力越强，相互错动的能力越弱，引起黏聚力的增大、内摩擦角的减小。

3.3   增湿作用下红土的 CU 剪切特性

3.3.1   增湿含水特性

3.3.1.1   增湿时间的影响

图 3-17 给出了增湿过程中，初始含水率 ω_0 为 26.9%，初始干密度 ρ_d 不同时，红土的增湿含水率 ω_z 随增湿时间 t_z 的变化关系。图中，$t_z=0h$ 时对应的数值代表增湿前素红土的初始含水率 ω_0。

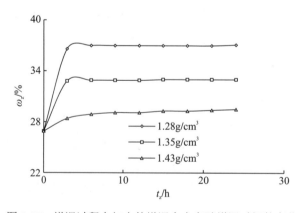

图 3-17   增湿过程中红土的增湿含水率随增湿时间的变化

图 3-17 表明，初始干密度一定时，随增湿时间的延长，红土的增湿含水率呈增大的变化趋势。增湿时间较短时（前 3h 内），含水率增长较快，之后趋于平缓。其变化程度见表 3-19。

表 3-19　增湿过程中红土的含水率随增湿时间的变化程度（$\omega_{z\text{-}t}$/%）

增湿时间 (t_z)/h	初始干密度（ρ_d）/(g/cm³)			$\omega_{z\text{-}j\rho d\text{-}t}$/%
	1.28	1.35	1.43	
0→24	37.9	22.7	9.7	22.9
0→3	36.1	21.9	5.6	20.6
3→24	1.4	0.6	3.9	2.0

注：$\omega_{z\text{-}t}$、$\omega_{z\text{-}j\rho d\text{-}t}$ 分别代表增湿过程中，初始干密度不同时，红土的增湿含水率以及初始干密度加权值随增湿时间的变化程度。

表 3-19 表明，初始干密度为 1.28～1.43g/cm³，相比增湿前，增湿 24h 时，红土的增湿含水率增大了 9.7%～37.9%；经过初始干密度加权，增湿含水率平均增大了 22.9%。增湿 3h 时，增湿含水率增大了 5.6%～36.1%；经过初始干密度加权，增湿含水率平均增大了 20.6%。增湿时间由 3h→24h 时，增湿含水率仅增大了 0.6%～3.9%；经过初始干密度加权，增湿含水率平均增大了 2.0%。说明相同初始干密度下，增湿过程中（0h→24h），水分的入渗引起红土的含水率增大；增湿前期（0h→3h），水分的快速入渗引起含水率急剧增大；增湿后期（3h→24h），水分入渗速率减缓，相应的含水率增长缓慢，趋于稳定。本试验条件下，增湿前后期的分界时间约为 3h。

3.3.1.2　初始干密度的影响

图 3-18 给出了增湿作用下，初始含水率 ω_0 为 26.9%，增湿时间 t_z 不同时，红土的增湿含水率 ω_z 随初始干密度 ρ_d 的变化关系。

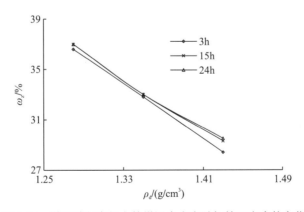

图 3-18　增湿过程中红土的增湿含水率随初始干密度的变化

图 3-18 表明，各个增湿时间下，随初始干密度的增大，红土的增湿含水率呈减小的变化趋势。其变化程度见表 3-20。

表 3-20　增湿过程中红土的含水率随初始干密度的变化程度（$\omega_{z\text{-}pd}$/%）

| 初始干密度 (ρ_d)/(g/cm³) | 增湿时间 (t_z)/h | | | | | $\omega_{z\text{-}jt\text{-}pd}$/% |
	3	6	12	18	24	
1.28→1.43	−22.4	−21.9	−21.4	−20.8	−20.5	−21.0

注：$\omega_{z\text{-}pd}$、$\omega_{z\text{-}jt\text{-}pd}$ 分别代表增湿过程中，增湿时间不同时，红土的增湿含水率以及时间加权值随初始干密度的变化程度。

表 3-20 表明，增湿时间为 3~24h，当初始干密度由 1.28g/cm³→1.43g/cm³ 时，各个时间下红土的增湿含水率的减小程度基本一致，在 20.5%~22.4%范围内变化；经过时间加权后，增湿含水率平均减小了 21.0%。说明增湿作用下，初始干密度越大，红土体的密实性越高，孔隙越小，增湿过程中水分入渗越困难，引起增湿含水率减小。

3.3.2　固结排水特性

3.3.2.1　增湿时间的影响

图 3-19 给出了三轴 CU 试验条件下，初始含水率 ω_0 为 26.9%，围压 σ_3 不同、初始干密度 ρ_d 不同时，增湿红土的固结排水量 ΔV_g 随增湿时间 t_z 的变化关系。图中，$t_z=0$h 时对应的数值代表增湿前素红土的固结排水量。这里的固结排水量指的是固结过程结束时的排水量。以下同。

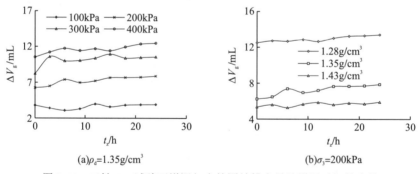

图 3-19　三轴 CU 试验下增湿红土的固结排水量随增湿时间的变化

图 3-19 表明，三轴 CU 试验条件下，不同围压、不同初始干密度下，随增湿时间的延长，增湿红土的固结排水量均呈波动增大的变化趋势。其变化程度见表 3-21。

表 3-21　三轴 CU 试验下增湿红土的固结排水量随增湿时间的变化程度（$\Delta V_{g\text{-}t}$/%）

| 增湿时间 (t_z)/h | 围压 (σ_3)/kPa | | | | 初始干密度 (ρ_d)/(g/cm³) | | |
	100	200	300	400	1.28	1.35	1.43
0→24	2.9	26.1	28.2	18.4	7.4	26.1	10.4
	$\Delta V_{g\text{-}j\sigma3\text{-}t}$=21.3%				$\Delta V_{g\text{-}jpd\text{-}t}$=14.7%		

注：$\Delta V_{g\text{-}t}$、$\Delta V_{g\text{-}j\sigma3\text{-}t}$、$\Delta V_{g\text{-}jpd\text{-}t}$ 分别代表三轴 CU 试验条件下，增湿红土的固结排水量以及围压加权值和初始干密度加权值随增湿时间的变化程度。

由表 3-21 可知，围压为 100～400kPa，相比增湿前，增湿时间达到 24h 时，增湿红土的固结排水量增大了 2.9%～28.2%，经过围压加权，固结排水量平均增大了 21.3%；而初始干密度为 1.28～1.43g/cm³ 时，固结排水量增大了 7.4%～26.1%，经过初始干密度加权，固结排水量平均增大了 14.7%。说明增湿作用下，不论围压和初始干密度大小如何，增湿时间越长，三轴 CU 试验的固结过程中，引起的固结排水量越大。

3.3.2.2　初始干密度的影响

图 3-20 给出了三轴 CU 试验条件下，初始含水率 ω_0 为 26.9%，围压 σ_3 不同、增湿时间 t_z 不同时，增湿红土的固结排水量 ΔV_g 随初始干密度 ρ_d 的变化关系。

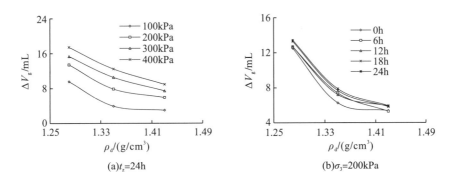

图 3-20　三轴 CU 试验下增湿红土的固结排水量随初始干密度的变化

图 3-20 表明，不同围压、不同增湿时间下，随初始干密度的增大，增湿红土的固结排水量呈减小的变化趋势。其变化程度见表 3-22。

表 3-22　三轴 CU 试验下增湿红土的固结排水量随初始干密度的变化程度（$\Delta V_{g\text{-}\rho d}$/%）

初始干密度 (ρ_d)/(g/cm³)	围压 (σ_3)/kPa				增湿时间 (t_z)/h				
	100	200	300	400	0	6	12	48	24
1.28→1.43	−68.8	−55.9	−51.3	−48.7	−57.1	−58.3	−53.6	−56.2	−55.9
	$\Delta V_{g\text{-}j\sigma3\text{-}\rho d}$=−52.9%				$\Delta V_{g\text{-}jt\text{-}\rho d}$=−55.8%				

注：$\Delta V_{g\text{-}\rho d}$、$\Delta V_{g\text{-}j\sigma3\text{-}\rho d}$、$\Delta V_{g\text{-}jt\text{-}\rho d}$ 分别代表三轴 CU 试验条件下，增湿红土的固结排水量以及围压加权值和时间加权值随初始干密度的变化程度。

由表 3-22 可知，当初始干密度由 1.28g/cm³→1.43g/cm³，围压为 100～400kPa 时，增湿红土的固结排水量减小了 48.7%～68.8%，经过围压加权，固结排水量平均减小了 52.9%；而增湿时间为 0～24h 时，固结排水量减小了 53.6%～58.3%，经过时间加权，固结排水量平均减小了 55.8%。说明不论是否进行增湿作用，不论围压大小和增湿时间长短，红土体的初始干密度越大，密实性越高，三轴 CU 试验的固结过程中引起的固结排水量越小。

3.3.2.3 围压的影响

图 3-21 给出了三轴 CU 试验条件下，初始含水率 ω_0 为 26.9%，初始干密度 ρ_d 不同、增湿时间 t_z 不同时，增湿红土的固结排水量 ΔV_g 随围压 σ_3 的变化关系。

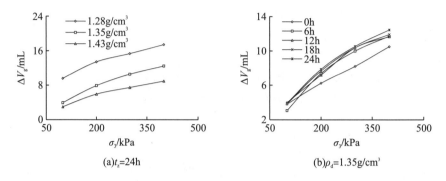

图 3-21　三轴 CU 试验下增湿红土的固结排水量随围压的变化

图 3-21 表明，不同初始干密度、不同增湿时间下，随围压的增大，增湿红土的固结排水量呈增大的变化趋势。其变化程度见表 3-23。

表 3-23　三轴 CU 试验下增湿红土的固结排水量随围压的变化程度（$\Delta V_{g\text{-}\sigma3}$/%）

围压 (σ_3)/kPa	增湿时间 (t_z)/h					初始干密度 (ρ_d)/(g/cm³)		
	0	6	12	18	24	1.28	1.35	1.43
100→400	176.1	282.2	192.7	210.7	217.9	82.1	217.9	199.7
	$\Delta V_{g\text{-}jt\text{-}\sigma3}$=217.1%					$\Delta V_{g\text{-}j\rho d\text{-}\sigma3}$=168.7%		

注：$\Delta V_{g\text{-}\sigma3}$、$\Delta V_{g\text{-}jt\text{-}\sigma3}$、$\Delta V_{g\text{-}j\rho d\text{-}\sigma3}$ 分别代表三轴 CU 试验条件下，增湿红土的固结排水量以及时间加权值和初始干密度加权值随围压的变化程度。

由表 3-23 可知，当围压由 100kPa→400kPa 时，增湿前，素红土的固结排水量增大了 176.1%；增湿时间为 6～24h 时，增湿红土的固结排水量增大了 192.7%～282.2%，经过时间加权，固结排水量平均增大了 217.1%；而初始干密度为 1.28～1.43g/cm³，增湿红土的固结排水量增大了 82.1%～217.9%，经过初始干密度加权，固结排水量平均增大了 168.7%。说明不论是否进行增湿作用，不论增湿时间长短和初始干密度大小，三轴 CU 试验的固结过程中，围压越大，对红土体的约束作用越强，引起的固结排水量越大。

3.3.2.4 各因素影响程度对比

对比表 3-21、表 3-22、表 3-23 可知，本试验条件下，增湿时间、初始干密度、围压对增湿红土的固结排水量的影响程度见表 3-24。

表 3-24　三轴 CU 试验下各因素对增湿红土固结排水量的影响程度对比

影响因素	增湿时间(t_z)/h	初始干密度(ρ_d)/(g/cm³)	围压(σ_3)/kPa
	0→24	1.28→1.43	100→400
加权值变化范围	14.7%～21.3%	−55.8%～−52.9%	168.7%～217.1%

可见，增湿作用下，就加权值的绝对值来看，围压由 100kPa→400kPa 时，增湿红土的固结排水量明显增大了 168.7%～217.1%，初始干密度由 1.28g/cm³→1.43g/cm³ 时的固结排水量则减小了 52.9%～55.8%，增湿时间由 0h→24h 时的固结排水量仅增大了 14.7%～21.3%。说明围压对增湿红土的固结排水量的影响程度最大，初始干密度对固结排水量的影响程度居中，而增湿时间对固结排水量的影响程度最小。

3.3.3　主应力差-轴向应变特性

3.3.3.1　增湿时间的影响

1. 主应力差-轴向应变关系

图 3-22 给出了三轴 CU 试验条件下，初始含水率 ω_0 为 26.9%，初始干密度 ρ_d 为 1.35g/cm³，围压 σ_3 相同时，增湿红土的主应力差-轴向应变(q-ε_1)关系随增湿时间 t_z 的变化。

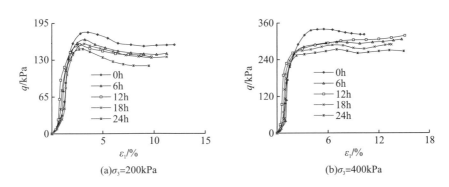

(a)σ_3=200kPa　　　　　　　　　(b)σ_3=400kPa

图 3-22　三轴 CU 试验下增湿红土的主应力差-轴向应变关系随增湿时间的变化

图 3-22 表明，三轴 CU 试验条件下，围压为 200kPa 时，增湿前后，素红土和增湿红土的主应力差-轴向应变曲线呈凸形变化趋势，存在应变软化特征。围压为 400kPa 时，素红土的主应力差-轴向应变曲线呈应变软化特征，而增湿红土的主应力差-轴向应变曲线呈应变硬化特征。随增湿时间的延长，增湿红土的主应力差-轴向应变曲线位置下降，峰值点左移。

2. 峰值特征参数

图 3-23 给出了三轴 CU 试验条件下，初始含水率 ω_0 为 26.9%，围压 σ_3 为 200kPa，初始干密度 ρ_d 不同时，增湿红土的主应力差-轴向应变曲线的峰值应力 q_f、峰值应变 ε_{1f} 特征参数随增湿时间 t_z 的变化。

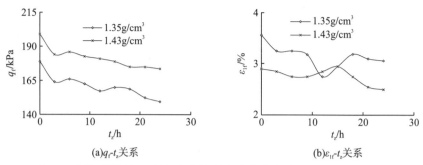

(a)q_f-t_z关系   (b)ε_{1f}-t_z关系

图 3-23   三轴 CU 试验下增湿红土的主应力差-轴向应变曲线峰值特征参数与增湿时间的关系

图 3-23 表明，不同初始干密度下，随增湿时间的延长，增湿红土的主应力差-轴向应变曲线的峰值应力、峰值应变等峰值特征参数总体上呈波动减小的变化趋势。其变化程度见表 3-25。

表 3-25   三轴 CU 试验下增湿红土的主应力差-轴向应变曲线峰值特征参数随增湿时间的变化程度

增湿时间 (t_z)/h	峰值参数的变化	初始干密度 (ρ_d)/(g/cm³)		初始干密度加权
		1.35	1.43	
0→24	q_{f-t}/%	−16.5	−12.7	−14.5
	ε_{1f-t}/%	−14.0	−13.8	−13.9

注：q_{f-t}、ε_{1f-t} 分别代表三轴 CU 试验条件下，初始干密度不同时，增湿红土的主应力差-轴向应变曲线的峰值应力、峰值应变特征参数随增湿时间的变化程度。

由表 3-25 可知，初始干密度为 1.35g/cm³、1.43g/cm³，相比增湿前，增湿时间达到 24h 时，增湿红土的峰值应力减小了 16.5%、12.7%，峰值应变减小了 14.0%、13.8%；经过初始干密度加权后，峰值应力、峰值应变平均减小了 14.5%、13.9%。说明增湿作用下，不论初始干密度大小，增湿时间越长，对红土颗粒及其颗粒间连接的软化作用越强，降低了红土体微结构的稳定性，剪切过程中抵抗剪切破坏的能力降低，更易于达到破坏，体现为峰值应力以及对应的峰值应变减小。

3.3.3.2   初始干密度的影响

1. 主应力差-轴向应变关系

图 3-24 给出了三轴 CU 试验条件下，初始含水率 ω_0 为 26.9%，围压 σ_3 为 200kPa，增湿时间 t_z 相同时，增湿红土的主应力差-轴向应变 (q-ε_1) 关系随初始干密度 ρ_d 的变化。

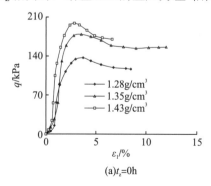

(a)t_z=0h

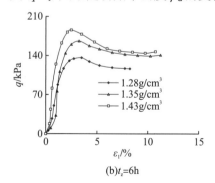

(b)t_z=6h

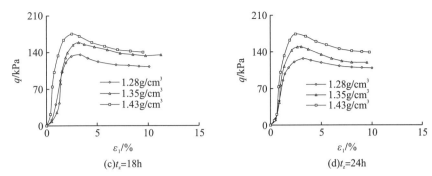

图 3-24　三轴 CU 试验下增湿红土的主应力差-轴向应变关系随初始干密度的变化

图 3-24 表明，三轴 CU 试验条件下，增湿前后，各个初始干密度下，素红土和增湿红土的主应力差-轴向应变关系均呈应变软化现象；增湿时间相同、初始干密度不同时，增湿红土的主应力差-轴向应变曲线呈凸形变化趋势，存在峰值点，表现出应变软化的特征；增湿前后，随初始干密度的增大，主应力差-轴向应变曲线的位置升高，峰值点突出，峰值位置左移，应变软化现象更加明显。

2. 峰值特征参数

图 3-25 给出了三轴 CU 试验条件下，初始含水率 ω_0 为 26.9%，围压 σ_3 为 200kPa，增湿时间 t_z 不同时，增湿红土的主应力差-轴向应变曲线的峰值应力 q_f、峰值应变 ε_{1f} 特征参数随初始干密度 ρ_d 的变化关系。

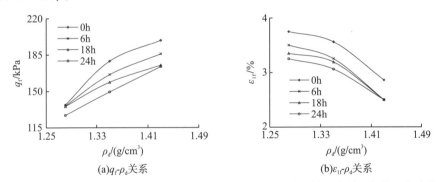

(a)q_f-ρ_d关系　　　　　　　　　　　(b)ε_{1f}-ρ_d关系

图 3-25　三轴 CU 试验下增湿红土的主应力差-轴向应变曲线峰值特征参数随初始干密度的变化

图 3-25 表明，增湿前后，随初始干密度的增大，素红土和增湿红土的主应力差-轴向应变曲线的峰值应力呈增大的变化趋势，峰值应变呈减小的变化趋势。其变化程度见表 3-26。

表 3-26　三轴 CU 试验下增湿红土的主应力差-轴向应变曲线峰值特征参数随初始干密度的变化程度

初始干密度 $(\rho_d)/(\text{g/cm}^3)$	峰值参数的变化	增湿时间 (t_z)/h				时间加权
		0	6	18	24	
1.28→1.43	$q_{f\text{-}pd}$/%	45.2	36.5	29.1	36.8	33.9
	$\varepsilon_{1f\text{-}pd}$/%	−23.3	−28.6	−25.4	−23.1	−24.7

注：$q_{f\text{-}pd}$、$\varepsilon_{1f\text{-}pd}$ 分别代表三轴 CU 试验条件下，增湿时间不同时，增湿红土的主应力差-轴向应变曲线的峰值应力、峰值应变特征参数随初始干密度的变化程度。

由表 3-26 可知，当初始干密度由 $1.28g/cm^3 \rightarrow 1.43g/cm^3$ 时，增湿前，素红土的峰值应力增大了 45.2%，峰值应变减小了 23.3%；增湿时间为 6～24h 时，增湿红土的峰值应力增大了 29.1%～36.8%，峰值应变减小了 23.1%～28.6%。经过时间加权后，总体上，增湿红土的峰值应力平均增大了 33.9%，峰值应变平均减小了 24.7%。说明不论是否进行增湿作用，初始干密度越大，红土体的密实性越高，微结构稳定性越强，剪切过程中抵抗剪切破坏的能力越强，产生的剪切变形越小，体现为峰值应力的增大、峰值应变的减小。

3.3.3.3　围压的影响

1. 主应力差-轴向应变关系

图 3-26 给出了三轴 CU 试验下，初始含水率 ω_0 为 26.9%，初始干密度 ρ_d 为 $1.35g/cm^3$，增湿时间 t_z 相同时，增湿红土的主应力差-轴向应变 $(q\text{-}\varepsilon_1)$ 关系随围压 σ_3 的变化。

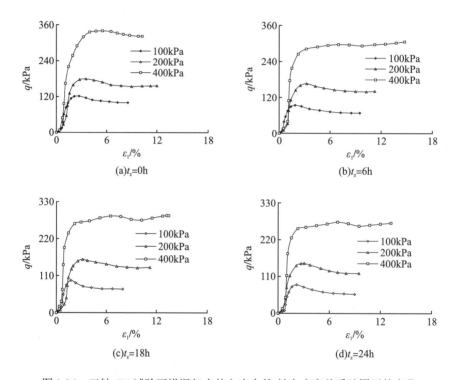

图 3-26　三轴 CU 试验下增湿红土的主应力差-轴向应变关系随围压的变化

图 3-26 表明，增湿前，各级围压状态下，素红土的主应力差-轴向应变关系均呈应变软化型，存在明显的峰值；随着围压的增大，主应力差-轴向应变曲线的位置升高、峰值点右移，应变软化现象减弱。而经过增湿作用后，围压较低(100kPa、200kPa)时，增湿红土的主应力差-轴向应变关系呈应变软化现象；围压较高(400kPa)时，主应力差-轴向应变关系则呈应变硬化现象。随着围压的增大，增湿红土的主应力差-轴向应变曲线的位置升高，初始斜率增大，峰值点右移，由应变软化转变为应变硬化。

2. 峰值特征参数

图 3-27 给出了三轴 CU 试验下,初始含水率 ω_0 为 26.9%,初始干密度为 1.35g/cm^3,增湿时间 t_z 不同时,增湿红土的主应力差-轴向应变曲线的峰值应力 q_f、峰值应变 ε_{1f} 特征参数随围压 σ_3 的变化关系。

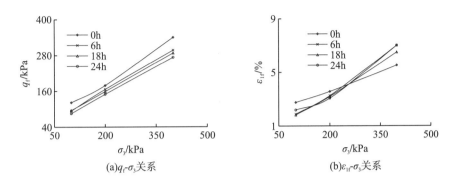

(a)q_f-σ_3关系　　　　　　　　　　　(b)ε_{1f}-σ_3关系

图 3-27　三轴 CU 试验下增湿红土的主应力差-轴向应变曲线峰值特征参数与围压的关系

图 3-27 表明,增湿前后,随围压的增大,素红土和增湿红土的主应力差-轴向应变曲线的峰值应力、峰值应变特征参数呈增大的变化趋势,二者变化趋势一致。其变化程度见表 3-27。

表 3-27　三轴 CU 试验下增湿红土的主应力差-轴向应变曲线峰值特征参数随围压的变化程度

围压 (σ_3)/kPa	峰值 参数的变化	增湿时间 (t_z)/h				时间加权
		0	6	18	24	
100→400	$q_{f\text{-}\sigma3}$/%	179.0	216.0	200.7	220.6	212.6
	$\varepsilon_{1f\text{-}\sigma3}$/%	100.5	273.3	258.6	219.6	240.9

注:$q_{f\text{-}\sigma3}$、$\varepsilon_{1f\text{-}\sigma3}$ 分别代表三轴 CU 试验条件下,增湿时间不同时,增湿红土的主应力差-轴向应变曲线的峰值应力、峰值应变特征参数随围压的变化程度。

由表 3-27 可知,当围压由 100kPa→400kPa 时,增湿前,素红土的峰值应力、峰值应变分别增大了 179.0%、100.5%;增湿时间为 6～24h 时,增湿红土的峰值应力增大了 200.7%～220.6%,峰值应变增大了 219.6%～273.3%。经过时间加权后,总体上,增湿红土的峰值应力、峰值应变平均增大了 212.6%、240.9%。说明不论是否进行增湿作用,三轴 CU 试验的固结过程中围压越大,对红土体的约束作用越强,剪切过程中承受外荷载的能力越强,在较大的轴向应变下才会发生破坏,体现出峰值应力以及相对应的峰值应变增大。

3.3.3.4　各因素影响程度对比

对比表 3-25、表 3-26、表 3-27 可知,本试验条件下,增湿时间、初始干密度、围压对增湿红土的主应力差-轴向应变曲线的峰值特征参数的影响程度见表 3-28。其中,增湿时间的影响对应的初始干密度为 1.35g/cm^3、围压为 200kPa,初始干密度的影响对应的围压为 200kPa、增湿时间为 24h,围压的影响对应的初始干密度为 1.35g/cm^3、增湿时间为 24h。

表3-28   三轴 CU 试验下各因素对增湿红土的主应力差-轴向应变曲线峰值特征参数的影响程度对比

影响因素	增湿时间 (t_z)/h		初始干密度 (ρ_d)/(g/cm^3)		围压 (σ_3)/kPa	
	0→24		1.28→1.43		100→400	
峰值参数的变化	$q_{f\text{-}t}$/%	$\varepsilon_{1f\text{-}t}$/%	$q_{f\text{-}\rho d}$/%	$\varepsilon_{1f\text{-}\rho d}$/%	$q_{f\text{-}\sigma3}$/%	$\varepsilon_{1f\text{-}\sigma3}$/%
	-16.5	-14.0	36.8	-23.1	220.6	219.6

可见，增湿作用下，当围压由 100kPa→400kPa 时，增湿红土的峰值应力、峰值应变分别增大了 220.6%、219.6%；初始干密度由 1.28g/cm^3→1.43g/cm^3 时，峰值应力增大了36.8%，峰值应变减小了 23.1%；增湿时间由 0h→24h 时，峰值应力、峰值应变则分别减小了 16.5%、14.0%。就绝对值来看，围压对增湿红土的峰值特征参数的影响程度最大，初始干密度的影响程度居中，而增湿时间的影响程度最小。

3.3.4   孔隙水压力特性

3.3.4.1   增湿时间的影响

1. 孔压-轴向应变关系

图 3-28 给出了三轴 CU 试验条件下，初始含水率 ω_0 为 26.9%，围压 σ_3 为 200kPa，初始干密度 ρ_d 分别为 1.35g/cm^3、1.43g/cm^3 时，增湿红土的孔压-轴向应变 ($u\text{-}\varepsilon_1$) 关系随增湿时间 t_z 的变化情况。

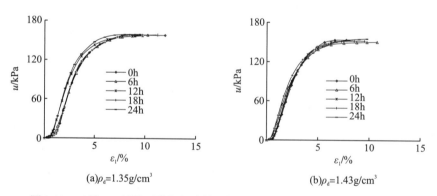

(a)ρ_d=1.35g/cm^3 (b)ρ_d=1.43g/cm^3

图 3-28   三轴 CU 试验下增湿红土的孔压-轴向应变关系随增湿时间的变化

图 3-28 表明，三轴 CU 试验条件下，初始干密度相同、增湿时间不同时，增湿红土的孔压-轴向应变曲线呈 S 形变化趋势。轴向应变小于 3.0% 时，孔压增长缓慢；轴向应变为 3.0%～7.0%，孔压快速增大；轴向应变大于 7.0% 时，孔压平缓变化。随增湿时间的延长，孔压曲线的位置有升高的变化趋势，相应的孔压增大。

2. 峰值孔压参数

图 3-29 给出了三轴 CU 试验条件下，初始含水率 ω_0 为 26.9%，初始干密度 ρ_d 不同、围压 σ_3 不同时，增湿红土的孔压-轴向应变曲线的峰值孔压 u_f 随增湿时间 t_z 的变化关系。

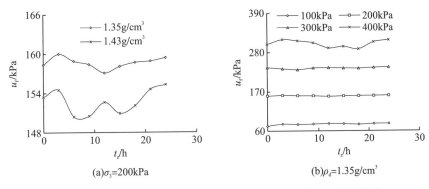

图 3-29　三轴 CU 试验下增湿红土的峰值孔压与增湿时间的关系

图 3-29 表明，不同初始干密度、不同围压下，随增湿时间的延长，增湿红土的峰值孔压呈略微增大的变化趋势。其变化程度见表 3-29。

表 3-29　三轴 CU 试验下增湿红土的峰值孔压随增湿时间的变化程度（$u_{\text{f-t}}$/%）

增湿时间	初始干密度（ρ_d）/（g/cm³）		围压（σ_3）/kPa			
（t_z）/h	1.35	1.43	100	200	300	400
0→24	0.7	1.2	8.8	0.7	0.2	3.9
	$u_{\text{f-j}\rho\text{d-t}}$=1.0%		$u_{\text{f-j}\sigma3\text{-t}}$=2.6%			

注：$u_{\text{f-t}}$、$u_{\text{f-j}\rho\text{d-t}}$、$u_{\text{f-j}\sigma3\text{-t}}$ 分别代表三轴 CU 试验条件下，增湿红土的孔压-轴向应变曲线的峰值孔压以及初始干密度加权值和围压加权值随增湿时间的变化程度。

由表 3-29 可知，相比增湿前，增湿时间达到 24h，初始干密度为 1.35g/cm³、1.43g/cm³时，增湿红土的峰值孔压仅分别增大了 0.7%、1.2%，经过初始干密度加权，峰值孔压平均增大了 1.0%；而围压为 100～400kPa 时，峰值孔压仅增大了 0.2%～8.8%，经过围压加权，峰值孔压平均增大了 2.6%。说明不论初始干密度和围压大小，增湿时间的延长，引起峰值孔压的增大，但增大的程度不高。增湿时间对峰值孔压的影响很小。

3.3.4.2　初始干密度的影响

图 3-29（a）表明了三轴 CU 试验条件下，初始含水率 ω_0 为 26.9%，围压 σ_3 为 200kPa，增湿时间 t_z 相同时，增湿红土的孔压-轴向应变曲线的峰值孔压 u_f 与初始干密度 ρ_d 的变化关系。表明相同增湿时间下，随初始干密度的增大，增湿红土的峰值孔压曲线的位置降低，相应的峰值孔压减小。其变化程度见表 3-30。

表 3-30　三轴 CU 试验下增湿红土的峰值孔压随初始干密度的变化程度（$u_{\text{f-}\rho\text{d}}$/%）

初始干密度	增湿时间（t_z）/h						$u_{\text{f-jt-}\rho\text{d}}$/%
（ρ_d）/（g/cm³）	0	3	6	12	18	24	
1.35→1.43	-3.1	-3.4	-5.3	-2.9	-4.2	-2.6	-3.4

注：$u_{\text{f-}\rho\text{d}}$、$u_{\text{f-jt-}\rho\text{d}}$ 分别代表三轴 CU 试验条件下，增湿时间不同时，增湿红土的孔压-轴向应变曲线的峰值孔压以及时间加权值随初始干密度的变化程度。

由表 3-30 可知，当初始干密度由 $1.35\text{g/cm}^3 \rightarrow 1.43\text{g/cm}^3$ 时，增湿前，素红土的峰值孔压减小了 3.1%；增湿时间为 3～24h 时，增湿红土的峰值孔压减小了 2.6%～5.3%，经过时间加权，峰值孔压平均减小了 3.4%。说明不论是否进行增湿作用，不论增湿时间长短，红土体的初始干密度增大，密实性提高，体现为峰值孔压的减小，但减小程度不大。初始干密度对峰值孔压的影响很小。

3.3.4.3 围压的影响

图 3-30 给出了三轴 CU 试验条件下，初始含水率 ω_0 为 26.9%，初始干密度 ρ_d 为 1.35g/cm^3，增湿时间 t_z 不同时，增湿红土的孔压-轴向应变曲线的峰值孔压 u_f 与围压 σ_3 的变化关系。

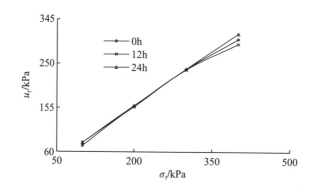

图 3-30　三轴 CU 试验下增湿红土的峰值孔压与围压的关系

图 3-30 表明，增湿前后，各个增湿时间下，随围压的增大，素红土和增湿红土的峰值孔压呈明显增大的变化趋势，二者变化趋势一致。其变化程度见表 3-31。

表 3-31　三轴 CU 试验下增湿红土的峰值孔压随围压的变化程度（$u_\text{f-}\sigma_3$/%）

围压 （σ_3）/kPa	增湿时间（t_z）/h						$u_\text{f-jt-}\sigma_3$/%
	0	3	6	12	18	24	
100→400	310.4	298.1	300.0	263.7	270.7	291.7	281.5

注：$u_\text{f-}\sigma_3$、$u_\text{f-jt-}\sigma_3$ 分别代表三轴 CU 试验条件下，增湿时间不同时，增湿红土的孔压-轴向应变曲线的峰值孔压以及时间加权值随围压的变化程度。

由表 3-31 可知，当围压由 100kPa→400kPa 时，增湿前，素红土的峰值孔压增大了 310.4%；增湿时间为 3～24h 时，增湿红土的峰值孔压增大了 263.7%～300.0%；经过时间加权，峰值孔压平均增大了 281.5%。说明不论是否进行增湿作用，不论增湿时间长短，固结过程中围压增大，导致对红土体的约束作用增强，剪切过程中体现为峰值孔压的增大，而且增大程度明显。围压对峰值孔压的影响较大。

3.3.4.4 各因素影响程度对比

对比表 3-29、表 3-30、表 3-31 可知，本试验条件下，增湿时间、初始干密度、围压对增湿红土的孔压-轴向应变曲线的峰值孔压的影响程度见表 3-32。其中，增湿时间的影响对应的初始干密度为 1.35g/cm³、围压为 200kPa，初始干密度的影响对应的围压为 200kPa、增湿时间为 24h，围压的影响对应的初始干密度为 1.35g/cm³、增湿时间为 24h。

表 3-32 三轴 CU 试验下各因素对增湿红土的峰值孔压的影响程度对比

影响因素	增湿时间(t_z)/h	初始干密度(ρ_d)/(g/cm³)	围压(σ_3)/kPa
	0→24	1.35→1.43	100→400
加权值变化范围	1.6%～2.6%	-3.4%	281.5%

可见，增湿作用下，围压由 100kPa→400kPa 时，增湿红土的峰值孔压明显增大了 281.5%，初始干密度由 1.35g/cm³→1.43g/cm³ 时的峰值孔压则减小了 3.4%，增湿时间由 0h→24h 时的峰值孔压仅增大了 1.6%～2.6%。就加权值的绝对值来看，围压对增湿红土的峰值孔压的影响程度最大，初始干密度对峰值孔压的影响程度居中，而增湿时间对峰值孔压的影响程度最小。初始干密度和增湿时间对峰值孔压的影响程度都相对较小，而且基本接近。

3.3.5 抗剪强度指标特性

3.3.5.1 增湿时间的影响

图 3-31、图 3-32 分别给出了三轴 CU 试验条件下，初始含水率 ω_0 为 26.9%，初始干密度 ρ_d 分别为 1.35g/cm³、1.43g/cm³ 时，增湿红土的总黏聚力 c、总内摩擦角 φ 以及有效黏聚力 c'、有效内摩擦角 φ' 等 4 个抗剪强度指标随增湿时间 t_z 的变化关系。

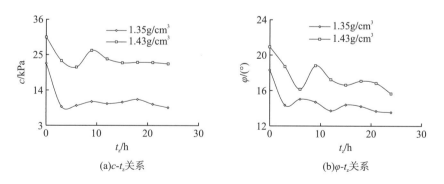

(a)c-t_z关系　　　　　　　(b)φ-t_z关系

图 3-31 三轴 CU 试验下增湿红土的总应力抗剪强度指标与增湿时间的关系

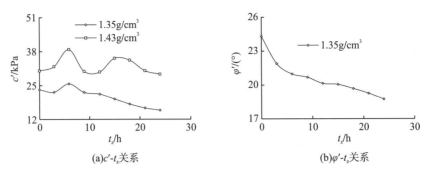

(a)c'-t_z关系　　　　　　　　　　(b)φ'-t_z关系

图 3-32　三轴 CU 试验下增湿红土的有效应力抗剪强度指标与增湿时间的关系

注：由于缺失 ρ_d=1.43g/cm³ 时的 φ'-t_z 数据，因此(b)图中无相关曲线。

图 3-31、图 3-32 表明，三轴 CU 试验条件下，初始干密度相同时，随增湿时间的延长，增湿红土的总应力抗剪强度指标(总黏聚力、总内摩擦角)和有效应力抗剪强度指标(有效黏聚力、有效内摩擦角)呈波动减小的变化趋势。其变化程度见表 3-33。

表 3-33　三轴 CU 试验下增湿红土的抗剪强度指标随增湿时间的变化程度

增湿时间 (t_z)/h	初始干密度 (ρ_d)/(g/cm³)	黏聚力的变化		内摩擦角的变化	
		c_t/%	c'_t/%	φ_t/%	φ'_t/%
0→24	1.35	-61.8	-33.9	-26.1	-22.9
	1.43	-27.2	-4.2	-25.2	—

注：c_t、c'_t、φ_t、φ'_t 分别表示三轴 CU 试验条件下，增湿红土的总黏聚力、有效黏聚力以及总内摩擦角、有效内摩擦角 4 个抗剪强度指标随增湿时间的变化程度。

由表 3-33 可知，初始干密度为 1.35g/cm³、1.43g/cm³，相比增湿前，增湿时间达到 24h 时，增湿红土的总黏聚力、总内摩擦角、有效黏聚力、有效内摩擦角减小了 4.2%~61.8%。说明相同初始干密度下，增湿时间的延长，导致对红土颗粒的软化作用越强，极大地损伤了红土颗粒之间的连接能力和摩擦能力，体现为黏聚力和内摩擦角抗剪强度指标的减小。

3.3.5.2　初始干密度的影响

图 3-31 也反映了三轴 CU 试验条件下，初始含水率 ω_0 为 26.9%，增湿时间 t_t 相同时，增湿红土的总黏聚力 c、总内摩擦角 φ 两个抗剪强度指标随初始干密度 ρ_d 的变化情况。表明随着初始干密度的增大，增湿红土的总黏聚力、总内摩擦角增大。其变化程度见表 3-34。

表 3-34　三轴 CU 试验下增湿红土的抗剪强度指标随初始干密度的变化程度

初始干密度 (ρ_d)/(g/cm³)	强度指标的变化	增湿时间 (t_z)/h					时间加权
		0	6	12	18	24	
1.35→1.43	c_{pd}/%	36.5	130.8	142.9	104.2	160.2	137.0
	φ_{pd}/%	14.2	7.5	25.7	20.2	15.7	18.2

注：c_{pd}、φ_{pd} 分别表示三轴 CU 试验条件下，增湿红土的总黏聚力、总内摩擦角 2 个抗剪强度指标随初始干密度的变化程度。

由表 3-34 可知,增湿前后,增湿时间为 0～24h,当初始干密度由 1.35g/cm³→1.43g/cm³ 时,增湿红土的总黏聚力增大了 36.5%～160.2%,总内摩擦角增大了 7.5%～25.7%;经过时间加权后,总黏聚力平均增大了 137.0%,总内摩擦角平均增大了 18.2%。说明不论是否进行增湿作用,初始干密度越大,素红土和增湿红土的颗粒之间的连接能力和摩擦能力越强,表现为黏聚力和内摩擦角的增大,且初始干密度对黏聚力的影响程度大于对内摩擦角的影响程度。

3.4　干-湿循环红土的 CU 剪切特性

3.4.1　固结排水特性

3.4.1.1　干-湿循环次数的影响

图 3-33 给出了三轴 CU 试验条件下,初始含水率 ω_0 为 26.9%,初始干密度 ρ_d 相同、围压 σ_3 不同时,干-湿循环红土的固结排水量 ΔV_g 随循环次数 N_{gs} 的变化关系。这里的固结排水量指的是固结过程结束时干-湿循环红土的排水量。以下同。

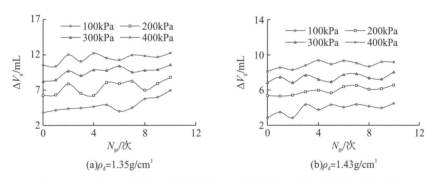

图 3-33　三轴 CU 试验下干-湿循环红土的固结排水量与循环次数的关系

图 3-33 表明,初始干密度相同时,各级围压下,随循环次数的增加,干-湿循环红土的固结排水量呈波动增大的变化趋势。其变化程度见表 3-35。

表 3-35　三轴 CU 试验下干-湿循环红土的固结排水量随循环次数的变化程度($\Delta V_{g\text{-}N}$/%)

干-湿循环次数 (N_{gs})/次	初始干密度 (ρ_d)/(g/cm³)	围压 (σ_3)/kPa				$\Delta V_{g\text{-}j\sigma3\text{-}N}$/%
		100	200	300	400	
0→10	1.35	81.8	40.3	28.6	16.3	31.3
	1.43	56.3	22.3	17.6	12.9	20.5
	$\Delta V_{g\text{-}j\rho d\text{-}N}$/%	68.7	31.0	22.9	14.6	25.7

注:$\Delta V_{g\text{-}N}$、$\Delta V_{g\text{-}j\sigma3\text{-}N}$、$\Delta V_{g\text{-}j\rho d\text{-}N}$ 分别代表三轴 CU 试验条件下,干-湿循环红土的固结排水量以及围压加权值和初始干密度加权值随循环次数的变化程度。

　　由表 3-35 可知，初始干密度为 1.35g/cm³、1.43g/cm³，围压为 100～400kPa，相比循环前，循环达到 10 次时，干-湿循环红土的固结排水量增大了 12.9%～81.8%；经过围压加权，固结排水量分别平均增大了 31.3%、20.5%，初始干密度加权值平均增大了 14.6%～68.7%。综合围压加权、初始干密度加权后，总体上，随循环次数的增多，干-湿循环红土的固结排水量平均增大了 25.7%。说明不论初始干密度和围压大小，反复进行干-湿循环作用产生的胀缩变化引起红土开裂，固结过程中更易于排水，体现为固结排水量的增大。

3.4.1.2　初始干密度的影响

　　图 3-34 给出了三轴 CU 试验条件下，初始含水率 ω_0 为 26.9%，循环次数 N_{gs} 不同、围压 σ_3 不同时，干-湿循环红土的固结排水量 ΔV 随初始干密度 ρ_d 的变化关系。

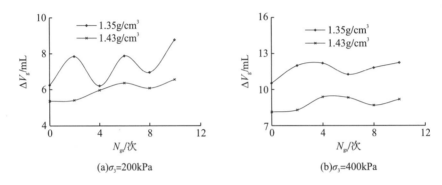

图 3-34　三轴 CU 试验下干-湿循环红土的固结排水量与初始干密度的关系

　　图 3-34 表明，围压相同时，各个循环次数下，随初始干密度的增大，干-湿循环红土的固结排水量呈减小的变化趋势。其变化程度见表 3-36。

表 3-36　三轴 CU 试验下干-湿循环红土的固结排水量随初始干密度的变化程度（$\Delta V_{g\text{-}\rho d}$/%）

初始干密度 (ρ_d)/(g/cm³)	干-湿循环次数 (N_{gs})/次	围压 (σ_3)/kPa				$\Delta V_{g\text{-}j\sigma3\text{-}\rho d}$/%
		100	200	300	400	
1.35→1.43	0	−24.8	−14.2	−16.6	−22.7	−19.4
	2	−34.7	−31.1	−29.5	−30.8	−30.9
	6	1.8	−19.2	−25.4	−17.1	−18.1
	10	−35.3	−25.2	−23.7	−25.0	−25.7
	$\Delta V_{g\text{-}jN\text{-}\rho d}$/%	−22.9	−23.9	−24.9	−23.0	−23.7

注：$\Delta V_{g\text{-}\rho d}$、$\Delta V_{g\text{-}j\sigma3\text{-}\rho d}$、$\Delta V_{g\text{-}jN\text{-}\rho d}$ 分别代表三轴 CU 试验条件下，干-湿循环红土的固结排水量以及围压加权值和循环次数加权值随初始干密度的变化程度。

　　由表 3-36 可知，围压为 100～400kPa，循环次数为 0～10 次，当初始干密度由 1.35g/cm³→1.43g/cm³ 时，干-湿循环红土的固结排水量以减小为主，变化幅度为−35.3%～1.8%。经过围压加权，固结排水量平均减小了 18.1%～30.9%；经过循环次数加权，固结排水量平均减小了 22.9%～24.9%。本试验条件下，综合围压加权、循环次数加权后，总体上，随初始干密度的增大，干-湿循环红土的固结排水量平均减小了 23.7%。说明不论是否进行干-湿循环，不论围压大小，随初始干密度的增大，红土体的密实性提高，固结过程中排水更加困难，体现为固结排水量的减小。

3.4.1.3 围压的影响

图 3-35 反映了三轴 CU 试验条件下，初始含水率 ω_0 为 26.9%，初始干密度 ρ_d 相同、循环次数 N_{gs} 不同时，干-湿循环红土的固结排水量 ΔV 随围压 σ_3 的变化关系。

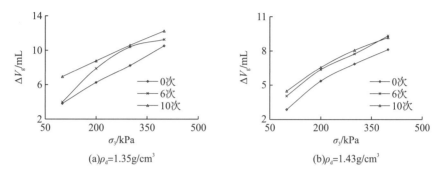

图 3-35 三轴 CU 试验下干-湿循环红土的固结排水量与围压的关系

图 3-35 表明，初始干密度相同时，循环前后，各个循环次数下，随围压的增大，素红土和干-湿循环红土的固结排水量呈明显增大的变化趋势，二者变化趋势一致。其变化程度见表 3-37。

表 3-37 三轴 CU 试验下干-湿循环红土的固结排水量随围压的变化程度（$\Delta V_{g\text{-}\sigma3}$/%）

围压 (σ_3)/kPa	初始干密度 (ρ_d)/(g/cm³)	干-湿循环次数 (N_{gs})/次					$\Delta V_{g\text{-}jN\text{-}\sigma3}$/%
		0	2	6	8	10	
100→400	1.35	176.1	175.9	182.7	106.3	76.7	117.9
	1.43	183.7	192.0	130.4	108.9	104.9	118.7
	$\Delta V_{g\text{-}j\rho d\text{-}\sigma3}$/%	180.0	184.2	155.8	107.6	91.2	118.3

注：$\Delta V_{g\text{-}\sigma3}$、$\Delta V_{g\text{-}jN\text{-}\sigma3}$、$\Delta V_{g\text{-}j\rho d\text{-}\sigma3}$ 分别代表三轴 CU 试验条件下，干-湿循环红土的固结排水量以及循环次数加权值和初始干密度加权值随围压的变化程度。

由表 3-37 可知，初始干密度为 1.35g/cm³、1.43g/cm³，当围压由 100kPa→400kPa 时，循环前，素红土的固结排水量增大了 176.1%、183.7%，经过初始干密度加权，固结排水量平均增大了 180.0%。循环次数为 2～10 次时，干-湿循环红土的固结排水量增大了 76.7%～192.0%。经过循环次数加权，固结排水量分别平均增大了 117.9%、118.7%；经过初始干密度加权，固结排水量平均增大了 91.2%～184.2%。综合循环次数加权、初始干密度加权后，总体上，随围压的增大，干-湿循环红土的固结排水量平均增大了 118.3%。说明不论是否进行干-湿循环作用，不论初始干密度大小，固结过程中围压越大，对红土体的约束作用越强，越易于排水，因而固结排水量越大。

3.4.1.4　各因素影响程度对比

对比表 3-34、表 3-35、表 3-36 可知，本试验条件下，干-湿循环次数、初始干密度、围压对干-湿循环红土的固结排水量的影响程度见表 3-38。

表 3-38　三轴 CU 试验下各因素对干-湿循环红土固结排水量的影响程度对比

影响因素	干-湿循环次数(N_{gs})/次	初始干密度(ρ_d)/(g/cm³)	围压(σ_3)/kPa
	0→10	1.35→1.43	100→400
加权值变化范围	25.7%	-23.7%	118.3%

可见，干-湿循环作用下，围压由 100kPa→400kPa 时，干-湿循环红土的固结排水量增大了 118.3%，初始干密度由 1.35g/cm³→1.43g/cm³ 时的固结排水量减小了 23.7%，循环次数由 0 次→10 次时的固结排水量增大了 25.7%。就加权值的绝对值来看，围压对干-湿循环红土的固结排水量的影响程度最大，干-湿循环次数对固结排水量的影响程度稍大于初始干密度的影响。

3.4.2　主应力差-轴向应变特性

3.4.2.1　干-湿循环次数的影响

1.主应力差-轴向应变关系

图 3-36 给出了三轴 CU 试验条件下，初始含水率 ω_0 为 26.9%，围压 σ_3 为 400kPa，初始干密度 ρ_d 相同时，干-湿循环红土的主应力差-轴向应变(q-ε_1)关系随循环次数 N_{gs} 的变化情况。

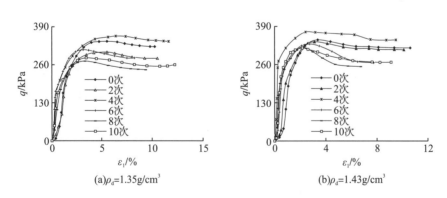

图 3-36　三轴 CU 试验下干-湿循环红土的主应力差-轴向应变关系随循环次数的变化

图 3-36 表明，三轴 CU 试验条件下，初始干密度相同、循环次数不同时，总体上，干-湿循环红土的主应力差-轴向应变曲线存在峰值点，表现出应变软化的特征。随干-湿循环次数的增多，主应力差-轴向应变曲线的位置波动下降，峰值点突出、左移，应变软化现象明显。

2. 峰值特征参数

图 3-37 给出了三轴 CU 试验条件下，初始含水率 ω_0 为 26.9%，围压 σ_3 为 400kPa，初始干密度 ρ_d 相同时，干-湿循环红土的峰值应力 q_f、峰值应变 ε_{1f} 等特征参数随循环次数 N_{gs} 的变化关系。

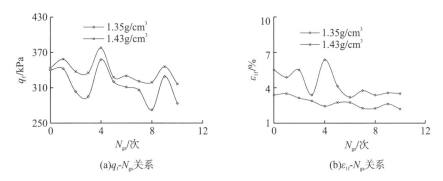

(a)q_f-N_{gs}关系　　　　　　　　　　(b)ε_{1f}-N_{gs}关系

图 3-37　三轴 CU 试验下干-湿循环红土的主应力差-轴向应变曲线峰值特征参数随循环次数的变化

图 3-37 表明，总体上，相同初始干密度下，随循环次数的增加，干-湿循环红土的峰值应力、峰值应变呈波动减小的变化，二者变化趋势一致。其变化程度见表 3-39。

表 3-39　三轴 CU 试验下干-湿循环红土的峰值特征参数随循环次数的变化程度

干-湿循环次数 (N_{gs})/次	峰值参数 的变化	初始干密度(ρ_d)/(g/cm³)		初始干密度加权
		1.35	1.43	
0→10	$q_{f\text{-}N}$/%	-16.6	-8.1	-12.2
	$\varepsilon_{1f\text{-}N}$/%	-36.5	-35.2	-35.8

注：$q_{f\text{-}N}$、$\varepsilon_{1f\text{-}N}$ 分别代表三轴 CU 试验条件下，初始干密度不同时，干-湿循环红土的主应力差-轴向应变曲线的峰值应力、峰值应变特征参数随循环次数的变化程度。

由表 3-39 可知，初始干密度为 1.35g/cm³、1.43g/cm³，相比循环前，循环 10 次时，干-湿循环红土的峰值应力减小了 16.6%、8.1%，峰值应变减小了 36.5%、35.2%；经过初始干密度加权后，峰值应力、峰值应变平均减小了 12.2%、35.8%。说明不论初始干密度大小，反复进行干-湿循环作用，损伤了红土体微结构的稳定性，剪切过程中抵抗剪切破坏的能力降低，体现为峰值应力和相对应峰值应变的减小。而干-湿循环过程中内部微结构损伤的各向异性，引起波动性的变化。

3.4.2.2　初始干密度的影响

1. 主应力差-轴向应变关系

图 3-38、图 3-39 给出了三轴 CU 试验条件下，初始含水率 ω_0 为 26.9%，循环次数 N_{gs} 分别为 0 次、10 次，围压 σ_3 相同时，干-湿循环红土的主应力差-轴向应变$(q\text{-}\varepsilon_1)$关系随初始干密度 ρ_d 的变化情况。

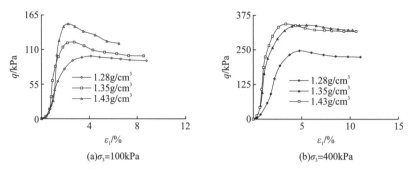

图 3-38　三轴 CU 试验下素红土的主应力差-轴向应变关系随初始干密度的变化（$N_{gs}=0$ 次）

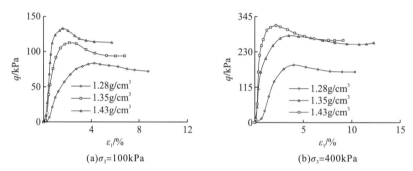

图 3-39　三轴 CU 试验下干-湿循环红土的主应力差-轴向应变关系随初始干密度的变化（$N_{gs}=10$ 次）

图 3-38、图 3-39 表明，三轴 CU 试验条件下，围压相同时，各个初始干密度下，循环前后，素红土和干-湿循环红土的主应力差-轴向应变曲线都存在峰值，呈现出应变软化的特征。随初始干密度由 $1.28g/cm^3 \rightarrow 1.43g/cm^3$，主应力差-轴向应变曲线的位置升高，初始斜率增大，峰值点突出，峰值位置左移，应变软化现象明显。

2. 峰值特征参数

图 3-40 给出了三轴 CU 试验条件下，初始含水率 ω_0 为 26.9%，围压 σ_3 不同、循环次数 N_{gs} 不同时，干-湿循环红土的主应力差-轴向应变曲线的峰值应力 q_f、峰值应变 ε_{1f} 特征参数随初始干密度 ρ_d 的变化关系。

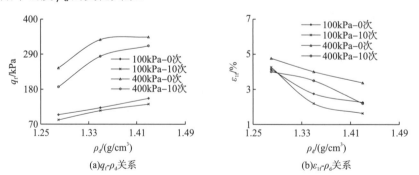

图 3-40　三轴 CU 试验下干-湿循环红土的主应力差-轴向应变曲线峰值特征参数随初始干密度的变化

图 3-40 表明，不同围压下，循环前后，随初始干密度的增大，素红土和干-湿循环红土的峰值应力呈增大的变化趋势，峰值应变呈减小的变化趋势。其变化程度见表 3-40。

表 3-40　三轴 CU 试验下干-湿循环红土的主应力差-轴向应变曲线峰值特征参数随干密度的变化程度

初始干密度 (ρ_d)/(g/cm³)	峰值参数 的变化	σ_3=100kPa		σ_3=400kPa	
		N_{gs}=0 次	N_{gs}=10 次	N_{gs}=0 次	N_{gs}=10 次
1.28→1.43	$q_{f\text{-}\rho d}$/%	51.7	59.3	39.4	68.6
	$\varepsilon_{1f\text{-}\rho d}$/%	-45.7	-61.7	-29.2	-45.4

注：$q_{f\text{-}\rho d}$、$\varepsilon_{1f\text{-}\rho d}$ 分别代表三轴 CU 试验条件下，干-湿循环红土的主应力差-轴向应变曲线的峰值应力、峰值应变特征参数随初始干密度的变化程度。

由表 3-40 可知，当初始干密度由 1.28g/cm³→1.43g/cm³，围压为 100kPa、400kPa 时，循环前，素红土的峰值应力分别增大了 51.7%、39.4%，峰值应变分别减小了 45.7%、29.2%；循环 10 次时，干-湿循环红土的峰值应力分别增大了 59.3%、68.6%，峰值应变分别减小了 61.7%、45.4%。说明不论是否进行干-湿循环作用，红土体的初始干密度越大，密实性越高，抵抗剪切破坏的能力越强，体现为峰值应力的增大、峰值应变的减小。

3.4.2.3　围压的影响

1. 主应力差-轴向应变关系

图 3-41、图 3-42 分别给出了三轴 CU 试验条件下，初始含水率 ω_0 为 26.9%，干-湿循环前后，循环次数 N_{gs} 分别为 0 次、10 次，初始干密度 ρ_d 相同时，素红土和干-湿循环红土的主应力差-轴向应变（q-ε_1）关系随围压 σ_3 的变化。

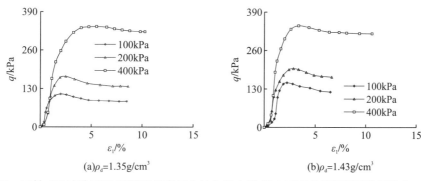

图 3-41　三轴 CU 试验下干-湿循环前素红土的主应力差-轴向应变关系随围压的变化（N_{gs}=0 次）

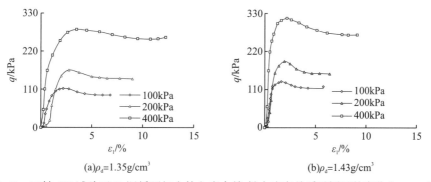

图 3-42　三轴 CU 试验下干-湿循环红土的主应力差-轴向应变关系随围压的变化（N_{gs}=10 次）

图 3-41、图 3-42 表明，三轴 CU 试验条件下，初始干密度相同时，循环前后，各级围压状态下，素红土和干-湿循环红土的主应力差-轴向应变曲线都存在峰值，呈现出应变软化的特征。随围压由 100kPa→400kPa，主应力差-轴向应变曲线的位置上升，峰值点位置右移，应变软化现象减弱。

2. 峰值特征参数

图 3-43 给出了三轴 CU 试验条件下，初始含水率 ω_0 为 26.9%，初始干密度 ρ_d 不同、循环次数 N_{gs} 不同时，干-湿循环红土的主应力差-轴向应变曲线的峰值应力 q_f、峰值应变 ε_{1f} 等特征参数随围压 σ_3 的变化关系。

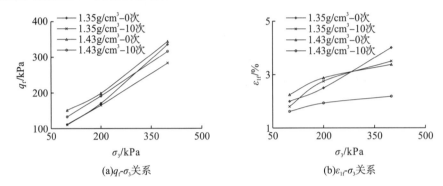

(a)q_f-σ_3关系   (b)ε_{1f}-σ_3关系

图 3-43　三轴 CU 试验下干-湿循环红土的主应力差-轴向应变曲线峰值特征参数随围压的变化

图 3-43 表明，不同初始干密度下，循环前后，随围压的增大，素红土和干-湿循环红土的主应力差-轴向应变曲线的峰值应力、峰值应变呈增大的变化趋势。其变化程度见表 3-41。

表 3-41　三轴 CU 试验下干-湿循环红土的主应力差-轴向应变曲线峰值特征参数随围压的变化程度

围压 (σ_3)/kPa	峰值参数 的变化	ρ_d=1.35g/cm³		ρ_d=1.43g/cm³	
		N_{gs}=0 次	N_{gs}=10 次	N_{gs}=0 次	N_{gs}=10 次
100→400	$q_{f\text{-}\sigma3}$/%	200.6	156.1	127.5	137.6
	$\varepsilon_{1f\text{-}\sigma3}$/%	100.5	93.4	50.0	34.6

注：$q_{f\text{-}\sigma3}$、$\varepsilon_{1f\text{-}\sigma3}$ 分别代表三轴 CU 试验条件下，干-湿循环红土的主应力差-轴向应变曲线的峰值应力、峰值应变特征参数随围压的变化程度。

由表 3-41 可知，当围压由 100kPa→400kPa，初始干密度为 1.35g/cm³、1.43g/cm³ 时，循环前，素红土的峰值应力分别增大了 200.6%、127.5%，峰值应变分别增大了 100.5%、50.0%；循环 10 次时，干-湿循环红土的峰值应力分别增大了 156.1%、137.6%，峰值应变分别增大了 93.4%、34.6%。说明不论是否进行干-湿循环作用，三轴 CU 试验的固结过程中围压越大，对红土体的约束作用越强，固结排水量越大，红土体越密实，微结构稳定性越好，抵抗剪切变形的能力越强，体现为峰值应力以及相对应的峰值应变的增大。

3.4.2.4　各因素影响程度对比

对比表 3-39、表 3-40、表 3-41 可知，本试验条件下，干-湿循环次数、初始干密度、围压对干-湿循环红土的主应力差-轴向应变曲线的峰值特征参数的影响程度见表 3-42。其中，循环次数的影响对应的初始干密度为 $1.35g/cm^3$、围压为 400kPa，初始干密度的影响对应的围压为 400kPa、循环次数为 10 次，围压的影响对应的初始干密度为 $1.35g/cm^3$、循环次数为 10 次。

表 3-42　三轴 CU 试验下各因素对干-湿循环红土的主应力差-轴向应变曲线的峰值特征参数的影响程度对比

影响因素	干-湿循环次数 (N_{gs})/次		初始干密度 (ρ_d)/(g/cm³)		围压 (σ_3)/kPa	
	0→10		1.28→1.43		100→400	
峰值参数的变化	$q_{f\text{-}N}$/%	$\varepsilon_{1f\text{-}N}$/%	$q_{f\text{-}\rho d}$/%	$\varepsilon_{1f\text{-}\rho d}$/%	$q_{f\text{-}\sigma 3}$/%	$\varepsilon_{1f\text{-}\sigma 3}$/%
	-16.6	-36.5	68.6	-45.4	156.1	93.4

可见，干-湿循环作用下，围压由 100kPa→400kPa 时，干-湿循环红土的峰值应力、峰值应变分别增大了 156.1%、93.4%；初始干密度由 $1.28g/cm^3$→$1.43g/cm^3$ 时，峰值应力增大了 68.6%，峰值应变减小了 45.4%；干-湿循环次数由 0 次→10 次时，峰值应力、峰值应变分别减小了 16.6%、36.5%。总体上，就绝对值来看，围压对干-湿循环红土的峰值特征参数的影响程度最大，初始干密度的影响程度居中，而循环次数的影响程度最小。

3.4.3　孔隙水压力特性

3.4.3.1　干-湿循环次数的影响

1. 孔压-轴向应变关系

图 3-44 给出了三轴 CU 试验条件下，初始含水率 ω_0 为 26.9%，初始干密度 ρ_d 为 $1.35g/cm^3$，围压 σ_3 分别为 100kPa、400kPa 时，干-湿循环红土的孔压-轴向应变 (u-ε_1) 关系随循环次数 N_{gs} 的变化情况。

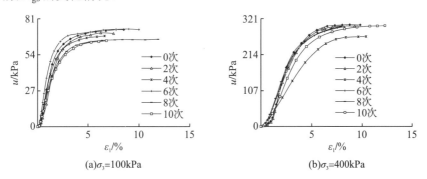

图 3-44　三轴 CU 试验下干-湿循环红土的孔压-轴向应变关系随循环次数的变化

图 3-44 表明，三轴 CU 试验条件下，围压相同、循环次数不同时，干-湿循环红土的孔压-轴向应变曲线呈 S 形变化。剪切初期，轴向应变小于 0.5% 时，孔压相对较小；剪切中期，轴向应变为 0.5%～7.0%，孔压快速增加；剪切后期，轴向应变大于 7.0%，孔压缓慢增加，趋于稳定。随干-湿循环次数由 0 次→10 次，孔压-轴向应变曲线的位置总体上呈下降的变化趋势，相应的孔压减小。

2. 特征参数

图 3-45 给出了三轴 CU 试验条件下，初始含水率 ω_0 为 26.9%，初始干密度 ρ_d 相同、围压 σ_3 不同时，干-湿循环红土的孔压-轴向应变曲线的峰值孔压 u_f 参数随循环次数 N_{gs} 的变化关系。图中，$N_{gs}=0$ 次时对应的数值代表干-湿循环前素红土的峰值孔压。

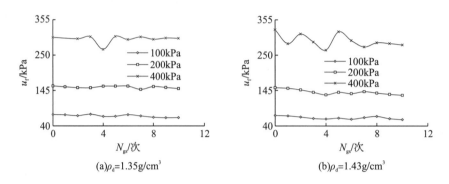

(a) $\rho_d=1.35\text{g/cm}^3$ (b) $\rho_d=1.43\text{g/cm}^3$

图 3-45 三轴 CU 试验下干-湿循环红土的峰值孔压随循环次数的变化

图 3-45 表明，初始干密度相同、围压不同时，相比素红土，随循环次数的增加，干-湿循环红土的峰值孔压呈波动减小的变化趋势。其变化程度见表 3-43。

表 3-43 三轴 CU 试验下干-湿循环红土的峰值孔压随循环次数的变化程度 $(u_{f\text{-}N}/\%)$

干-湿循环次数 (N_{gs})/次	初始干密度 (ρ_d)/(g/cm³)	围压 (σ_3)/kPa			$u_{f\text{-}j\sigma3\text{-}N}/\%$
		100	200	400	
0→10	1.35	−12.5	−5.0	−1.0	−3.8
	1.45	−17.4	−14.7	−13.8	−14.6
	$u_{f\text{-}j\rho d\text{-}N}/\%$	−15.0	−10.0	−7.6	−9.4

注：$u_{f\text{-}N}$、$u_{f\text{-}j\sigma3\text{-}N}$、$u_{f\text{-}j\rho d\text{-}N}$ 分别表示三轴 CU 试验条件下，干-湿循环红土的峰值孔压以及围压加权值和初始干密度加权值随循环次数的变化程度。

由表 3-43 可知，围压为 100~400kPa，初始干密度为 1.35g/cm³、1.43g/cm³，相比循环前，循环 10 次时，干-湿循环红土的峰值孔压减小了 1.0%~17.4%。经过围压加权，峰值孔压平均减小了 3.8%、14.6%；经过初始干密度加权，峰值孔压平均减小了 7.6%~15.0%。综合围压加权、初始干密度加权后，总体上，循环 0 次→10 次，干-湿循环红土的峰值孔压平均减小了 9.4%。说明不论围压和初始干密度大小，反复进行干-湿循环作用，损伤了红土的微结构，固结过程中的排水量增大，红土体中的含水减少，因而剪切过程中孔隙水承担的外荷载较小，相应地孔隙水压力减小。

3.4.3.2 初始干密度的影响

图 3-46 给出了三轴 CU 试验条件下，初始含水率 ω_0 为 26.9%，围压 σ_3 相同、循环次数 N_{gs} 相同时，干-湿循环红土的孔压-轴向应变曲线的峰值孔压 u_f 随初始干密度 ρ_d 的变化情况。

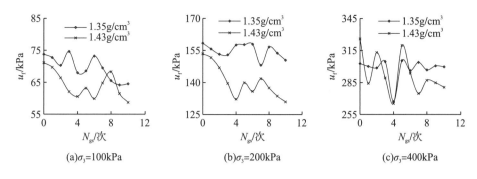

图 3-46　三轴 CU 试验下干-湿循环红土的峰值孔压随初始干密度的变化

图 3-46 表明，相同围压、相同循环次数下，随初始干密度的增大，干-湿循环红土的峰值孔压呈波动减小的变化趋势。其变化程度见表 3-44。

表 3-44　三轴 CU 试验下干-湿循环红土的峰值孔压随初始干密度的变化程度（$u_{f\text{-}\rho d}$/%）

初始干密度 $(\rho_d)/(g/cm^3)$	围压 (σ_3)/kPa	干-湿循环次数 (N_{gs})/次						$u_{f\text{-}jN\text{-}\rho d}$/%
		0	2	4	6	8	10	
1.35→1.45	100	-3.6	-5.5	-10.9	-18.2	4.2	-9.0	-7.3
	200	-3.1	-4.1	-16.1	-13.9	-12.2	-13.0	-12.8
	400	7.6	4.8	-0.6	-0.8	-3.3	-6.4	-2.9
	$u_{f\text{-}j\sigma3\text{-}\rho d}$/%	2.9	0.8	-6.5	-7.0	-4.8	-8.7	-6.4

注：$u_{f\text{-}\rho d}$、$u_{f\text{-}jN\text{-}\rho d}$、$u_{f\text{-}j\sigma3\text{-}\rho d}$ 分别表示三轴 CU 试验条件下，干-湿循环红土的峰值孔压以及循环次数加权值和围压加权值随初始干密度的变化程度。

由表 3-44 可知，围压为 100～400kPa，当初始干密度由 1.35g/cm³→1.43g/cm³ 时，循环前，素红土的峰值孔压变化程度为-3.6%～7.6%，经过围压加权，峰值孔压平均增大了 2.9%；循环次数为 2～10 次时，干-湿循环红土的峰值孔压以减小为主，变化程度为-18.2%～4.8%，经过循环次数加权，峰值孔压平均减小了 2.9%～12.8%，围压加权值平均变化程度为-8.7%～0.8%。综合循环次数加权、围压加权后，总体上，随初始干密度的增大，干-湿循环红土的峰值孔压平均减小了 6.4%。说明不论是否进行干-湿循环作用，初始干密度越大，红土体的孔隙中含水越少，剪切过程中承受外荷载的能力越弱，相应的孔隙水压力越小。

3.4.3.3　围压的影响

图 3-47 给出了三轴 CU 试验条件下，初始含水率 ω_0 为 26.9%，初始干密度 ρ_d 相同、循环次数 N_{gs} 不同时，干-湿循环红土的孔压-轴向应变曲线的峰值孔压 u_f 随围压 σ_3 的变化关系。

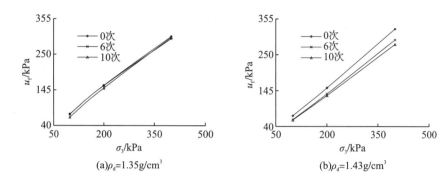

图 3-47　三轴 CU 试验下干-湿循环红土的峰值孔压与围压的关系

图 3-47 表明，初始干密度相同时，各个循环次数下，随围压的增大，素红土和干-湿循环红土的峰值孔压呈增大的变化趋势。其变化程度见表 3-45。

表 3-45　三轴 CU 试验下干-湿循环红土的峰值孔压随围压的变化程度（$u_{\text{f-}\sigma3}$/%）

围压（σ_3）/kPa	初始干密度（ρ_d）/（g/cm³）	干-湿循环次数（N_{gs}）/次				$u_{\text{f-jN-}\sigma3}$/%
		0	2	6	10	
100→400	1.35	310.4	324.8	304.6	364.4	340.1
	1.45	358.1	371.5	390.5	378.0	381.4
	$u_{\text{f-jpd-}\sigma3}$/%	334.9	348.8	348.7	371.4	361.3

注：$u_{\text{f-}\sigma3}$、$u_{\text{f-jN-}\sigma3}$、$u_{\text{f-jpd-}\sigma3}$ 分别表示三轴 CU 试验条件下，干-湿循环红土的峰值孔压以及循环次数加权值和初始干密度加权值随围压的变化程度。

由表 3-45 可知，循环次数为 0～10 次，初始干密度为 1.35g/cm³、1.43g/cm³，当围压由 100kPa→400kPa 时，干-湿循环红土的峰值孔压增大了 304.6%～390.5%。经过循环次数加权，峰值孔压平均增大了 340.1%、381.4%；经初始干密度加权，峰值孔压平均增大了 334.9%～371.4%。综合循环次数加权、初始干密度加权后，总体上，随围压的增大，干-湿循环红土的峰值孔压增大了 361.3%。说明不论是否进行干-湿循环作用，不论初始干密度大小，三轴 CU 试验固结过程中的围压越大，对红土体的约束作用越强，剪切过程中孔隙水承担的外荷载越多，体现为孔隙水压力越大。

3.4.3.4　各因素影响程度对比

对比表 3-43、表 3-44、表 3-45 可知，本试验条件下，循环次数、初始干密度、围压等因素对干-湿循环红土的孔压-轴向应变曲线的峰值孔压的影响程度见表 3-46。

表 3-46　三轴 CU 试验下各因素对增湿红土的峰值孔压的影响程度对比

影响因素	干-湿循环次数（N_{gs}）/次 0→10	初始干密度（ρ_d）/（g/cm³） 1.35→1.43	围压（σ_3）/kPa 100→400
$u_{\text{f-}\sigma3}$/%	-9.4	-6.4	361.3

可见，增湿作用下，围压由 100kPa→400kPa 时，干-湿循环红土的峰值孔压增大了 361.3%，初始干密度由 1.35g/cm³→1.43g/cm³ 时峰值孔压减小了 6.4%，循环次数由 0 次→10 次时峰值孔压则减小了 9.4%。就绝对值来看，围压对干-湿循环红土的峰值孔压的影响程度最大，初始干密度和循环次数对峰值孔压的影响程度较小，且二者基本接近。

3.4.4　抗剪强度指标特性

3.4.4.1　干-湿循环次数的影响

图 3-48、图 3-49 分别给出了三轴 CU 试验条件下，初始含水率 ω_0 为 26.9%，初始干密度 ρ_d 为 1.35g/cm³、1.43g/cm³ 时，干-湿循环红土的总应力抗剪强度指标(总黏聚力 c、总内摩擦角 φ)以及有效应力抗剪强度指标(有效黏聚力 c'、有效内摩擦角 φ')随循环次数 N_{gs} 的变化。

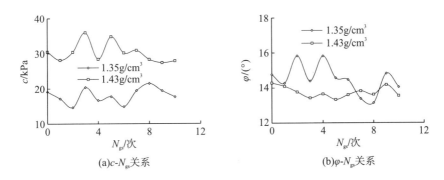

图 3-48　三轴 CU 试验下干-湿循环红土的总应力抗剪强度指标随循环次数的变化

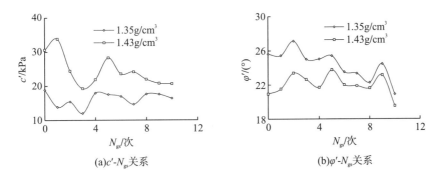

图 3-49　三轴 CU 试验下干-湿循环红土的有效应力抗剪强度指标随循环次数的变化

图 3-48、图 3-49 表明，总体上，相同初始干密度下，随循环次数的增加，干-湿循环红土的总黏聚力、总内摩擦角、有效黏聚力、有效内摩擦角都呈波动减小的变化趋势。其变化程度见表 3-47。

表 3-47　三轴 CU 试验下干-湿循环红土的抗剪强度指标随循环次数的变化程度

干-湿循环次数 (N_{gs})/次	初始干密度 (ρ_d)/(g/cm³)	黏聚力的变化		内摩擦角的变化	
		c_N/%	c'_N/%	φ_N/%	φ'_N/%
0→10	1.35	-7.7	-13.3	-4.9	-18.4
	1.43	-8.5	-32.6	-5.2	-6.7
	初始干密度加权	-8.1	-23.2	-5.1	-12.4

注：c_N、c'_N、φ_N、φ'_N 分别代表三轴 CU 试验条件下，干-湿循环红土的总黏聚力、有效黏聚力、总内摩擦角、有效内摩擦角随循环次数的变化程度。

由表 3-47 可知，初始干密度为 1.35g/cm³、1.43g/cm³，相比循环前，循环 10 次时，干-湿循环红土的总黏聚力、总内摩擦角、有效黏聚力、有效内摩擦角减小了 4.9%~32.6%。经过初始干密度加权后，抗剪强度指标平均减小了 5.1%~23.2%。说明多次反复的干-湿循环作用，损伤了红土颗粒间的连接能力和摩擦能力，引起黏聚力和内摩擦角的减小。

3.4.4.2　初始干密度的影响

图 3-48、图 3-49 也反映了三轴 CU 试验条件下，循环次数 N_{gs} 相同时，干-湿循环红土的总黏聚力 c、总内摩擦角 φ 以及有效黏聚力 c'、有效内摩擦角 φ' 等 4 个抗剪强度指标随初始干密度 ρ_d 的变化情况。表明相同循环次数下，随初始干密度的增大，干-湿循环红土的黏聚力与内摩擦角的变化趋势相反，总黏聚力曲线、有效黏聚力曲线的位置升高，总内摩擦角曲线、有效内摩擦角曲线的位置降低，体现出黏聚力增大、内摩擦角减小。其变化程度见表 3-48。

表 3-48　三轴 CU 试验下干-湿循环红土的抗剪强度指标随初始干密度的变化程度

初始干密度 (ρ_d)/(g/cm³)	干-湿循环次数 (N_{gs})/次	黏聚力的变化		内摩擦角的变化	
		c_{pd}/%	c'_{pd}/%	φ_{pd}/%	φ'_{pd}/%
1.35→1.43	0	59.5	62.3	-3.2	-18.3
	2	107.5	58.8	-13.0	-13.8
	6	102.8	39.1	-6.0	-6.4
	10	58.1	26.2	-3.6	-6.6
	循环次数加权	78.5	34.1	-5.4	-7.3

注：c_{pd}、c'_{pd}、φ_{pd}、φ'_{pd} 分别代表三轴 CU 试验条件下，干-湿循环红土的总黏聚力、有效黏聚力以及总内摩擦角、有效内摩擦角等 4 个抗剪强度指标随初始干密度的变化程度。

由表 3-48 可知，当初始干密度由 1.35g/cm³→1.43g/cm³ 时，循环前，素红土的总黏聚力、有效黏聚力分别增大了 59.5%、62.3%，总内摩擦角、有效内摩擦角分别减小了 3.2%、18.3%。循环次数为 2~10 次时，干-湿循环红土的总黏聚力、有效黏聚力增大了 26.2%~107.5%，总内摩擦角、有效内摩擦角减小了 3.6%~13.8%。经过循环次数加权后，总黏聚力、有效黏聚力平均增大了 78.5%、34.1%，总内摩擦角、有效内摩擦角平均减小了 5.4%、7.3%。说明不论是否进行干-湿循环作用，初始干密度越大，红土体的密实性越高，颗粒之间的连接能力越强，相互错动的摩擦能力越弱，相应地体现为黏聚力增大、内摩擦角减小，而且初始干密度对黏聚力的影响明显大于对内摩擦角的影响。

第4章 干湿循环作用下红土的 UU 剪切特性

4.1 试 验 设 计

4.1.1 试验土料

试验用土选取昆明世博园地区红土,该红土料的基本特性见表4-1,化学组成见表4-2。可知,该红土料以粉粒和黏粒为主,含量占 90.6%;塑性指数为 15.3,介于 10.0~17.0,液限为 47.2%,小于 50.0%;土颗粒的比重较大、最大干密度较大,最优含水率较小。分类属于低液限粉质红黏土,富含石英、三水铝石、赤铁矿、钛铁矿、白云母等物质。

表 4-1 红土样的基本特性

比重 (G_S)	颗粒组成(P_g)/%			界限含水指标			最佳击实指标	
	砂粒/mm 0.075~2.0	粉粒/mm 0.005~0.075	黏粒/mm <0.005	液限 (ω_L)/%	塑限 (ω_p)/%	塑性指数 (I_p)	最大干密度 $(\rho_{dmax})/(g/cm^3)$	最优含水率 (ω_{op})/%
2.77	9.4	45.7	44.9	47.2	31.9	15.3	1.49	27.4

表 4-2 红土样的化学组成

	石英	三水铝石	赤铁矿	钛铁矿	白云母	其他
化学式	SiO_2	$Al(OH)_3$	Fe_2O_3	$FeTiO_3$	$KAl_2Si_3AlO_{10}(OH)_2$	—
含量(H_c)/%	54.81	26.96	7.14	2.43	5.66	3.00

4.1.2 试验方案

4.1.2.1 三轴 UU 试验方案

以云南红土为研究对象,以干-湿循环作为控制条件,考虑干-湿循环次数、干-湿循环幅度、初始干密度、排水条件等影响因素,制备不同影响因素下的干-湿循环红土试样,通过三轴不固结不排水(UU)剪切试验的方法,研究干-湿循环红土的三轴 UU 剪切特性。其中,初始含水率 ω_0 设定为 23.5%、27.0%,初始干密度设定为 1.25g/cm³、1.30g/cm³、1.35g/cm³、1.40g/cm³,排水条件设定为不固结不排水(UU)、固结不排水(CU)、固结排水(CD),干-湿循环次数设定为 0~6 次,干-湿循环幅度设定为 7.0%、13.0%、19.0%、25.0%、31.0%。其对应的含水率范围见表4-3。

表 4-3 干-湿循环幅度对应的含水率范围

干-湿循环幅度 (A_{gs})/%	7.0	13.0	19.0	25.0	31.0
对应含水率范围($\omega_t \sim \omega_z$)/%	20.0～27.0	17.0～30.0	14.0～33.0	11.0～36.0	8.0～39.0

注：ω_t、ω_z 分别代表干-湿循环过程中，红土样的脱湿含水率和增湿含水率。

试验过程中，根据设定的初始含水率和初始干密度，先采用分层击实法制备直径为 39.1mm、高度为 80.0mm 的素红土三轴试样。将素红土试样包裹后放入 40℃的烘箱中低温脱湿，以模拟红土的脱湿过程；达到脱湿含水率后，取出试样静置养护 24h，根据设定的增湿含水率，采用喷水器洒水增湿（当循环幅度为 31.0%时，洒水无法达到 39.0%的增湿含水率，故采用真空饱和法），密封养护 24h，以模拟红土的增湿过程。经过一次脱湿过程、一次增湿过程，即完成一次干-湿循环过程；反复进行脱湿-养护过程、增湿-养护过程，可完成多次干-湿循环过程(图 4-1)，从而制备干-湿循环红土试样。

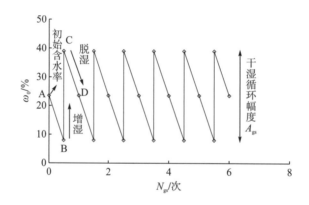

图 4-1 红土试样干-湿循环过程示意图

将制备好的干-湿循环红土试样放入真空饱和器中抽气 8h，以使试样达到饱和(饱和度大于 95.0%)，制备干-湿循环饱和红土试样。然后利用 TSZ-2 型全自动三轴仪，开展不同影响因素下干-湿循环饱和红土的三轴 UU 剪切试验，剪切速率 v 控制为 0.90mm/min，围压 σ_3 控制为 100～400kPa，测试分析不同影响因素对干-湿循环饱和红土的三轴 UU 剪切特性的影响。这里的干-湿循环饱和红土后面简称为干-湿循环红土。

4.1.2.2 微观结构试验方案

与干-湿循环红土的三轴 UU 试验相对应，制备不同影响因素下的干-湿循环红土的微观结构试样，通过 Quanta 200 型扫描电子显微镜和 SCHOTT Lab970 台式电导率仪，开展干-湿循环红土的微结构试验和电导率试验，测试分析不同影响因素下干-湿循环红土的微结构特性和电导率特性。

4.2　干-湿循环红土的主应力差-轴向应变特性

4.2.1　干-湿循环次数的影响

4.2.1.1　主应力差-轴向应变关系

图 4-2 给出了三轴 UU 试验条件下，初始含水率 ω_0 为 23.5%，初始干密度 ρ_d 为 1.30g/cm^3，围压 σ_3 为 300kPa，循环幅度 A_{gs} 为 13.0%、31.0%时，干-湿循环红土的主应力差-轴向应变(q-ε_1)关系随循环次数 N_{gs} 的变化情况。图中，N_{gs}=0 次时对应的曲线代表干-湿循环前素红土的 q-ε_1 关系。

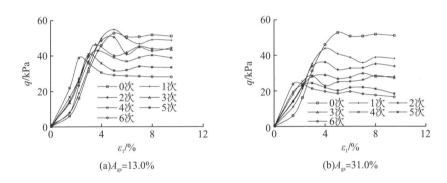

图 4-2　三轴 UU 试验下干-湿循环红土的主应力差-轴向应变关系随循环次数的变化

图 4-2 表明，总体上，循环前后，各个循环次数下，素红土和干-湿循环红土的主应力差-轴向应变关系都呈软化现象；相比循环前的素红土(N_{gs}=0 次)，循环后(N_{gs} 为 1～6 次)，随循环次数的增加，干-湿循环红土的主应力差-轴向应变曲线的位置下降，初始斜率增大，峰值点降低、左移，软化现象明显。

4.2.1.2　主应力差-轴向应变特征参数

1. 峰值参数的变化

图 4-3 给出了三轴 UU 试验条件下，初始含水率 ω_0 为 23.5%，初始干密度 ρ_d 为 1.30g/cm^3，围压 σ_3 为 300kPa，循环幅度 A_{gs} 分别为 13.0%、31.0%时，干-湿循环红土主应力差-轴向应变曲线的峰值应力 q_f、峰值应变 ε_{1f} 特征参数随循环次数 N_{gs} 的变化关系。图中，N_{gs}=0 次时对应的数值代表干-湿循环前素红土的相应参数。

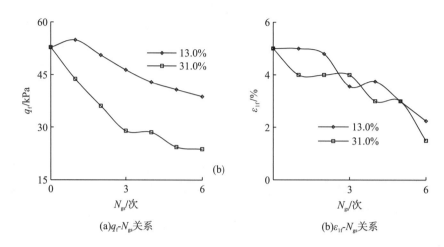

图 4-3　三轴 UU 试验下干-湿循环红土的主应力差-轴向应变峰值特征参数随循环次数的变化

图 4-3 表明，相比循环前的素红土（N_{gs}=0 次），循环后，各个循环幅度下，随循环次数增加，干-湿循环红土的峰值应力呈减小的变化趋势，对应的峰值应变也呈减小的变化趋势。其变化程度见表 4-4。

表 4-4　三轴 UU 试验下干-湿循环红土的主应力差-轴向应变峰值特征参数随循环次数的变化程度

峰值参数的 变化	干-湿循环次数（N_{gs}）/次			
	0→6		1→6	
	A_{gs}=13.0%	A_{gs}=31.0%	A_{gs}=13.0%	A_{gs}=31.0%
$q_{f\text{-}N}$/%	−26.5	−54.9	−29.3	−45.7
$\varepsilon_{1f\text{-}N}$/%	−55.0	−70.0	−55.0	−62.5

注：$q_{f\text{-}N}$、$\varepsilon_{1f\text{-}N}$ 分别代表三轴 UU 试验条件下，循环幅度不同时，干-湿循环红土的峰值应力、峰值应变特征参数随循环次数的变化程度。

由表 4-4 可知，循环幅度为 13.0%、31.0%，相比循环前的素红土（N_{gs}=0 次），循环 6 次后，干-湿循环红土的峰值应力分别减小了 26.5%、54.9%，峰值应变分别减小了 55.0%、70.0%；当循环次数由 1 次→6 次时，峰值应力分别减小了 29.3%、45.7%，峰值应变分别减小了 55.0%、62.5%。说明反复的干-湿循环作用，损伤了红土的微结构，使其抵抗剪切破坏的能力减弱，在较小应变下就达到剪切峰值而破坏。

2. 初始弹性模量的变化

图 4-4 给出了三轴 UU 试验条件下，初始含水率 ω_0 为 23.5%，初始干密度 ρ_d 为 1.30g/cm³，围压 σ_3 为 300kPa，循环幅度 A_{gs} 为 13.0%、31.0%时，干-湿循环红土主应力差-轴向应变曲线的初始弹性模量 E_0 参数随循环次数的变化。图中，N_{gs}=0 次时对应的数值代表干-湿循环前素红土的相应参数。

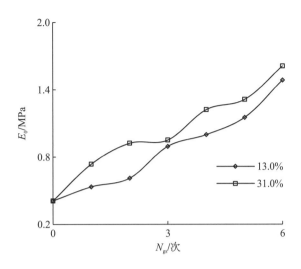

图 4-4　三轴 UU 试验下干-湿循环红土的初始弹性模量随循环次数的变化

图 4-4 表明，相比循环前的素红土(N_{gs}=0 次)，循环后，各个循环幅度下，随循环次数的增加，干-湿循环红土的主应力差-轴向应变曲线的初始弹性模量呈增大的变化趋势，与峰值应力、峰值应变的变化趋势相反。其变化程度见表 4-5。

表 4-5　三轴 UU 试验下干-湿循环红土的初始弹性模量随循环次数的变化程度

初始弹性模量的变化	干-湿循环次数(N_{gs})/次			
	0→6		1→6	
	A_{gs}=13.0%	A_{gs}=31.0%	A_{gs}=13.0%	A_{gs}=31.0%
$E_{0\text{-}N}$/%	262.7	293.2	177.9	118.9

注：$E_{0\text{-}N}$ 代表三轴 UU 试验条件下，循环幅度不同时，干-湿循环红土的初始弹性模量随循环次数的变化程度。

由表 4-5 可知，循环幅度分别为 13.0%、31.0%，相比循环前的素红土(N_{gs}=0 次)，循环 6 次后，干-湿循环红土的初始弹性模量分别增大了 262.7%、293.2%；当循环次数由 1 次→6 次时，初始弹性模量分别增大了 177.9%、118.9%。说明反复的干-湿循环作用，促使红土在较小应变下就达到剪切峰值而破坏，表现为初始弹性模量的增大。

4.2.2　干-湿循环幅度的影响

4.2.2.1　主应力差-轴向应变关系

图 4-5 给出了三轴 UU 试验条件下，初始含水率 ω_0 为 23.5%，初始干密度 ρ_d 为 1.30g/cm³，围压 σ_3 为 300kPa，循环次数 N_{gs} 分别为 1 次、6 次时，干-湿循环红土的主应力差-轴向应变(q-ε_1)关系随循环幅度 A_{gs} 的变化情况。

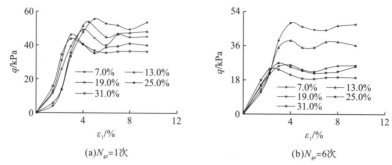

(a)N_{gs}=1次   (b)N_{gs}=6次

图 4-5   三轴 UU 试验下干-湿循环红土的主应力差-轴向应变关系随循环幅度的变化

图 4-5 表明，总体上，相同循环次数、不同循环幅度下，干-湿循环红土的主应力差-
轴向应变关系都呈软化现象。随循环幅度的增加，主应力差-轴向应变曲线的位置下降，
初始斜率增大，峰值点降低、左移，应变软化现象显著。

4.2.2.2   主应力差-轴向应变特征参数

1. 峰值参数的变化

图 4-6 给出了三轴 UU 试验条件下，初始含水率 ω_0 为 23.5%，初始干密度 ρ_d 为
1.30g/cm^3，围压 σ_3 为 300kPa，循环次数 N_{gs} 为 1 次、6 次时，干-湿循环红土主应力差-轴
向应变曲线的峰值应力 q_f、峰值应变 ε_{1f} 特征参数随循环幅度 A_{gs} 的变化。

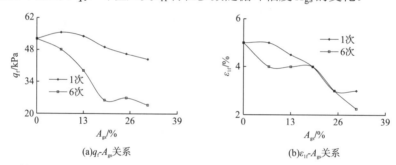

(a)q_f-A_{gs}关系   (b)ε_{1f}-A_{gs}关系

图 4-6   三轴 UU 试验下干-湿循环红土的主应力差-轴向应变峰值特征参数随循环幅度的变化

图 4-6 表明，相比循环前的素红土（A_{gs}=0.0%），循环后，各个循环次数下，随循环幅
度增大，干-湿循环红土的主应力差-轴向应变曲线的峰值应力、峰值应变呈逐渐减小的变
化趋势。其变化程度见表 4-6。

表 4-6   三轴 UU 试验下干-湿循环红土的主应力差-轴向应变峰值特征参数随循环幅度的变化程度

峰值参数 的变化	干-湿循环幅度（A_{gs}）/%					
	0.0→7.0		0.0→31.0		7.0→31.0	
	N_{gs}=1 次	N_{gs}=6 次	N_{gs}=1 次	N_{gs}=6 次	N_{gs}=1 次	N_{gs}=6 次
$q_{f\text{-}A}$/%	5.3	-8.9	-17.0	-54.9	-21.2	-50.5
$\varepsilon_{1f\text{-}A}$/%	-0.1	-20.0	-40.0	-55.0	-40.0	-43.8

注：$q_{f\text{-}A}$、$\varepsilon_{1f\text{-}A}$ 分别代表三轴 UU 试验条件下，循环次数不同时，干-湿循环红土的峰值应力、峰值应变特征参数随循环
幅度的变化程度。

　　由表 4-6 可知，循环次数分别为 1 次、6 次，相比循环前的素红土(A_{gs}=0.0%)，循环幅度为 7.0%时，干-湿循环红土的峰值应力变化程度为 5.3%、-8.9%，峰值应变分别减小了 0.1%、20.0%；循环幅度达到 31.0%时，峰值应力分别减小了 17.0%、54.9%，峰值应变分别减小了 40.0%、55.0%；当循环幅度由 7.0%→31.0%时，峰值应力分别减小了 21.2%、50.5%，峰值应变分别减小了 40.0%、43.8%。说明总体上干-湿循环作用损伤了红土的微结构，减弱了红土抵抗剪切破坏的能力，在较小应变下就达到剪切峰值而破坏；循环幅度越大，损伤越严重，承受外荷载的能力越弱，体现为峰值应力和峰值应变的减小。

　　2. 初始弹性模量的变化

　　图 4-7 给出了三轴 UU 试验条件下，初始含水率 ω_0 为 23.5%，初始干密度ρ_d 为 1.30g/cm³，围压σ_3 为 300kPa，循环次数 N_{gs} 为 1 次、6 次时，干-湿循环红土主应力差-轴向应变曲线的初始弹性模量 E_0 参数随循环幅度 A_{gs} 的变化。

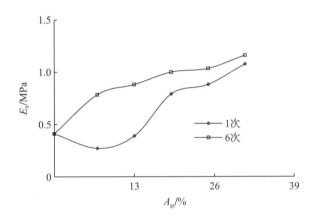

图 4-7　三轴 UU 试验下干-湿循环红土的初始弹性模量随循环幅度的变化

　　图 4-7 表明，相比循环前的素红土(A_{gs}=0.0%)，循环后，各个循环次数下，随循环幅度增大，干-湿循环红土的主应力差-轴向应变曲线的初始弹性模量呈增大的变化趋势。其变化程度见表 4-7。

表 4-7　三轴 UU 试验下干-湿循环红土的初始弹性模量随循环幅度的变化程度

初始弹性模量的变化	干-湿循环幅度(A_{gs})/%					
	0.0→7.0		0.0→31.0		7.0→31.0	
	N_{gs}=1 次	N_{gs}=6 次	N_{gs}=1 次	N_{gs}=6 次	N_{gs}=1 次	N_{gs}=6 次
$E_{0\text{-}A}$/%	-33.9	91.5	162.7	183.1	297.5	47.8

注：$E_{0\text{-}A}$ 代表三轴 UU 试验条件下，循环次数不同时，干-湿循环红土的初始弹性模量随循环幅度的变化程度。

　　由表 4-7 可知，循环次数分别为 1 次、6 次，相比循环前的素红土(A_{gs}=0.0%)，循环幅度为 7.0%时，干-湿循环红土的初始弹性模量变化程度为-33.9%、95.1%；循环幅度达到

31.0%时，初始弹性模量分别增大了 162.7%、183.1%；当循环幅度由 7.0%→31.0%时，初始弹性模量分别增大了 297.5%、47.8%。说明总体上干-湿循环的幅度增大，促使红土在较小应变下就达到剪切峰值而破坏，表现为初始弹性模量的增大。

4.2.3 初始干密度的影响

4.2.3.1 主应力差-轴向应变关系

图 4-8 给出了三轴 UU 试验条件下，初始含水率 ω_0 为 27.0%，围压 σ_3 为 300kPa，循环幅度 A_{gs} 为 14.0%，循环次数 N_{gs} 分别为 0 次、6 次时，素红土和干-湿循环红土的主应力差-轴向应变 $(q\text{-}\varepsilon_1)$ 关系随初始干密度 ρ_d 的变化情况。

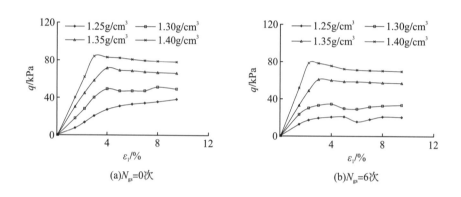

图 4-8　三轴 UU 试验下干-湿循环红土的主应力差-轴向应变关系随初始干密度的变化

图 4-8 表明，循环前后，各个初始干密度下，素红土和干-湿循环红土的主应力差-轴向应变曲线的变化趋势一致。初始干密度较小（1.25g/cm³、1.30g/cm³）时，主应力差-轴向应变关系接近硬化现象；初始干密度较大（1.35g/cm³、1.40g/cm³）时，主应力差-轴向应变关系呈软化现象。随初始干密度的增大，素红土和干-湿循环红土的主应力差-轴向应变曲线的位置上升，初始斜率增大，峰值点突出、左移，由应变硬化现象逐渐转化为应变软化现象。

4.2.3.2 主应力差-轴向应变特征参数

1. 峰值参数的变化

图 4-9 给出了三轴 UU 试验条件下，初始含水率 ω_0 为 27.0%，围压 σ_3 为 300kPa，循环幅度 A_{gs} 为 14.0%，循环次数 N_{gs} 分别为 0 次、6 次时，素红土和干-湿循环红土的主应力差-轴向应变曲线的峰值应力 q_f、峰值应变 ε_{1f} 特征参数随初始干密度 ρ_d 的变化情况。

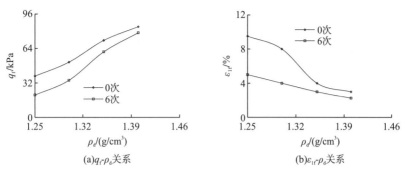

(a)q_f-ρ_d关系　　　　　(b)ε_{1f}-ρ_d关系

图 4-9　三轴 UU 试验下干-湿循环红土的主应力差-轴向应变峰值特征参数随初始干密度的变化

图 4-9 表明，循环前后，循环次数分别为 0 次、6 次时，随初始干密度增大，干-湿循环红土的主应力差-轴向应变曲线的峰值应力呈增大的变化趋势，峰值应变呈减小的变化趋势。其变化程度见表 4-8。

表 4-8　三轴 UU 试验下干-湿循环红土的主应力差-轴向应变峰值特征参数随初始干密度的变化程度

初始干密度 $(\rho_d)/(g/cm^3)$	干-湿循环次数 $(N_{gs})/$次	特征参数的变化		
		$q_{f\text{-}pd}/\%$	$\varepsilon_{1f\text{-}pd}/\%$	$E_{0\text{-}pd}/\%$
1.25→1.40	0	119.0	−68.4	440.5
	6	275.6	−55.0	314.5

注：$q_{f\text{-}pd}$、$\varepsilon_{1f\text{-}pd}$、$E_{0\text{-}pd}$ 分别代表三轴 UU 试验条件下，干-湿循环红土的主应力差-轴向应变曲线的峰值应力、峰值应变、初始弹性模量等特征参数随初始干密度的变化程度。

由表 4-8 可知，干-湿循环次数为 0 次、6 次，当初始干密度由 1.25g/cm³→1.40g/cm³ 时，干-湿循环红土的峰值应力分别增大了 119.0%、275.6%，峰值应变分别减小了 68.4%、55.0%。说明不论是否进行干-湿循环作用，初始干密度越大，红土抵抗剪切破坏的能力越强，体现为峰值应力的增大、峰值应变的减小。

2. 初始弹性模量的变化

图 4-10 给出了三轴 UU 试验条件下，初始含水率 ω_0 为 27.0%，围压 σ_3 为 300kPa，循环幅度 A_{gs} 为 14.0%，循环次数 N_{gs} 分别为 0 次、6 次时，素红土和干-湿循环红土的主应力差-轴向应变曲线的初始弹性模量 E_0 参数随初始干密度 ρ_d 的变化情况。

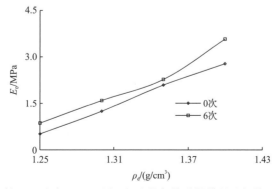

图 4-10　三轴 UU 试验下干-湿循环红土的初始弹性模量随初始干密度的变化

图 4-10 表明，循环前后，循环次数 N_{gs} 分别为 0 次、6 次时，随初始干密度增大，素红土和干-湿循环红土的主应力差-轴向应变曲线的初始弹性模量呈增大的变化趋势。其变化程度见表 4-8。由此可知，循环次数为 0 次、6 次，当初始干密度由 $1.25g/cm^3 \rightarrow 1.40g/cm^3$ 时，干-湿循环红土的初始弹性模量分别增大了 440.5%、314.5%。说明不论是否进行干-湿循环作用，初始干密度越大，红土抵抗剪切破坏的能力越强，体现为初始弹性模量的增大。

4.2.4 排水条件的影响

4.2.4.1 主应力差-轴向应变的关系

图 4-11 给出了三轴 UU、CU、CD 试验条件下，初始含水率 ω_0 为 27.0%，初始干密度 ρ_d 为 $1.35g/cm^3$，围压 σ_3 为 300kPa，循环幅度 A_{gs} 为 14.0%，循环次数 N_{gs} 分别为 0 次、6 次时，素红土和干-湿循环红土的主应力差-轴向应变 $(q\text{-}\varepsilon_1)$ 关系随排水条件 D 的变化情况。

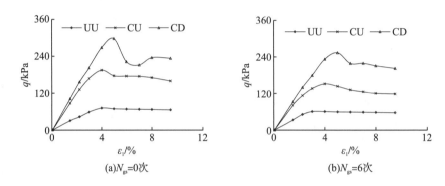

(a)N_{gs}=0次   (b)N_{gs}=6次

图 4-11   三轴试验下干-湿循环红土的主应力差-轴向应变关系随排水条件的变化

图 4-11 表明，干-湿循环前后(0 次、6 次)，随排水条件由 UU→CU→CD 依次变化，素红土和干-湿循环红土的主应力差-轴向应变曲线的位置逐渐上升，呈明显的应变软化现象，峰值点提高、右移，初始斜率增大。三轴 UU 试验的曲线位置最低，软化现象不明显；三轴 CD 试验的曲线位置最高，软化现象最显著；三轴 CU 试验的曲线位置居中，软化现象明显。说明不论是否进行干-湿循环作用，由于三轴 UU 试验的固结阶段和剪切阶段都处于完全不排水的状态，试样的密实性较低，相应的承载力偏小；三轴 CD 试验的固结阶段和剪切阶段都处于完全排水的状态，试样的密实性较高，相应的承载力偏大；而三轴 CU 试验的固结阶段排水、剪切阶段不排水，试样的密实性介于三轴 UU 试验和三轴 CD 试验之间，相应的承载力居中。

4.2.4.2 主应力差-轴向应变特征参数

1. 峰值参数的变化

图 4-12 给出了三轴 UU、CU、CD 试验条件下，初始含水率 ω_0 为 27.0%，初始干密度 ρ_d 为 $1.35g/cm^3$，围压 σ_3 为 300kPa，循环幅度 A_{gs} 为 14.0%，循环次数 N_{gs} 分别为 0 次、

6 次时，素红土和干-湿循环红土的主应力差-轴向应变曲线的峰值应力 q_f、峰值应变 ε_{1f} 特征参数随排水条件 D 的变化。图中，横坐标 1 代表 UU，2 代表 CU，3 代表 CD。

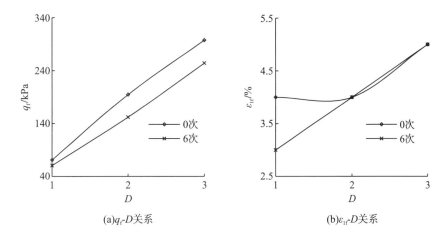

(a)q_f-D关系　　　　　　　　　　　　(b)ε_{1f}-D关系

图 4-12　三轴试验下干-湿循环红土的主应力差-轴向应变峰值特征参数随排水条件的变化

图 4-12 表明，三轴试验下，干-湿循环前后，随排水条件由完全不排水(UU)→部分排水(CU)→完全排水(CD)依次变化，干-湿循环红土的峰值应力、峰值应变呈增大的变化趋势。其变化程度见表 4-9。

表 4-9　三轴试验下干-湿循环红土的主应力差-轴向应变峰值特征参数随排水条件的变化程度

峰值参数的变化	排水条件(D)					
	UU→CD		UU→CU		CU→CD	
	N_{gs}=0 次	N_{gs}=6 次	N_{gs}=0 次	N_{gs}=6 次	N_{gs}=0 次	N_{gs}=6 次
$q_{f\text{-}D}$/%	316.2	317.6	172.7	150.0	52.6	67.0
$\varepsilon_{1f\text{-}D}$/%	25.0	66.7	0.0	33.3	25.0	25.0

注：$q_{f\text{-}D}$、$\varepsilon_{1f\text{-}D}$ 分别代表三轴 UU、CU、CD 试验条件下，干-湿循环红土的主应力差-轴向应变曲线的峰值应力、峰值应变随排水条件的变化程度。

由表 4-9 可知，干-湿循环前后，循环次数为 0 次、6 次，当排水条件由 UU→CD 时，素红土和干-湿循环红土的峰值应力分别增大了 316.2%、317.6%，峰值应变分别增大了 25.0%、66.7%；当排水条件由 UU→CU 时，峰值应力分别增大了 172.7%、150.0%，峰值应变分别增大了 0.0%、33.3%；当排水条件由 CU→CD 时，峰值应力分别增大了 52.6%、67.0%，峰值应变分别增大了 25.0%、25.0%。说明对于素红土和干-湿循环红土，相比于完全不排水(UU)的条件，完全排水(CD)条件下，红土抵抗剪切破坏的能力显著增强，相应的峰值应力显著增大；而部分排水(CU)条件下，红土抵抗剪切破坏的能力明显高于 UU 条件、低于 CD 条件，相应的由 UU→CU 的峰值应力的增大程度明显高于由 CU→CD 的相应值。

2.初始弹性模量的变化

图 4-13 给出了三轴 UU、CU、CD 试验条件下，初始含水率 ω_0 为 27.0%，初始干密度 ρ_d 为 1.35g/cm³，围压 σ_3 为 300kPa，循环幅度 A_{gs} 为 14.0%，循环次数 N_{gs} 分别为 0 次、6 次时，素红土和干-湿循环红土的主应力差-轴向应变曲线的初始弹性模量 E_0 随排水条件 D 的变化。图中，横坐标 1 代表 UU，2 代表 CU，3 代表 CD。

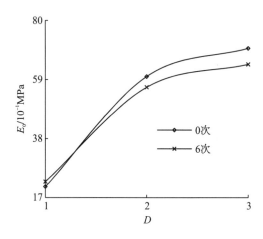

图 4-13　三轴试验下干-湿循环红土的初始弹性模量随排水条件的变化

图 4-13 表明，三轴试验下，干-湿循环前后，随排水条件由完全不排水(UU)→部分排水(CU)→完全排水(CD)的依次变化，干-湿循环红土的主应力差-轴向应变曲线的初始弹性模量呈增大的变化趋势。其变化程度见表 4-10。

表 4-10　三轴试验下干-湿循环红土的初始弹性模量随排水条件的变化程度

初始弹性模量的变化	干-湿循环次数 (N_{gs})/次	排水条件(D)		
		UU→CD	UU→CU	CU→CD
$E_{0\text{-}D}$/%	0	235.2	187.4	16.6
	6	183.5	147.7	14.4

注：$E_{0\text{-}D}$ 代表三轴 UU、CU、CD 试验条件下，干-湿循环红土的主应力差-轴向应变曲线的初始弹性模量随排水条件的变化程度。

由表 4-10 可知，干-湿循环次数为 0 次、6 次，当排水条件由 UU→CD 时，素红土和干-湿循环红土的初始弹性模量分别增大了 235.2%、183.5%；当排水条件由 UU→CU 时，初始弹性模量分别增大了 187.4%、147.7%；当排水条件由 CU→CD 时，初始弹性模量分别增大了 16.6%、14.4%。说明对于素红土和干-湿循环红土，相比于完全不排水(UU)的条件，完全排水(CD)条件下，红土抵抗剪切破坏的能力显著增强，相应的初始弹性模量显著增大；而部分排水(CU)条件下，红土抵抗剪切破坏的能力明显高于 UU 条件、低于 CD 条件，相应地由 UU→CU 的初始弹性模量的增大程度明显高于由 CU→CD 的相应值。

4.3　干-湿循环红土的抗剪强度指标特性

4.3.1　干-湿循环次数的影响

4.3.1.1　黏聚力的变化

图 4-14 给出了三轴 UU 试验条件下，初始含水率 ω_0 为 23.5%，初始干密度 ρ_d 为 1.30g/cm³，循环幅度 A_{gs} 不同时，干-湿循环红土的黏聚力 c 随循环次数 N_{gs} 的变化关系。图中，$N_{gs}=0$ 次时对应的数值代表干-湿循环前素红土的黏聚力。

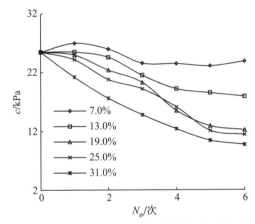

图 4-14　三轴 UU 试验下干-湿循环红土的黏聚力随循环次数的变化

图 4-14 表明，相比于循环前的素红土($N_{gs}=0$ 次)，干-湿循环后，各个循环幅度下，随循环次数增加，干-湿循环红土的黏聚力呈波动减小的变化趋势。其变化程度见表 4-11。

表 4-11　三轴 UU 试验下干-湿循环红土的黏聚力随循环次数的变化程度(c_N/%)

干-湿循环次数 (N_{gs})/次	干-湿循环幅度(A_{gs})/%					c_{jA-N}/%
	7.0	13.0	19.0	25.0	31.0	
0→1	5.9	-0.4	-2.0	-5.1	-16.9	-6.9
0→6	-6.3	-29.8	-52.2	-55.3	-62.0	-49.8
1→6	-11.5	-29.5	-51.2	-52.9	-54.2	-46.7

注：c_N、c_{jA-N} 分别代表三轴 UU 试验条件下，循环幅度不同时，干-湿循环红土的黏聚力以及循环幅度加权值随循环次数的变化程度。

由表 4-11 可知，循环幅度为 7.0%～31.0%，相比循环前的素红土(0 次)，循环 1 次时，干-湿循环红土的黏聚力变化程度为-16.9%～5.9%，经过循环幅度加权，黏聚力平均减小了 6.9%；循环 6 次时，黏聚力减小了 6.3%～62.0%，经过循环幅度加权，黏聚力平均减小了 49.8%；当循环次数由 1 次→6 次时，黏聚力减小了 11.5%～54.2%，经过循环幅度加权，黏聚力平均减小了 46.7%。说明反复的干-湿循环作用，损伤了红土颗粒之间的连接能力，引起黏聚力的减小。

4.3.1.2 内摩擦角的变化

图 4-15 给出了三轴 UU 试验条件下，初始含水率 ω_0 为 23.5%，初始干密度 ρ_d 为 1.30g/cm^3，循环幅度 A_{gs} 不同时，干-湿循环红土的内摩擦角 φ 随循环次数 N_{gs} 的变化关系。图中，N_{gs}=0 次时对应的数值代表干-湿循环前素红土的内摩擦角。

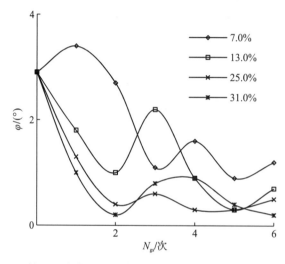

图 4-15 三轴 UU 试验下干-湿循环红土的内摩擦角随循环次数的变化

图 4-15 表明，相比于循环前的素红土(N_{gs}=0 次)，干-湿循环后，各个循环幅度下，随循环次数增加，干-湿循环红土的内摩擦角呈波动减小的变化趋势。其变化程度见表 4-12。

表 4-12 三轴 UU 试验下干-湿循环红土的内摩擦角随循环次数的变化程度(φ_N/%)

干-湿循环次数 (N_{gs})/次	干-湿循环幅度(A_{gs})/%				$\varphi_{A\text{-}N}$/%
	7.0	13.0	25.0	31.0	
0→1	17.2	-37.9	-55.2	-65.5	-49.8
0→6	-58.6	-75.9	-82.8	-93.1	-83.6
1→6	-64.7	-61.1	-61.5	-80.0	-69.3

注：φ_N、$\varphi_{A\text{-}N}$ 分别代表三轴 UU 试验条件下，循环幅度不同时，干-湿循环红土的内摩擦角以及循环幅度加权值随循环次数的变化程度。

由表 4-12 可知，干-湿循环幅度为 7.0%～31.0%，相比于循环前，循环 1 次时，干-湿循环红土的内摩擦角变化程度为-65.5%～17.2%，经过循环幅度加权，内摩擦角平均减小了 49.8%；循环 6 次时，内摩擦角减小了 58.6%～93.1%，经过循环幅度加权，内摩擦角平均减小了 83.6%；当循环次数由 1 次→6 次时，内摩擦角减小了 61.1%～80.0%，经过循环幅度加权，内摩擦角平均减小了 69.3%。说明反复的干-湿循环作用，损伤了红土颗粒之间的摩擦能力，引起内摩擦角减小。

需要说明的是，图 4-15 中，三轴不固结不排水的 UU 试验下，干-湿循环红土的内摩擦角不为 0，而在 0.1°～3.4°变化。这是因为本试验的条件下，试样的饱和度只达到 95.0%，没有达到理论上的 100%。

4.3.2　干-湿循环幅度的影响

4.3.2.1　黏聚力的变化

图 4-16 给出了三轴 UU 试验条件下，初始含水率 ω_0 为 23.5%，初始干密度 ρ_d 为 1.30g/cm³，循环次数 N_{gs} 不同时，干-湿循环红土的黏聚力 c 随循环幅度 A_{gs} 的变化关系。图中，A_{gs}=0.0%时对应的数值代表干-湿循环前素红土的黏聚力。

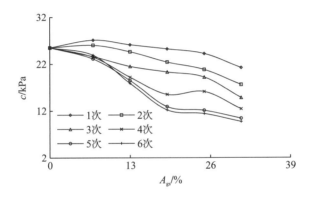

图 4-16　三轴 UU 试验下干-湿循环红土的黏聚力随循环幅度的变化

图 4-16 表明，相比于循环前的素红土（A_{gs}=0.0%），循环后，各个循环次数下，随循环幅度的增大，干-湿循环红土的黏聚力呈波动减小的变化趋势。其变化程度见表 4-13。

表 4-13　三轴 UU 试验下干-湿循环红土的黏聚力随循环幅度的变化程度（c_A/%）

| 干-湿循环幅度 （A_{gs}）/% | 干-湿循环次数（N_{gs}）/次 | | | | | | c_{jN-A}/% |
	1	2	3	4	5	6	
0.0→7.0	6.3	2.0	-7.5	-7.8	-9.4	-6.3	-6.1
0.0→31.0	-16.9	-31.0	-42.0	-51.4	-59.2	-62.0	-51.4
7.0→31.0	-21.8	-32.3	-37.3	-47.2	-55.0	-59.4	-48.5

注：c_A、c_{jN-A} 分别代表三轴 UU 试验条件下，循环次数不同时，干-湿循环红土的黏聚力以及循环次数加权值随循环幅度的变化程度。

由表 4-13 可知，循环次数为 1～6 次，相比于循环前（A_{gs}=0.0%），当循环幅度为 7.0% 时，干-湿循环红土的黏聚力变化程度为-9.4%～6.3%，经过循环次数加权，黏聚力平均减小了 6.1%；当循环幅度达到 31.0% 时，黏聚力减小了 16.9%~62.0%，经过循环次数加权，黏聚力平均减小了 51.4%；而当循环幅度由 7.0%→31.0% 时，黏聚力减小了 21.8%~59.4%，经过循环次数加权，黏聚力平均减小了 48.5%。说明干-湿循环作用损伤了红土颗粒之间的连接能力，引起黏聚力的减小。干-湿循环幅度较小时，对红土颗粒之间的连接能力的损伤较弱，体现为黏聚力的减小程度不大；而干-湿循环幅度较大时，对红土颗粒之间的连接能力的损伤较强，导致红土的黏聚力显著降低。

4.3.2.2 内摩擦角的变化

图 4-17 给出了三轴 UU 试验条件下，初始含水率 ω_0 为 23.5%，初始干密度 ρ_d 为 1.30g/cm^3，循环次数 N_{gs} 不同时，干-湿循环红土的内摩擦角 φ 随循环幅度 A_{gs} 的变化关系。图中，A_{gs}=0.0% 时对应的数值代表干-湿循环前素红土的内摩擦角。

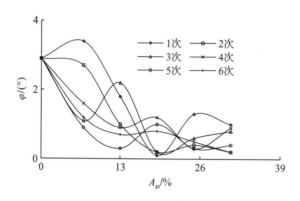

图 4-17　三轴 UU 试验下干-湿循环红土的内摩擦角随循环幅度的变化

图 4-17 表明，相比于循环前的素红土（A_{gs}=0.0%），循环后，各个循环次数下，随循环幅度的增大，干-湿循环红土的内摩擦角呈波动减小的变化趋势。其变化程度见表 4-14。

表 4-14　三轴 UU 试验下干-湿循环红土的内摩擦角随循环幅度的变化程度（φ_A/%）

干-湿循环幅度 (A_{gs}) /%	干-湿循环次数 (N_{gs}) /次						φ_{N-A}/%
	1	2	3	4	5	6	
0→7.0	17.2	−6.9	−62.1	−44.8	−68.9	−58.6	−50.4
0→31.0	−65.5	−93.1	−72.4	−69.0	−86.2	−93.1	−82.6
7.0→31.0	−70.6	−92.6	−27.3	−43.8	−55.6	−83.3	−61.5

注：φ_A、φ_{N-A} 分别代表三轴 UU 试验条件下，循环次数不同时，干-湿循环红土的内摩擦角以及循环次数加权值随循环幅度的变化程度。

由表 4-14 可知，循环次数为 1~6 次，相比于循环前（A_{gs}=0.0%），当循环幅度为 7.0% 时，干-湿循环红土的内摩擦角变化程度为-68.9%~17.2%，经过循环次数加权，内摩擦角平均减小了 50.4%；当循环幅度达到 31.0% 时，内摩擦角减小了 65.5%~93.1%，经过循环次数加权，内摩擦角平均减小了 82.6%；而当循环幅度由 7.0%→31.0% 时，内摩擦角减小了 27.3%～92.6%，经过循环次数加权，内摩擦角平均减小了 61.5%。说明干-湿循环作用，削弱了红土颗粒之间的摩擦能力，引起内摩擦角的减小；循环幅度较小时，对红土颗粒间的摩擦能力损伤较强，体现为内摩擦角的减小程度较高；循环幅度较大时，对红土颗粒间的摩擦能力损伤减弱，相应的内摩擦角的减小程度降低。

4.3.3　初始干密度的影响

4.3.3.1　黏聚力的变化

图 4-18 给出了三轴 UU 试验条件下，初始含水率 ω_0 为 27.0%，循环幅度 A_{gs} 为 14.0%，循环次数 N_{gs} 不同时，干-湿循环红土的黏聚力 c 与初始干密度 ρ_d 的变化关系。图中，$N_{gs}=$ 0 次时对应的曲线代表干-湿循环前素红土的黏聚力变化。

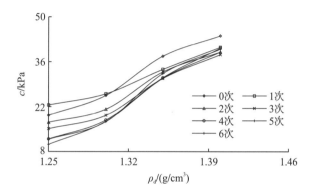

图 4-18　三轴 UU 试验下干-湿循环红土的黏聚力随初始干密度的变化

图 4-18 表明，循环前后，各个循环次数下，随初始干密度的增大，素红土和干-湿循环红土的黏聚力呈波动增大的变化趋势。其变化程度见表 4-15。

表 4-15　三轴 UU 试验下干-湿循环红土的抗剪强度指标随初始干密度的变化程度

初始干密度 $(\rho_d)/(g/cm^3)$	强度指标的变化	干-湿循环次数 (N_{gs})/次							循环次数加权
		0	1	2	3	4	5	6	
1.25→1.40	c_{pd}/%	128.5	80.0	128.1	153.0	237.8	238.1	282.4	220.5
	φ_{pd}/%	45.0	718.2	33.3	194.1	42.9	30.0	95.1	107.6

注：c_{pd}、φ_{pd} 分别代表三轴 UU 试验条件下，循环次数不同时，干-湿循环红土的黏聚力和内摩擦角 2 个抗剪强度指标随初始干密度的变化程度。

由表 4-15 可知，当初始干密度由 1.25g/cm³→1.40g/cm³ 时，循环前，素红土的黏聚力增大了 128.5%；循环次数为 1～6 次时，干-湿循环红土的黏聚力增大了 80.0%～282.4%，经过循环次数加权后，黏聚力平均增大了 220.5%。说明不固结不排水条件下，不论是否进行干-湿循环作用，红土试样的初始干密度越大，颗粒之间的连接能力越强，相应的黏聚力抗剪强度指标越大。

4.3.3.2 内摩擦角的变化

图 4-19 给出了三轴 UU 试验条件下，初始含水率 ω_0 为 27.0%，循环幅度 A_{gs} 为 14.0%，循环次数 N_{gs} 不同时，干-湿循环红土的内摩擦角 φ 与初始干密度 ρ_d 的变化关系。图中，$N_{gs}=0$ 次时对应的曲线代表干-湿循环前素红土的相应数值。

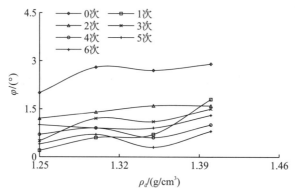

图 4-19　三轴 UU 试验下干-湿循环红土的内摩擦角随初始干密度的变化

图 4-19 表明，循环前后，各个循环次数下，随初始干密度的增大，素红土和干-湿循环次红土的内摩擦角呈波动增大的变化趋势。其变化程度见表 4-15。

由表 4-15 可知，当初始干密度由 $1.25\text{g/cm}^3 \rightarrow 1.40\text{g/cm}^3$ 时，循环前，素红土的内摩擦角增大了 45.0%；循环后，循环次数为 1~6 次时，干-湿循环红土的内摩擦角增大了 30.0%~718.2%，经过循环次数加权后，内摩擦角平均增大了 107.6%。说明不固结不排水条件下，不论是否进行干-湿循环作用，红土试样的初始干密度越大，颗粒之间的摩擦能力越强，相应的内摩擦角抗剪强度指标越大。

4.3.4 排水条件的影响

图 4-20 给出了三轴 UU、CU、CD 试验条件下，循环幅度 A_{gs} 为 14.0%，循环次数 N_{gs} 相同时，干-湿循环红土的黏聚力 c、内摩擦角 φ 两个抗剪强度指标与排水条件 D 的关系。图中，$N_{gs}=0$ 次时对应的数值代表干-湿循环前素红土的相应数值。

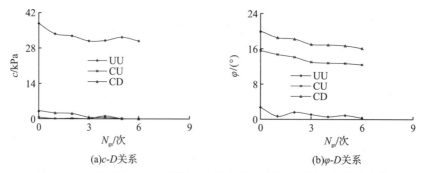

图 4-20　三轴试验下干-湿循环红土的抗剪强度指标随排水条件的变化

图 4-20 表明，相同循环次数下，随排水条件由不固结不排水(UU)→固结不排水(CU)→固结排水(CD)依次变化，就黏聚力而言，三轴 UU 试验的黏聚力曲线位置最高，三轴 CU 试验的黏聚力曲线位置最低，三轴 CD 试验的黏聚力曲线位置居中，但三轴 CU、三轴 CD 试验的黏聚力曲线位置很低，均在零值附近，干-湿循环红土的黏聚力呈快速减小-略有增大的变化趋势；就内摩擦角而言，三轴 UU 试验的内摩擦角曲线位置最低，三轴 CU 试验的内摩擦角曲线位置居中，三轴 CD 试验的内摩擦角曲线位置最高，干-湿循环红土的内摩擦角呈快速增大-缓慢增大的变化趋势。其变化范围见表 4-16。

表 4-16　三轴试验下干-湿循环红土的抗剪强度指标随排水条件的变化范围

干-湿循环次数 (N_{gs})/次	排水条件					
	UU		CU		CD	
	c/kPa	$\varphi/(°)$	c/kPa	$\varphi/(°)$	c/kPa	$\varphi/(°)$
0~6	30.8~37.7	0.3~2.7	0.0~0.5	12.4~15.6	0.0~3.2	16.1~20.0

注：c、φ 分别代表三轴 UU、CU、CD 试验条件下，干-湿循环红土的黏聚力、内摩擦角随排水条件的变化范围。

由表 4-16 可知，循环次数为 0~6 次，当排水条件由 UU→CU 时，干-湿循环红土的黏聚力由 30.8~37.7kPa 减小到 0.0~0.5kPa，内摩擦角由 0.3°~2.7° 增大到 12.4°~15.6°；当排水条件由 CU→CD 时，干-湿循环红土的黏聚力由 0.0~0.5kPa 略微增大到 0.0~3.2kPa，内摩擦角由 12.4°~15.6° 增大到 16.1°~20.0°。说明三轴试验条件下，三轴 CU 和三轴 CD 试验的黏聚力相近，而且远远小于三轴 UU 试验的黏聚力，即 $c_{uu} > c_{cu} \approx c_{cd} \approx 0$；三轴 CD 试验的内摩擦角大于三轴 CU 试验的内摩擦角($\varphi_{cd} > \varphi_{cu}$)，而三轴 CD 和三轴 CU 试验的内摩擦角远远大于三轴 UU 试验的内摩擦角，即 $\varphi_{cd} > \varphi_{cu} > \varphi_{uu} \approx 0$。

4.3.5　抗剪强度指标对比

对比表 4-11~表 4-15 可知，循环次数、循环幅度、初始干密度对干-湿循环红土的黏聚力和内摩擦角抗剪强度指标的影响程度见表 4-17。

表 4-17　三轴 UU 试验下干-湿循环红土的加权抗剪强度指标的变化程度对比

强度指标的变化	影响因素		
	干-湿循环次数(N_{gs})/次	干-湿循环幅度(A_{gs})/%	初始干密度(ρ_d)/(g/cm³)
	0→6	7.0→31.0	1.25→1.40
c_{jb}/%	-49.8	-48.5	220.5
φ_{jb}/%	-83.6	-61.5	107.6

注：c_{jb}、φ_{jb} 分别代表三轴 UU 试验条件下，干-湿循环红土的黏聚力和内摩擦角加权值随循环次数、循环幅度、初始干密度的变化程度。

由表 4-17 可知，在循环次数、循环幅度、初始干密度三个影响因素下，就加权抗剪强度指标的变化程度的绝对值比较来看，本试验条件下，对于干-湿循环红土的黏聚力，初始干密度的影响程度为 220.5%，循环次数的影响程度为 49.8%，循环幅度的影响程度为 48.5%，即 $c_{jb-\rho d} > c_{jb-N} > c_{jb-A}$；对于内摩擦角，循环次数的影响程度为 83.6%，初始干密度的影响程度为 107.6%，循环幅度的影响程度为 61.5%，即 $\varphi_{jb-N} > \varphi_{jb-\rho d} > \varphi_{jb-A}$。说明初始干密度对黏聚力的影响最大，循环次数和循环幅度对黏聚力的影响程度接近；而循环次数对内摩擦角的影响最大，循环幅度对内摩擦角的影响最小，初始干密度对内摩擦角的影响居中。

4.4 干-湿循环红土的孔隙水压力特性

4.4.1 干-湿循环次数的影响

4.4.1.1 孔压-轴向应变关系

图 4-21 给出了三轴 UU 试验条件下，初始含水率 ω_0 为 23.5%，初始干密度 ρ_d 为 1.30g/cm³，围压 σ_3 为 300kPa，循环幅度 A_{gs} 为 13.0%，干-湿循环红土的孔压-轴向应变 (u-ε_1) 关系随循环次数 N_{gs} 的变化。图中，N_{gs}=0 次时对应的曲线代表干-湿循环前素红土的孔压变化。

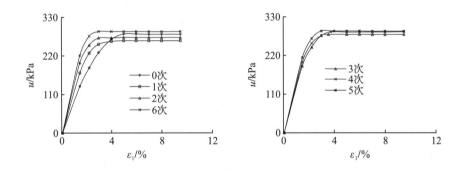

图 4-21 三轴 UU 试验下干-湿循环红土的孔压-轴向应变关系随循环次数的变化

图 4-21 表明，循环前后，各个循环次数下，素红土和干-湿循环红土的孔压-轴向应变曲线呈"厂"形变化趋势。轴向应变较小时，孔隙水压力随轴向应变增大明显增大，轴向应变约 3.0%（0 次循环约 5.0%）时达到峰值；随轴向应变继续增大，孔隙水压力趋于稳定。随循环次数增多，干-湿循环红土的孔压曲线的位置呈上升的变化趋势，初始斜率增大，峰值点位置升高，相应的孔隙水压力增大。

2.4.1.2 孔压特征参数

图 4-22 给出了三轴 UU 试验条件下，初始含水率 ω_0 为 23.5%，初始干密度 ρ_d 为

1.30g/cm³，围压 σ_3 为 300kPa，循环幅度 A_{gs} 为 13.0%，干-湿循环红土的孔压-轴向应变曲线的峰值孔压 u_f、初始孔压模量 E_u 特征参数与循环次数 N_{gs} 的关系。图中，$N_{gs}=0$ 次时对应的数值代表干-湿循环前素红土的相应数值。

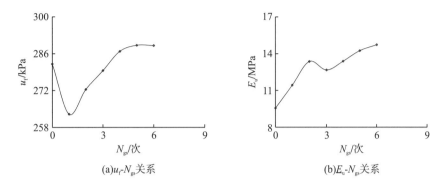

(a)u_f-N_{gs}关系　　　　　　　　　　(b)E_u-N_{gs}关系

图 4-22　三轴 UU 试验下干-湿循环红土的孔压特征参数随循环次数的变化

图 4-22(a)表明，相比于循环前的素红土($N_{gs}=0$ 次)，随循环次数的增多，干-湿循环红土的峰值孔压呈凹形增大的变化趋势，循环 1 次时存在极小值，循环 3 次时的峰值孔压仍然小于循环前的峰值孔压。其变化程度见表 4-18。

表 4-18　三轴 UU 试验下干-湿循环红土的孔压特征参数随循环次数的变化程度

特征参数的变化	干-湿循环次数(N_{gs})/次			
	0→1	0→3	0→6	1→6
$u_{f\text{-}N}$/%	-6.8	-0.9	2.5	9.9
$E_{u\text{-}N}$/%	19.5	32.6	54.2	29.0

注：$u_{f\text{-}N}$、$E_{u\text{-}N}$ 分别代表三轴 UU 试验条件下，干-湿循环红土的峰值孔压、初始孔压模量等特征参数随循环次数的变化程度。

由表 4-18 可知，相比于循环前，循环 1 次、3 次时，干-湿循环红土的峰值孔压分别减小了 6.8%、0.9%；循环 6 次时，峰值孔压则增大了 2.5%。当循环次数由 1 次→6 次时，峰值孔压增大了 9.9%。说明完全不排水条件下，干-湿循环初期，红土中的孔隙水承担的外荷载较小，相应的孔隙水压力减小；而循环次数越多，红土中的孔隙水承担外荷载越多，相应的孔隙水压力越大。

图 4-22(b)表明，相比于循环前的素红土($N_{gs}=0$ 次)，随循环次数的增多，干-湿循环红土的初始孔压模量则呈波动增大的变化趋势。其变化程度见表 4-18。

由表 4-18 可知，相比于循环前，循环 1 次、3 次时，干-湿循环红土的初始孔压模量分别增大了 19.5%、32.6%；循环 6 次时，初始孔压模量增大了 54.2%。当循环次数由 1 次→6 次时，初始孔压模量则增大了 29.0%。说明完全不排水条件下，反复的干-湿循环作用，引起红土的初始孔压模量的增大。

4.4.2 干-湿循环幅度的影响

4.4.2.1 孔压-轴向应变关系

图4-23给出了三轴UU试验条件下,初始含水率ω_0为23.5%,初始干密度ρ_d为1.30g/cm³,围压σ_3为300kPa,循环次数N_{gs}为6次时,干-湿循环红土的孔压-轴向应变(u-ε_1)关系随循环幅度A_{gs}的变化。图中,A_{gs}=0.0%时对应的曲线代表干-湿循环前素红土的孔压变化。

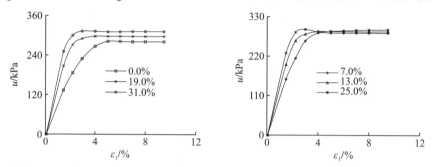

图4-23 三轴UU试验下干-湿循环红土的孔压-轴向应变关系随循环幅度的变化

图4-23表明,循环前后,各个循环幅度下,素红土和干-湿循环红土的孔压-轴向应变曲线呈"厂"形变化趋势。轴向应变较小时,孔隙水压力随轴向应变增大明显增大,轴向应变约3.0%(0次循环约5.0%)时达到峰值;随轴向应变继续增大,孔隙水压力趋于稳定。随循环幅度的增大,干-湿循环红土的孔压曲线的位置呈上升的变化趋势,峰值点位置提高,初始斜率增大,相应的孔隙水压力增大。

4.4.2.2 孔压特征参数

1. 峰值孔压的变化

图4-24给出了三轴UU试验条件下,初始含水率ω_0为23.5%,初始干密度ρ_d为1.30g/cm³,围压σ_3为300kPa,循环次数N_{gs}不同时,干-湿循环红土的孔压-轴向应变曲线的峰值孔压u_f随循环幅度A_{gs}的变化关系。

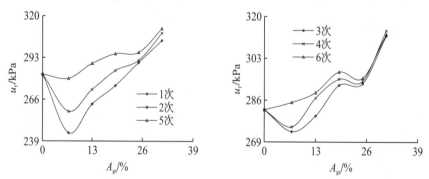

图4-24 三轴UU试验下干-湿循环红土的峰值孔压随循环幅度的变化

图 4-24 表明，相比循环前的素红土，不同循环次数下，随循环幅度增大，干-湿循环红土的峰值孔压呈先减小后增大的波动变化趋势，约在循环幅度为 7.0%时存在极小值。其变化程度见表 4-19。

表 4-19　三轴 UU 试验下干-湿循环红土的峰值孔压随循环幅度的变化程度($u_{\text{f-A}}$/%)

干-湿循环幅度 (A_{gs})/%	干-湿循环次数(N_{gs})/次						$u_{\text{f-jN-A}}$/%
	1	2	3	4	5	6	
0→7.0	-13.4	-8.5	-3.2	-2.5	-0.9	1.1	-2.3
0→31.0	7.8	9.5	10.7	11.4	10.6	10.9	10.6
7.0→31.0	24.5	19.7	14.3	14.2	11.6	9.7	13.3

注：$u_{\text{f-A}}$、$u_{\text{f-jN-A}}$ 分别代表三轴 UU 试验条件下，循环次数不同时，干-湿循环红土的峰值孔压以及循环次数加权值随循环幅度的变化程度。

可见，循环次数为 1～6 次，相比于循环前（A_{gs}=0.0%），当循环幅度为 7.0%时，干-湿循环红土的峰值孔压变化程度为-13.4%～1.1%，经过循环次数加权，峰值孔压平均减小了 2.3%；当循环幅度达到 31.0%时，峰值孔压则增大了 7.8%～11.4%，经过循环次数加权，峰值孔压平均增大了 10.6%；当循环幅度由 7.0%→31.0%时，峰值孔压增大了 9.7%～24.5%，经过循环次数加权，峰值孔压平均增大了 13.3%。说明完全不排水条件下，干-湿循环幅度较小时，引起红土的孔隙水压力减小；循环幅度较大时，引起红土的孔隙水压力增大。

2. 初始孔压模量的变化

图 4-25 给出了三轴 UU 试验条件下，初始含水率 ω_0 为 23.5%，初始干密度 ρ_{d} 为 1.30g/cm^3，围压 σ_3 为 300kPa，循环次数 N_{gs} 为 6 次时，干-湿循环红土的孔压-轴向应变曲线的初始孔压模量 E_{u} 随循环幅度 A_{gs} 的变化关系。图中，A_{gs}=0.0%时对应的数值代表干-湿循环前素红土的初始孔压模量。

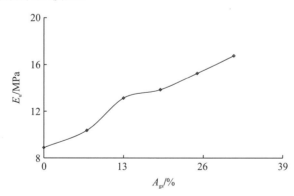

图 4-25　三轴 UU 试验下干-湿循环红土的初始孔压模量随循环幅度的变化

图 4-25 表明，随循环幅度增大，循环 6 次后，干-湿循环红土的初始孔压模量呈增大的变化趋势。说明完全不排水条件下，干-湿循环幅度越大，红土中的孔隙水承担的外荷载越大，相应的孔压模量越大。

4.4.3 初始干密度的影响

4.4.3.1 孔压-轴向应变关系

图 4-26 给出了三轴 UU 试验条件下，初始含水率 ω_0 为 27.0%，围压 σ_3 为 300kPa，循环幅度 A_{gs} 为 14.0%，循环次数 N_{gs} 分别为 0 次、6 次时，干-湿循环红土的孔压-轴向应变 $(u\text{-}\varepsilon_1)$ 关系随初始干密度 ρ_d 的变化情况。

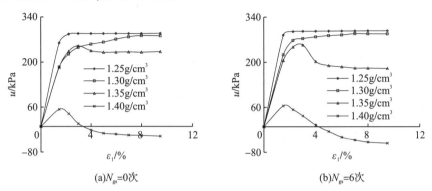

(a)N_{gs}=0次   (b)N_{gs}=6次

图 4-26 三轴 UU 试验下干-湿循环红土的孔压-轴向应变关系随初始干密度的变化

图 4-26 表明，循环前后，各个初始干密度下，素红土和干-湿循环红土的孔压-轴向应变曲线的变化趋势一致；随轴向应变的增大，初始干密度较小时，孔压曲线呈硬化现象；初始干密度较大时，孔压曲线呈软化现象。随初始干密度由 1.25g/cm^3→1.40g/cm^3，孔压曲线的位置降低、峰值点下降、初始斜率减小，由硬化现象转化为软化现象。尤其是初始干密度达到 1.40g/cm^3 时，曲线的软化现象显著，孔压达到峰值后，产生了负孔隙水压力。

4.4.3.2 孔压特征参数

1. 峰值孔压的变化

图 4-27 给出了三轴 UU 试验条件下，初始含水率 ω_0 为 27.0%，围压 σ_3 为 300kPa，循环幅度 A_{gs} 为 14.0%，循环次数 N_{gs} 不同时，干-湿循环红土的孔压-轴向应变曲线的峰值孔压 u_f 随初始干密度 ρ_d 的变化关系。

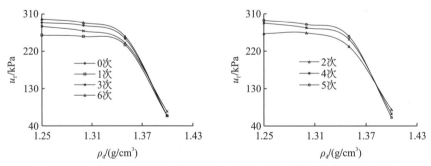

图 4-27 三轴 UU 试验下干-湿循环红土的峰值孔压随初始干密度的变化

图 4-27 表明，循环前后，素红土和干-湿循环红土的峰值孔压随初始干密度的变化趋势一致。各个循环次数下，随初始干密度的增大，峰值孔压呈缓慢减小-快速减小的变化趋势。初始干密度较小（$\rho_d < 1.35\text{g/cm}^3$）时，峰值孔压缓慢减小；初始干密度较大（$\rho_d > 1.35\text{g/cm}^3$）时，峰值孔压快速减小。其变化程度见表 4-20。

表 4-20　三轴 UU 试验下干-湿循环红土的峰值孔压随初始干密度的变化程度（$u_{\text{f-}\rho\text{d}}$/%）

初始干密度 （ρ_d）/（g/cm³）	干-湿循环次数（N_{gs}）/次							$u_{\text{f-jN-}\rho\text{d}}$/%
	0	1	2	3	4	5	6	
1.25→1.40	−77.6	−75.0	−69.8	−73.5	−76.1	−79.5	−78.3	−76.5
1.25→1.35	−13.4	−9.1	−11.9	−14.3	−13.7	−13.2	−14.2	−13.4
1.35→1.40	−74.2	−72.5	−65.8	−69.0	−72.2	−76.4	−74.7	−72.9

注：$u_{\text{f-}\rho\text{d}}$、$u_{\text{f-jN-}\rho\text{d}}$ 分别代表三轴 UU 试验条件下，循环次数不同时，干-湿循环红土的峰值孔压以及循环次数加权值随初始干密度的变化程度。

由表 4-20 可知，不同循环次数下，各初始干密度区间的峰值孔压的减小程度基本一致。循环次数为 0~6 次，当初始干密度由 1.25g/cm³→1.40g/cm³ 时，干-湿循环红土的峰值孔压减小了 69.8%~79.5%，经过循环次数加权，峰值孔压平均减小了 76.5%。其中，初始干密度由 1.25g/cm³→1.35g/cm³ 时，峰值孔压缓慢减小了 9.1%~14.3%，经过循环次数加权，峰值孔压平均减小了 13.4%；而初始干密度由 1.35g/cm³→1.40g/cm³ 时，峰值孔压则显著减小了 65.8%~76.4%，经过循环次数加权，峰值孔压平均减小了 72.9%。本试验条件下，峰值孔压由缓慢减小→快速减小对应的临界初始干密度为 1.35g/cm³。

2. 初始孔压模量的变化

图 4-28 给出了三轴 UU 试验条件下，初始含水率 ω_0 为 27.0%，围压 σ_3 为 300kPa，循环幅度 A_{gs} 为 14.0%，循环次数 N_{gs} 为 0 次、6 次时，干-湿循环红土的孔压-轴向应变曲线的初始孔压模量 E_u 随初始干密度 ρ_d 的变化关系。

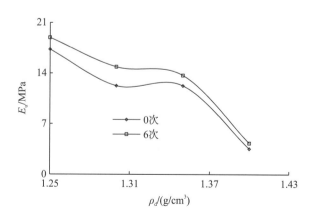

图 4-28　三轴 UU 试验下干-湿循环红土的初始孔压模量随初始干密度的变化

图 4-28 表明，循环前后(0 次、6 次)，随初始干密度的增大，素红土和干-湿循环红土的初始孔压模量都呈减小的变化趋势。说明完全不排水条件下，不论是否进行干-湿循环作用，初始干密度越大，红土的初始孔压模量越小。

4.4.4　排水条件的影响

4.4.4.1　孔压-轴向应变关系

图 4-29 给出了三轴 UU、CU、CD 试验条件下，初始含水率 ω_0 为 27.0%，初始干密度 ρ_d 为 1.35g/cm³，围压 σ_3 为 300kPa，循环幅度 A_{gs} 为 14.0%，循环次数 N_{gs} 为 0 次、6 次时，干-湿循环红土的孔隙水压力与轴向应变(u-ε_1)关系随排水条件 D 的变化情况。

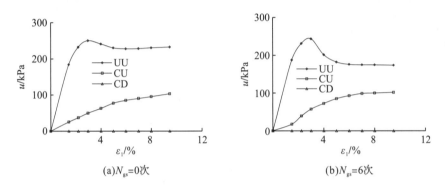

(a)N_{gs}=0次　　　　　　　　　　　　　(b)N_{gs}=6次

图 4-29　三轴试验下干-湿循环红土的孔压-轴向应变关系随排水条件的变化

图 4-29 表明，循环前后，随着轴向应变的增大，三轴 UU、CU、CD 试验条件下，素红土和干-湿循环红土的孔压曲线的变化趋势一致；三轴 UU 试验下呈凸形减小的软化现象，约在轴向应变为 3.0%时达到峰值，后逐渐减小并趋于稳定；三轴 CU 试验下呈逐渐增大的硬化现象；三轴 CD 试验下，孔隙水压力为零，孔压曲线为直线。随排水条件由 UU→CU→CD 依次变化，孔压曲线的位置降低、峰值点下降，三轴 UU 试验下孔压曲线位置最高，三轴 CD 试验下孔压曲线位于横坐标轴上，三轴 CU 试验下孔压曲线位置居中。

4.4.4.2　孔压特征参数

1. 峰值孔压的变化

图 4-30 给出了三轴 UU、CU、CD 试验条件下，初始含水率 ω_0 为 27.0%，初始干密度 ρ_d 为 1.35g/cm³，围压 σ_3 为 300kPa，循环幅度 A_{gs} 为 14.0%，循环次数 N_{gs} 相同时，干-湿循环红土的孔压-轴向应变曲线的峰值孔压 u_f 随排水条件 D 的变化关系。

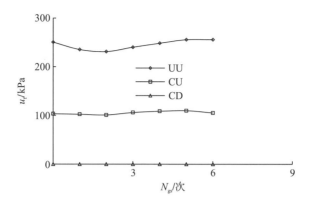

图 4-30　三轴试验下干-湿循环红土的峰值孔压随排水条件的变化

图 4-30 表明，各个循环次数下，三轴 UU 试验的孔压曲线位置最高，三轴 CU 试验的孔压曲线的位置居中，三轴 CD 试验的孔压曲线的位置最低。随 UU→CU→CD 排水条件依次变化，干-湿循环红土的峰值孔压呈减小的变化趋势。其变化程度见表 4-21。

表 4-21　三轴试验下干-湿循环红土的峰值孔压与排水条件的关系（u_f/kPa）

排水条件	干-湿循环次数（N_{gs}）/次							$u_{\text{f-jN}}$/kPa
	0	1	2	3	4	5	6	
UU	250.3	235.2	231.0	240.0	248.2	255.5	255.6	248.6
CU	103.2	102.2	100.8	105.8	108.5	109.7	105.1	106.4
CD	0	0	0	0	0	0	0	0
UU→CU	−58.8%	−56.5%	−56.4%	−55.9%	−56.3%	−57.1%	−58.9%	−57.2%

注：u_f、$u_{\text{f-jN}}$ 分别代表三轴 UU、CU、CD 试验条件下，干-湿循环红土的峰值孔压以及循环次数加权值；UU→CU 代表相比 UU 试验，CU 试验的峰值孔压以及循环次数加权值的变化程度。

可见，循环次数为 0～6 次，各个试验下干-湿循环红土的峰值孔压接近。经过循环次数加权后，三轴 UU 试验的峰值孔压平均为 248.6kPa，大于三轴 CU 试验的峰值孔压（106.4kPa），而三轴 CD 试验的峰值孔压为 0。试验条件由 UU→CU，各个循环次数下的峰值孔压减小了 55.9%～58.9%，经过循环次数加权，峰值孔压平均减小了 57.2%。说明三轴 UU 试验的全程都处于不排水状态，固结阶段和剪切阶段都产生孔隙水压力，因而孔隙水压力最大；三轴 CU 试验的固结阶段处于排水状态，不产生孔隙水压力；剪切阶段处于不排水状态，产生孔隙水压力，因而孔隙水压力居中；而三轴 CD 试验的全程都处于排水状态，固结阶段和剪切阶段都不产生孔隙水压力，因而孔隙水压力为 0。因此，$u_{\text{f-UU}} > u_{\text{f-CU}} > u_{\text{f-CD}}$。

2. 初始孔压模量的变化

表 4-22 给出了三轴 UU、CU、CD 试验条件下，初始含水率 ω_0 为 27.0%，初始干密度 ρ_d 为 1.35g/cm^3，围压 σ_3 为 300kPa，循环幅度 A_{gs} 为 14.0%，循环 0 次、6 次时，干-湿循环红土的孔压-轴向应变曲线的初始孔压模量 E_u 与排水条件 D 的关系。

表 4-22　三轴试验下干-湿循环红土的初始孔压模量与排水条件的关系(E_u/kPa)

干-湿循环次数 (N_{gs})/次	排水条件 D			
	UU	CU	CD	UU→CU
0	122.7	16.9	0	−86.2%
6	130.4	12.2	0	−90.6%

注：E_u 代表三轴 UU、CU、CD 排水条件下，干-湿循环红土的初始孔压模量；UU→CU 代表相比 UU 试验，CU 试验的初始孔压模量的变化程度。

由表 4-22 可知，干-湿循环前后(0 次、6 次)，随 UU→CU→CD 排水条件的依次变化，干-湿循环红土的初始孔压模量呈减小的变化趋势。三轴 UU 试验的初始孔压模量最大，分别为 122.7kPa、130.4kPa；三轴 CU 试验的初始孔压模量居中，分别为 16.9kPa、12.2kPa；三轴 CD 试验的初始孔压模量为 0。试验条件由 UU→CU，循环前后的初始孔压模量分别减小了 86.2%、90.6%。说明不论是否进行干-湿循环作用，三轴试验条件下，排水条件越充分，红土的初始孔压模量越小。

4.5　干-湿循环红土的电导率特性

4.5.1　干-湿循环次数的影响

图 4-31 给出了三轴 UU、CU、CD 试验结束后，初始含水率 ω_0 分别为 23.5%、27.0%，初始干密度 ρ_d 分别为 1.30g/cm³、1.35g/cm³，循环幅度 A_{gs} 分别为 13.0%、14.0%时，干-湿循环红土的电导率 E_d 随循环次数 N_{gs} 的变化关系。

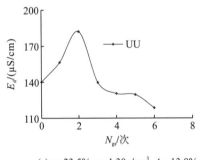
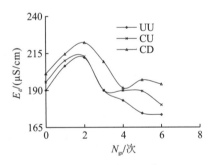

(a)ω_0=23.5%, ρ_d=1.30g/cm³, A_{gs}=13.0%　　　　(b)ω_0=27.0%, ρ_d=1.35g/cm³, A_{gs}=14.0%

图 4-31　三轴试验下干-湿循环红土的电导率随循环次数的变化

图 4-31 表明，各个排水条件下，随循环次数的增加，干-湿循环红土的电导率呈凸形减小的变化趋势，循环 2 次时电导率存在极大值，循环 6 次时的电导率小于循环前的电导率。其变化程度见表 4-23。

表 4-23　三轴试验下干-湿循环红土的电导率随循环次数的变化程度 (E_{d-N}/%)

干-湿循环次数 (N_{gs})/次	排水条件			
	UU_1	UU_2	CU	CD
0→6	-15.4	-8.6	-7.9	-3.6
0→2	30.1	11.7	8.8	10.4
2→6	-35.0	-18.2	-15.4	-12.7

注：E_{d-N} 代表三轴 UU、CU、CD 试验结束后，干-湿循环红土的电导率随循环次数的变化程度；UU_1、UU_2 分别代表三轴 UU 试验条件下，初始含水率 ω_0 分别为 23.5%、27.0%，初始干密度分别为 1.30g/cm³、1.35g/cm³，循环幅度分别为 13.0%、14.0% 时的不排水状态。

　　由表 4-23 可知，三轴 UU、CU、CD 试验下，相比循环前，循环 2 次时，干-湿循环红土的电导率增大了 8.8%～11.7%(30.1%)；循环 6 次时电导率减小了 3.6%～8.6%(15.4%)。而循环次数由 2 次→6 次时，电导率减小了 12.7%～18.2%(35.0%)。说明初期的干-湿循环作用，引起红土的电导率增大；但反复进行干-湿循环作用，最终引起红土的电导率减小。本试验条件下，循环 2 次时电导率存在极大值。

4.5.2　干-湿循环幅度的影响

　　图 4-32 给出了三轴 UU 试验结束后，初始含水率 ω_0 为 23.5%，初始干密度 ρ_d 为 1.30g/cm³，循环次数 N_{gs} 分别为 1 次、6 次时，干-湿循环红土的电导率 E_d 随循环幅度 A_{gs} 的变化关系。

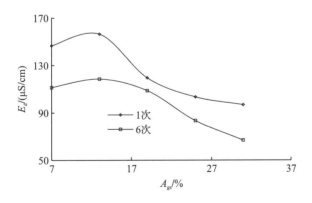

图 4-32　三轴 UU 试验下干-湿循环红土的电导率随循环幅度的变化

　　图 4-32 表明，循环次数一定时，随循环幅度的增加，干-湿循环红土的电导率呈凸形减小的变化趋势。循环幅度为 7.0%～13.0% 时，电导率增大；循环幅度为 13.0%～31.0% 时，电导率减小。其变化程度见表 4-24。

表 4-24   三轴 UU 试验下干-湿循环红土的电导率随循环幅度的变化程度($E_{d\text{-}A}$/%)

干-湿循环次数(N_{sg})/次	干-湿循环幅度(A_{gs})/%		
	7.0→31.0	7.0→13.0	13.0→31.0
1	−34.0	6.7	−38.1
6	−40.0	6.4	−43.6

注：$E_{d\text{-}A}$ 代表三轴 UU 试验条件下，干-湿循环红土的电导率随循环幅度的变化程度。

可见，循环次数分别为 1 次、6 次，当循环幅度由 7.0%→31.0% 时，干-湿循环红土的电导率分别减小了 34.0%、40.0%。其中，当循环幅度由 7.0%→13.0% 时，电导率分别增大了 6.7%、6.4%；循环幅度由 13.0%→31.0% 时，电导率分别减小了 38.1%、43.6%。说明干-湿循环作用下，较小的循环幅度(7.0%→13.0%)引起红土的电导率增大，较大的循环幅度(13.0%→31.0%)引起红土的电导率减小。本试验条件下，循环幅度约为 13.0% 时电导率存在极大值。

4.5.3   初始干密度的影响

图 4-33 给出了三轴 UU 试验结束后，初始含水率 ω_0 为 27.0%，循环幅度 A_{gs} 为 14.0%，循环次数 N_{gs} 分别为 0 次、1 次、6 次时，干-湿循环红土的电导率 E_d 随初始干密度 ρ_d 的变化关系。

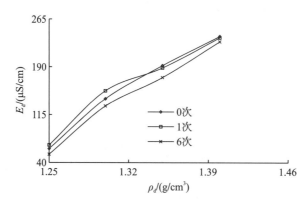

图 4-33   三轴 UU 试验下干-湿循环红土的电导率随初始干密度的变化

图 4-33 表明，各个循环次数下，随初始干密度的增大，干-湿循环红土的电导率呈增大的变化趋势，且循环前后电导率的变化趋势一致。其变化程度见表 4-25。

表 4-25   三轴 UU 试验下干-湿循环红土的电导率随初始干密度的变化程度($E_{d\text{-}\rho d}$/%)

初始干密度 (ρ_d)/(g/cm³)	干-湿循环次数(N_{gs})/次			$E_{d\text{-}jN\text{-}\rho d}$/%
	0	1	6	
1.25→1.40	285.3	249.4	332.8	320.9

注：$E_{d\text{-}\rho d}$、$E_{d\text{-}jN\text{-}\rho d}$ 分别代表三轴 UU 试验条件下，干-湿循环红土电导率以及循环次数加权值随初始干密度的变化程度。

由表 4-25 可知，干-湿循环次数为 0～6 次，当初始干密度由 $1.25\text{g/cm}^3 \rightarrow 1.40\text{g/cm}^3$ 时，干-湿循环红土的电导率增大了 249.4%～332.8%，经过循环次数加权，电导率平均增大了 320.9%。说明不论是否进行干-湿循环作用，初始干密度越大，红土体的密实性越好，相应的电导率越大。

4.5.4　排水条件的影响

图 4-34 给出了三轴试验结束后，初始含水率 ω_0 为 27.0%，初始干密度 ρ_d 为 1.35g/cm^3，循环幅度 A_{gs} 为 14.0%，循环次数 N_{gs} 不同时，干-湿循环红土的电导率 E_d 随排水条件 D 的变化关系。

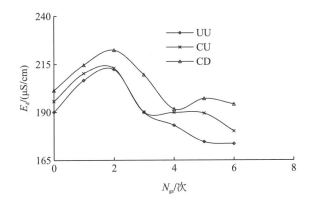

图 4-34　三轴试验下干-湿循环红土的电导率随排水条件的变化

图 4-34 表明，相同循环次数下，随排水条件由 UU→CU→CD 依次变化，干-湿循环红土的电导率曲线的位置逐渐提高，表现为电导率呈增大的变化趋势。其变化程度见表 4-26。

表 4-26　三轴试验下干-湿循环红土的电导率随排水条件的变化程度（$E_{d\text{-}D}$/%）

排水条件	干-湿循环次数（N_{gs}）/次							$E_{d\text{-}jN\text{-}D}$/%
	0	1	2	3	4	5	6	
UU→CD	6.0	3.9	4.8	10.3	4.6	12.9	11.9	9.5
UU→CU	2.9	1.7	0.3	0.1	3.7	8.5	3.8	3.9
CU→CD	2.9	2.1	4.4	10.2	0.9	4.0	7.8	5.3

注：$E_{d\text{-}D}$、$E_{d\text{-}jN\text{-}D}$ 分别代表三轴 UU、CU、CD 试验条件下，干-湿循环红土的电导率以及循环次数加权平均值随排水条件的变化程度。

由表 4-26 可知，干湿循环次数为 0～6 次，当排水条件由 UU→CU→CD 时，相比于三轴 UU 试验，三轴 CD 试验下干-湿循环红土的电导率增大了 3.9%～12.9%，经过循环次数加权，电导率平均增大了 9.5%；三轴 CU 试验的电导率增大了 0.1%～8.5%，经过循环次数加权，电导率平均增大了 3.9%。当排水条件由 CU→CD 时，电导率增大了 0.9%～10.2%，经过循环次数加权，电导率平均增大了 5.3%。说明不论是否进行干-湿循环作用，三轴试验的固结过程和剪切过程中，排水条件越充分，红土体的密实性越好，相应的电导率增大。

4.6　干-湿循环红土的微结构特性

4.6.1　干-湿循环次数的影响

4.6.1.1　微结构图像特性

图 4-35 给出了三轴 UU 试验条件下，初始含水率 ω_0 为 23.5%，初始干密度 ρ_d 为 1.30g/cm^3，循环幅度 A_{gs} 为 13.0%，放大倍数为 2000X 时，干-湿循环红土的微结构图像随循环次数 N_{gs} 的变化关系。

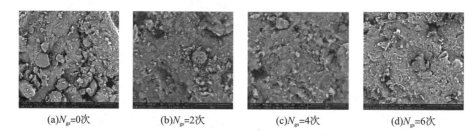

(a)N_{gs}=0次　　　(b)N_{gs}=2次　　　(c)N_{gs}=4次　　　(d)N_{gs}=6次

图 4-35　三轴 UU 试验下干-湿循环红土的微结构图像与循环次数的关系（A_{gs}=13.0%）

图 4-35 表明，循环前，素红土的微结构图像较松散；循环 2 次、4 次时，干-湿循环红土的微结构图像的密实性比素红土稍有增强；循环 6 次时，微结构图像的密实性有所降低。表明随循环次数的增多，干-湿循环红土的微结构为松散-稍密-稍松的变化特征。

4.6.1.2　微结构参数特性

图 4-36 给出了三轴 UU 试验条件下，初始含水率 ω_0 为 23.5%，初始干密度 ρ_d 为 1.30g/cm^3，循环幅度 A_{gs} 为 13.0%，放大倍数为 2000X 时，干-湿循环红土的微结构图像的孔隙比 e、复杂度 C、分维数 D_v 等特征参数 W_{c1} 以及圆形度 R、定向度 H、颗粒面积 S 等特征参数 W_{c2} 随循环次数 N_{gs} 的变化关系。图中，N_{gs}=0 次时对应的数值代表干-湿循环前素红土的微结构参数。

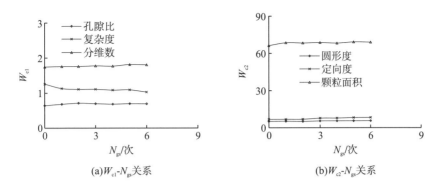

图 4-36　三轴 UU 试验下干-湿循环红土的微结构参数与循环次数的关系

图 4-36 表明，相比于循环前，循环后，干-湿循环红土的微结构图像的孔隙比、颗粒面积、圆形度、分维数、定向度等特征参数呈波动增大的变化趋势，复杂度呈波动减小的变化趋势。其变化程度见表 4-27。

表 4-27　三轴 UU 试验下干-湿循环红土的微结构参数随循环次数的变化程度

干-湿循环次数	微结构参数的变化(W_{c-N})/%					
(N_{gs})/次	孔隙比	颗粒面积	复杂度	圆形度	分维数	定向度
0→6	8.3	4.0	-18.3	9.5	3.5	21.8
1→6	1.9	0.6	-9.0	7.6	2.8	21.2

注：W_{c-N} 代表三轴 UU 试验条件下，干-湿循环红土的微结构图像的孔隙比、颗粒面积、圆形度、复杂度、分维数、定向度等微结构参数随循环次数的变化程度。

由表 4-27 可知，当循环次数由 0 次→6 次时，干-湿循环红土的微结构图像的孔隙比、颗粒面积、圆形度、分维数、定向度等微结构参数分别增大了 8.3%、4.0%、9.5%、3.5%、21.8%，复杂度减小了 18.3%；而当循环次数由 1 次→6 次时，微结构图像的孔隙比、颗粒面积、圆形度、分维数、定向度等微结构参数分别增大了 1.9%、0.6%、7.6%、2.8%、21.2%，复杂度减小了 9.0%。说明完全不排水条件下，反复的干-湿循环作用，损伤了红土的微结构以及颗粒形态，总体上引起微结构参数的增大(除复杂度外)。

4.6.2　干-湿循环幅度的影响

4.6.2.1　微结构图像特性

图 4-37 给出了三轴 UU 试验条件下，初始含水率 ω_0 为 23.5%，初始干密度ρ_d 为 1.30g/cm³，循环次数 N_{gs} 为 6 次，放大倍数为 2000X 时，干-湿循环红土的微结构图像随循环幅度 A_{gs} 的变化关系。图中，A_{gs}=0.0%时对应的图像代表干-湿循环前素红土的微结构图像。

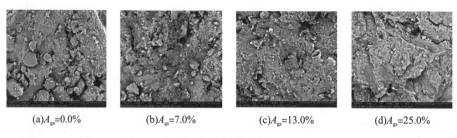

|(a)A_{gs}=0.0%|(b)A_{gs}=7.0%|(c)A_{gs}=13.0%|(d)A_{gs}=25.0%|

图 4-37　三轴 UU 试验下干-湿循环红土的微结构图像随循环幅度的变化(N_{gs}=6 次)

图 4-37 表明，相比于循环前的素红土(A_{gs}=0.0%)，循环后，随循环幅度的增加，干-湿循环红土的微结构图像呈现出疏松、密实性降低、平整性较好、板结的变化特征。与循环次数的影响变化一致。

4.6.2.2　微结构参数特性

图 4-38 给出了三轴 UU 试验条件下，初始含水率 ω_0 为 23.5%，初始干密度 ρ_d 为 1.30g/cm³，循环次数 N_{gs} 为 6 次，放大倍数为 2000X 时，干-湿循环红土的微结构图像的孔隙比 e、复杂度 C、分维数 D_v 等特征参数 W_{c1} 以及圆形度 R、定向度 H、颗粒面积 S 等特征参数 W_{c2} 随循环幅度 A_{gs} 的变化关系。图中，A_{gs}=0.0%时对应的数值代表干-湿循环前素红土的微结构参数。

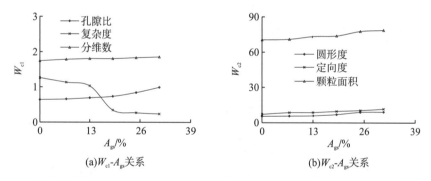

(a)W_{c1}-A_{gs}关系　　　　　　　　　　　　　　(b)W_{c2}-A_{gs}关系

图 4-38　三轴 UU 试验下干-湿循环红土的微结构参数与循环幅度的关系

图 4-38 表明，相比于循环前，循环后，各个循环幅度下，干-湿循环红土的微结构图像的孔隙比、颗粒面积、圆形度、分维数、定向度等特征参数呈波动增大的变化趋势，复杂度呈波动减小的变化趋势。其变化程度见表 4-28。

表 4-28　三轴 UU 试验下干-湿循环红土的微结构参数随循环幅度的变化程度

干-湿循环幅度 (A_{gs})/%	微结构参数的变化($W_{c\text{-}A}$)/%					
	孔隙比	颗粒面积	复杂度	圆形度	分维数	定向度
0.0→31.0	55.1	11.7	-81.2	68.6	6.4	63.1
7.0→31.0	51.2	10.9	-79.1	60.1	4.0	35.5

注：$W_{c\text{-}A}$代表三轴 UU 试验条件下，干-湿循环红土的微结构图像的孔隙比、颗粒面积、圆形度、复杂度、分维数、定向度等特征参数随循环幅度的变化程度。

由表 4-28 可知，相比于循环前的素红土，当循环幅度达到 31.0%时，干-湿循环红土的微结构图像的孔隙比、颗粒面积、圆形度、分维数、定向度等微结构参数分别增大了 55.1%、11.7%、68.6%、6.4%、63.1%，复杂度减小了 81.2%；而当循环幅度由 7.0%→31.0%时，微结构图像的孔隙比、颗粒面积、圆形度、分维数、定向度等微结构参数分别增大了 51.2%、10.9%、60.1%、4.0%、35.5%，复杂度减小了 79.1%。说明完全不排水条件下，干-湿循环幅度的增大，损伤了红土的微结构以及颗粒形态，总体上引起红土的微结构参数的增大(除复杂度外)。

4.6.3　初始干密度的影响

4.6.3.1　微结构图像特性

图 4-39 给出了三轴 UU 试验条件下，初始含水率 ω_0 为 27.0%，循环幅度 A_{gs} 为 14.0%，循环次数 N_{gs} 为 6 次，放大倍数为 2000X 时，干-湿循环红土的微结构图像随初始干密度 ρ_d 的变化关系。

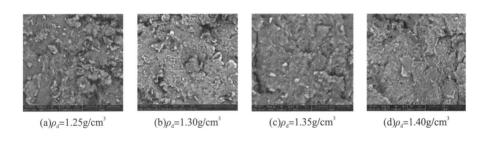

(a)ρ_d=1.25g/cm³　　　(b)ρ_d=1.30g/cm³　　　(c)ρ_d=1.35g/cm³　　　(d)ρ_d=1.40g/cm³

图 4-39　三轴 UU 试验下干-湿循环红土的微结构图像与初始干密度的关系(N_{gs}=6 次)

图 4-39 表明，随初始干密度的增大，干-湿循环红土的微结构图像呈现出孔隙减小、密实性增强、整体性较好、板结的变化特征。初始干密度为 1.25g/cm³ 时，微结构图像较松散，孔隙较多；初始干密度达到 1.40g/cm³ 时，微结构图像较密实，孔隙较少，整体性较好。

4.6.3.2　微结构参数特性

图 4-40 给出了三轴 UU 试验条件下，初始含水率 ω_0 为 27.0%，循环幅度 A_{gs} 为 14.0%，循环次数 N_{gs} 为 6 次，放大倍数为 2000X 时，干-湿循环红土的微结构图像的孔隙比 e、复杂度 C、分维数 D_v 等特征参数 W_{c1} 以及圆形度 R、定向度 H、颗粒面积 S 等特征参数 W_{c2} 随初始干密度 ρ_d 的变化关系。

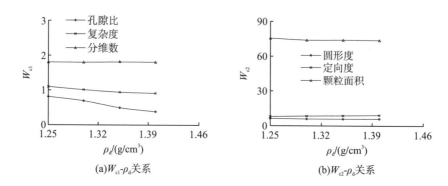

(a)W_{c1}-ρ_d关系   (b)W_{c2}-ρ_d关系

图 4-40   三轴 UU 试验下干-湿循环红土的微结构参数与初始干密度的关系

图 4-40 表明，随初始干密度的增大，干-湿循环红土的微结构图像的孔隙比、颗粒面积、复杂度、圆形度 4 个特征参数呈减小的变化趋势，分维数、定向度 2 个特征参数呈增大的变化趋势，其变化程度见表 4-29。

表 4-29   三轴 UU 试验下干-湿循环红土的微结构参数随初始干密度的变化程度

初始干密度 (ρ_d)/(g/cm³)	微结构参数的变化 $W_{c\text{-}\rho d}$/%					
	孔隙比	颗粒面积	复杂度	圆形度	分维数	定向度
1.25→1.40	−52.7	−2.3	−16.8	−3.8	0.3	15.7

注：$W_{c\text{-}\rho d}$ 代表三轴 UU 试验条件下，干-湿循环红土的微结构图像的孔隙比、颗粒面积、圆形度、复杂度、分维数、定向度等特征参数随初始干密度的变化程度。

由表 4-29 可知，循环 6 次，当初始干密度由 1.25g/cm³→1.40g/cm³ 时，干-湿循环红土的微结构图像的孔隙比、颗粒面积、复杂度、圆形度分别减小了 52.7%、2.3%、16.8%、3.8%，分维数、定向度分别增大了 0.3%、15.7%。说明完全不排水条件下，初始干密度越大，干-湿循环红土的密实性越好，使得孔隙减少，颗粒排列有序性增强，复杂性降低，相应的孔隙比减小、复杂度减小、分维数增大、定向度增大。

4.6.4   排水条件的影响

4.6.4.1   微结构图像特性

图 4-41 给出了三轴 UU、CU、CD 试验条件下，初始含水率 ω_0 为 27.0%，初始干密度 ρ_d 为 1.35g/cm³，循环幅度 A_{gs} 为 14.0%，循环次数 N_{gs} 为 6 次，放大倍数为 2000X 时，干-湿循环红土的微结构图像随排水条件 D 的变化关系。

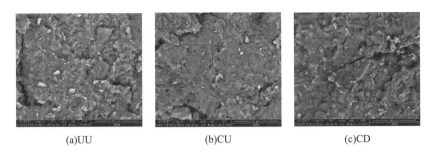

(a)UU　　　　　　　　(b)CU　　　　　　　　(c)CD

图 4-41　三轴试验下干-湿循环红土的微结构图像随排水条件的变化(N_{gs}=6 次)

图 4-41 表明，循环 6 次时，随排水条件由 UU→CU→CD 依次变化，干-湿循环红土的微结构图像呈现出孔隙减小、密实性增强、整体性变好的变化特征。三轴 UU 试验下，微结构图像的裂隙较宽、较多，三轴 CU、三轴 CD 试验下，微结构图像的裂隙有所减少，整体性变好。

4.6.4.2　微结构参数特性

图 4-42 给出了三轴 UU、CU、CD 试验条件下，初始含水率 ω_0 为 27.0%，初始干密度 ρ_d 为 1.35g/cm^3，循环幅度 A_{gs} 为 14.0%，循环次数 N_{gs} 为 6 次，放大倍数为 2000X 时，干-湿循环红土的微结构图像的孔隙比 e、复杂度 C、分维数 D_v 等特征参数 W_{c1} 以及圆形度 R、定向度 H、颗粒面积 S 等特征参数 W_{c2} 随排水条件 D 的变化关系。图中，横坐标 1 代表 UU，2 代表 CU，3 代表 CD。

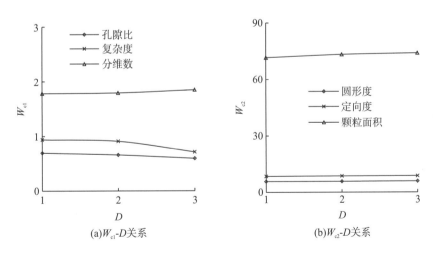

(a)W_{c1}-D关系　　　　　　　　　　(b)W_{c2}-D关系

图 4-42　三轴试验下干-湿循环红土的微结构参数随排水条件的变化

图 4-42 表明，随排水条件由 UU→CU→CD 依次变化，干-湿循环红土的微结构图像的孔隙比、复杂度 2 个特征参数呈减小的变化趋势，颗粒面积、圆形度、分维数、定向度 4 个特征参数呈增大的变化趋势。其变化程度见表 4-30。

表 4-30　三轴试验下干-湿循环红土的微结构参数随排水条件的变化程度

排水条件 D	微结构参数的变化($W_{c\text{-}D}$)/%					
	孔隙比	颗粒面积	复杂度	圆形度	分维数	定向度
UU→CU→CD	-14.4	3.3	-24.3	3.2	3.7	2.7
UU→CU	-5.1	2.3	-3.2	0.8	0.6	1.7
CU→CD	-9.8	0.1	-21.8	2.3	3.0	0.9

注：$W_{c\text{-}D}$ 代表三轴 UU、CU、CD 试验条件下，干-湿循环红土的微结构图像的孔隙比、颗粒面积、复杂度、圆形度、分维数、定向度等微结构参数随排水条件的变化程度。

由表 4-30 可知，循环次数达到 6 次，当排水条件由 UU→CU→CD 时，干-湿循环红土的微结构图像的孔隙比、复杂度分别减小了 14.4%、24.3%，颗粒面积、圆形度、分维数、定向度分别增大了 3.3%、3.2%、3.7%、2.7%。其中，当排水条件由 UU→CU 时，微结构图像的孔隙比、复杂度分别减小了 5.1%、3.2%，颗粒面积、圆形度、分维数、定向度分别增大了 2.3%、0.8%、0.6%、1.7%；当排水条件由 CU→CD 时，微结构图像的孔隙比、复杂度分别减小了 9.8%、21.8%，颗粒面积、圆形度、分维数、定向度分别增大了 0.1%、2.3%、3.0%、0.9%。说明干-湿循环作用下，三轴试验的固结阶段和剪切阶段，排水条件越充分，红土体的密实性越好，使得孔隙减少、复杂性降低、颗粒排列的有序性增强，相应的孔隙比、复杂度减小，颗粒面积、圆形度、分维数、定向度增大。其中，排水条件对孔隙比和复杂度的影响较大，对其他参数的影响较小。

第5章 干湿循环作用下红土的无侧限抗压强度特性

5.1 试 验 设 计

5.1.1 试验材料

试验用土选取昆明世博园地区红土,该红土料的基本特性见表 5-1,化学组成见表 5-2。可知,该红土料以粉粒和黏粒为主,含量占 90.6%;塑性指数为 15.3,介于 10.0~17.0,液限为 47.2%,小于 50.0%;土颗粒的比重较大、最大干密度较大,最优含水率较小。分类属于低液限粉质红黏土,富含石英、三水铝石、赤铁矿、钛铁矿、白云母等物质。

表 5-1 红土样的基本特性

比重 (G_S)	颗粒组成(P_g)/%			界限含水指标			最佳击实指标	
	砂粒/mm 0.075~2.0	粉粒/mm 0.005~0.075	黏粒/mm <0.005	液限 (ω_L)/%	塑限 (ω_p)/%	塑性指数 (I_p)	最大干密度 (ρ_{dmax})/(g/cm³)	最优含水率 (ω_{op})/%
2.77	9.4	45.7	44.9	47.2	31.9	15.3	1.49	27.4

表 5-2 红土样的化学组成

	石英	三水铝石	赤铁矿	钛铁矿	白云母	其他
化学式	SiO_2	$Al(OH)_3$	Fe_2O_3	$FeTiO_3$	$KAl_2Si_3AlO_{10}(OH)_2$	—
含量(H_c)/%	54.81	26.96	7.14	2.43	5.66	3.00

5.1.2 试验方案

5.1.2.1 湿-干循环红土的无侧限抗压强度试验方案

以湿-干循环作为控制条件,以先增湿-后脱湿的湿-干循环红土作为研究对象,考虑湿-干循环次数 N_{sg}、湿-干循环幅度 A_{sg}、湿-干循环温度 T_{sg}、初始含水率 ω_0、初始干密度 ρ_d 等影响因素,开展湿-干循环红土的无侧限抗压强度(unconfined compression strength,UCS)试验,研究不同影响因素下湿-干循环红土的无侧限抗压强度特性。其中,初始含水率 ω_0

控制为 23.0%~31.0%，初始干密度 ρ_d 控制为 1.30~1.45g/cm³，湿-干循环次数 N_{sg} 控制为 1~12 次，湿-干循环温度 T_{sg} 控制为 10~40℃，湿-干循环幅度 A_{sg} 控制为 7.0%~24.0%。这里的湿-干循环幅度是指湿-干循环过程中，增湿含水率 ω_z 与脱湿含水率 ω_t 之差，对应的含水率范围见表 5-3。

表 5-3 湿-干循环幅度及其对应的含水率范围

湿-干循环幅度(A_{sg})/%	7.0	12.0	17.0	24.0
对应含水率范围($\omega_z \sim \omega_t$)/%	27.0~20.0	27.0~15.0	32.0~15.0	32.0~8.0

注：ω_z、ω_t 分别代表湿-干循环过程中，红土的增湿含水率和脱湿含水率。

试验过程中，根据设定的初始含水率和初始干密度，先采用分层击实法制备直径为 39.1mm、高度为 80.0mm 的素红土三轴试样。然后将制备好的素红土样包裹后放入水溶液中进行浸泡，以模拟增湿过程；达到增湿含水率，取出试样擦干，放入容器中养护，以保证试样含水均匀；再将增湿试样采用 40℃低温烘干，以模拟脱湿过程。经过一次增湿、养护、脱湿过程，即完成一次湿-干循环。反复进行多次的增湿、养护、脱湿过程，可完成多次的湿-干循环，从而制备湿-干循环红土试样。采用 TSZ30-2.0 型应变控制式三轴仪，开展不同影响因素下湿-干循环红土的无侧限抗压强度试验，剪切速率控制为 0.018mm/min，测试分析不同影响因素对湿-干循环红土的无侧限抗压强度特性的影响。

5.1.2.2 干-湿循环红土的无侧限抗压强度试验方案

以干-湿循环作为控制条件，以先脱湿、后增湿的干-湿循环红土作为研究对象，考虑干-湿循环次数 N_{gs}、干-湿循环幅度 A_{gs}、干-湿循环温度 T_{gs}、初始含水率 ω_0、初始干密度 ρ_d 的影响，开展干-湿循环红土的无侧限抗压强度试验，研究不同影响因素下干-湿循环红土的无侧限抗压强度特性。其中，初始含水率 ω_0 控制为 23.0%~31.0%，初始干密度 ρ_d 控制为 1.30~1.45g/cm³，干-湿循环次数 N_{gs} 控制为 1~12 次，干-湿循环温度 T_{gs} 控制为 10~40℃，干-湿循环幅度 A_{gs} 控制为 7.0%~24.0%。这里的干-湿循环幅度是指干-湿循环过程中，脱湿含水率 ω_t 与增湿含水率 ω_z 之差(以绝对值表示)，对应的含水率范围见表 5-4。

表 5-4 干-湿循环幅度及其对应的含水率范围

干-湿循环幅度(A_{gs})/%	7.0	12.0	17.0	24.0
对应含水率范围($\omega_t \sim \omega_z$)/%	20.0~27.0	15.0~27.0	15.0~32.0	8.0~32.0

注：ω_t、ω_z 分别代表干-湿循环过程中红土的脱湿含水率和增湿含水率。

试验过程中，根据设定的初始含水率和初始干密度，先采用分层击实法制备直径为 39.1mm、高度为 80.0mm 的素红土三轴试样。然后将制备好的素红土样放入烘箱中，采用 40℃低温烘干，以模拟脱湿过程，达到脱湿含水率，将脱湿试样包裹后放入水溶液中进行浸泡，以模拟增湿过程，达到增湿含水率，取出试样擦干，放入容器中养护，以保证试样含水均匀。经过一次脱湿、增湿、养护过程，即完成一次干-湿循环。反复进行多次的脱湿、增湿、养护过程，可完成多次干-湿循环，从而制备干-湿循环红土试样。采用 TSZ30-2.0 型应变控制式三轴仪，开展不同影响因素下干-湿循环红土的无侧限抗压强度试验，剪切速率控制为 0.018mm/min，测试分析不同影响因素对干-湿循环红土的无侧限抗压强度特性的影响。

5.2　试 验 现 象

5.2.1　湿-干循环红土的破坏特性

5.2.1.1　不同湿-干循环次数

图 5-1 给出了 UCS 试验前，初始含水率 ω_0 为 27.0%，初始干密度 ρ_d 为 1.39g/cm^3，循环幅度 A_{sg} 为 12.0%，循环温度 T_{sg} 为 40℃时，湿-干循环红土样随湿-干循环次数 N_{sg} 的变化图像。

(a)N_{sg}=0次　　　　　(b)N_{sg}=1次　　　　　(c)N_{sg}=12次

图 5-1　UCS 试验前湿-干循环红土样随循环次数的变化图像

由图 5-1 可知，UCS 试验前，未经湿-干循环的素红土，土样较均匀、密实、完整。循环幅度为 12.0%时，对应的脱湿含水率为 15.0%，脱湿后红土的含水较少。所以，循环 1 次，湿-干循环红土样的表面破损，产生细小裂缝，密实性较差；循环 12 次，红土样的表面细小裂缝增多，有的裂缝已经连通，较松散。表明随湿-干循环次数的增多，湿-干循环红土呈现出整体性变差、密实性降低、裂缝增多的变化特征。

图 5-2 给出了 UCS 试验结束后，初始含水率 ω_0 为 27.0%，初始干密度 ρ_d 为 1.39g/cm^3，循环幅度 A_{sg} 为 17.0%，循环温度 T_{sg} 为 40℃时，湿-干循环红土样的破坏程度随湿-干循环次数 N_{sg} 的变化情况。

(a)N_{sg}=0次　　　(b)N_{sg}=1次　　　(c)N_{sg}=8次　　　(d)N_{sg}=12次

图 5-2　UCS 试验后湿-干循环红土的破坏程度随循环次数的变化

图 5-2 表明，循环前，素红土土柱整体较完整，仍呈直立的圆柱状，仅有少量碎块脱落，表面产生竖向裂缝，呈劈裂破坏特征。循环后，循环幅度为 17.0%时，对应的脱湿含水率为 15.0%，脱湿后红土的含水较少，破坏后，各个循环次数下，湿-干循环红土直接坍塌成碎块，仅有底部小块土柱直立，呈典型的脆性破坏。随循环次数的增多，湿-干循环红土呈现出块体增多、细小、破坏面粗糙的变化特征。

5.2.1.2　不同湿-干循环幅度

图 5-3 给出了 UCS 试验结束后，初始含水率 ω_0 为 27.0%，初始干密度 ρ_d 为 1.39g/cm^3，循环次数 N_{sg} 为 12 次，循环温度 T_{sg} 为 40℃时，湿-干循环红土样的破坏程度随循环幅度 A_{sg} 的变化情况。

(a)A_{sg}=7.0%　　　(b)A_{sg}=12.0%　　　(c)A_{sg}=17.0%　　　(d)A_{sg}=24.0%

图 5-3　UCS 试验后湿-干循环红土的破坏程度随循环幅度的变化

图 5-3 表明，由于循环幅度为 7.0%时，对应的脱湿含水率为 20.0%，脱湿后红土的含水率较大，因此破坏后湿-干循环红土仍呈直立的圆柱状，表面产生竖向裂缝，仅有少量碎块脱落，整体性较好，未发生坍塌，呈劈裂破坏特征。循环幅度为 12.0%、17.0%时，对应的脱湿含水率为 15.0%，脱湿后红土的含水率较小，因此破坏后土柱直接坍塌，仅有底部小块土柱直立，呈典型的脆性破坏特征。循环幅度达到 24.0%时，对应的脱湿含水率仅为 8.0%，脱湿后红土偏干，达到破坏后土柱从中间裂开为两部分，但仍呈直立状，周围有许多碎块掉落，呈劈裂破坏特征。

5.2.1.3　不同湿-干循环温度

图 5-4 给出了 UCS 试验结束后,初始含水率 ω_0 为 27.0%,初始干密度 ρ_d 为 1.39g/cm³,循环次数 N_{sg} 为 12 次,循环幅度 A_{sg} 为 7.0%时,湿-干循环红土样的破坏程度随循环温度 T_{sg} 的变化情况。

(a)T_{sg}=10℃　　　(b)T_{sg}=20℃　　　(c)T_{sg}=30℃　　　(d)T_{sg}=40℃

图 5-4　UCS 试验后湿-干循环红土的破坏程度随循环温度的变化

由图 5-4 可知,由于循环幅度为 7.0%时,对应的脱湿含水率为 20.0%,脱湿后红土含水较多,因此破坏后各个循环温度下,湿-干循环红土土柱仍呈直立的圆柱状,表面产生竖向裂缝,仅有少量碎块掉落,呈劈裂破坏。随循环温度的升高,湿-干循环红土呈现出整体性变差、中部松散、外翘、脱落、破坏程度增大的变化特征。

5.2.1.4　不同初始含水率

图 5-5 给出了 UCS 试验结束后,初始干密度 ρ_d 为 1.39g/cm³,循环次数 N_{sg} 为 12 次,循环幅度 A_{sg} 为 12.0%,循环温度 T_{sg} 为 40℃时,湿-干红土样的破坏程度随初始含水率 ω_0 的变化情况。

(a)ω_0=23.0%　　　(b)ω_0=27.0%　　　(c)ω_0=31.0%

图 5-5　UCS 试验后湿-干循环红土的破坏程度随初始含水率的变化

图 5-5 表明,由于循环幅度为 12.0%时,对应的脱湿含水率为 15.0%,脱湿后红土含水较少。因此破坏后各个初始含水率下,湿-干循环红土样直接坍塌呈碎块,土柱底部有小土块直立,呈典型的脆性破坏。随初始含水率的增大,湿-干循环红土呈现出碎块减少、块体增大、破坏程度减弱的变化特征。

5.2.1.5 不同初始干密度

图 5-6 给出了 UCS 试验结束后，初始含水率 ω_0 为 27.0%，循环次数 N_{sg} 为 12 次，循环幅度 A_{sg} 为 17.0%，循环温度 T_{sg} 为 40℃时，湿-干循环红土样的破坏程度随初始干密度 ρ_d 的变化情况。

(a)ρ_d=1.30g/cm³   (b)ρ_d=1.39g/cm³   (c)ρ_d=1.45g/cm³

图 5-6　UCS 试验后湿-干循环红土的破坏程度随初始干密度的变化

图 5-6 表明，由于循环幅度为 17.0%时，对应的脱湿含水率为 15.0%，脱湿后红土含水较少。因此破坏后各个初始干密度下，湿-干循环红土样直接坍塌成块体，仅有底部小部分土块直立，呈典型的脆性破坏。随初始干密度的增大，湿-干循环红土呈现出碎块增多、块体减小、破坏程度增强的变化特征。

5.2.2　干-湿循环红土的破坏特性

5.2.2.1 不同干-湿循环次数

图 5-7 给出了 UCS 试验前，初始含水率 ω_0 为 27.0%，初始干密度 ρ_d 为 1.39g/cm³，循环幅度 A_{gs} 为 12.0%，循环温度 T_{gs} 为 40℃时，干-湿循环红土样随循环次数 N_{gs} 的变化图像。

(a)N_{gs}=0次   (b)N_{gs}=1次   (c)N_{gs}=12次

图 5-7　UCS 试验前干-湿循环红土样随循环次数的变化图像

由图 5-7 可知，UCS 试验前，素红土 (N_{gs}=0 次) 土柱较完整光滑；循环后，因循环幅度为 12.0%，对应的增湿含水率达到 27.0%，增湿后红土的含水较多。循环 1 次时，干-湿循环红土土柱表面出现细小的破损和裂缝，整体性变差；循环 12 次时，土柱松软，底部出现很多孔隙和裂缝，整体性进一步变差。随循环次数的增多，干-湿循环红土呈现出整体性变差、松软、破损的变化特征。

图 5-8 给出了 UCS 试验结束后，初始含水率 ω_0 为 27.0%，初始干密度 ρ_d 为 1.39g/cm^3 时，循环幅度 A_{gs} 为 17.0%，循环温度 T_{gs} 为 40℃时，干-湿循环红土样的破坏程度随循环次数 N_{gs} 的变化情况。

(a)N_{gs}=0次　　(b)N_{gs}=1次　　(c)N_{gs}=2次　　(d)N_{gs}=4次　　(e)N_{gs}=8次

图 5-8　UCS 试验后干-湿循环红土的破坏程度随循环次数的变化

图 5-8 表明，循环前，素红土土柱的初始含水率为 27.0%，素红土土样含水较多；循环后，因循环幅度为 17.0%，对应的增湿含水率达到 32.0%，增湿后红土含水较高。破坏后，各个循环次数下，素红土和干-湿循环红土呈直立的圆柱状，表面产生竖向裂缝，伴有轻微的碎块脱落。随循环次数的增多，干-湿循环红土呈现出整体性变差、松散、裂缝增大的劈裂破坏特征。

5.2.2.2　不同干-湿循环幅度

图 5-9 给出了 UCS 试验结束后，初始含水率 ω_0 为 27.0%，初始干密度 ρ_d 为 1.39g/cm^3，循环次数 N_{gs} 为 12 次，循环温度 T_{gs} 为 40℃时，干-湿循环红土样的破坏程度随循环幅度 A_{gs} 的变化情况。

(a)A_{gs}=7.0%　　(b)A_{gs}=12.0%　　(c)A_{gs}=17.0%　　(d)A_{gs}=24.0%

图 5-9　UCS 试验后干-湿循环红土的破坏程度随循环幅度的变化

图 5-9 表明，由于循环幅度为 7.0%、12.0%时，对应的增湿含水率均为 27.0%，循环幅度为 17.0%、24.0%时，对应的增湿含水率均为 32.0%，增湿后红土样的含水均较高，因此破坏后各个循环幅度下，干-湿循环红土均呈直立的圆柱状，表面产生竖向裂缝。随循环幅度由 7.0%增大到 24.0%，干-湿循环红土呈现出整体性变差、松散、裂缝增多的劈裂破坏特征。

5.2.2.3 不同干-湿循环温度

图 5-10 给出了 UCS 试验结束后，初始含水率 ω_0 为 27.0%，初始干密度 ρ_d 为 1.39g/cm^3，循环次数 N_{gs} 为 12 次，循环幅度 A_{gs} 为 12.0%时，干-湿循环红土样的破坏程度随循环温度 T_{gs} 的变化。

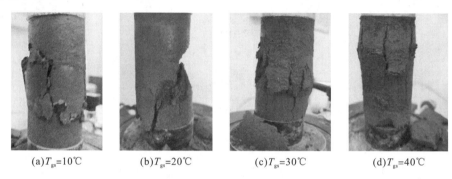

(a)T_{gs}=10℃   (b)T_{gs}=20℃   (c)T_{gs}=30℃   (d)T_{gs}=40℃

图 5-10   UCS 试验后干-湿循环红土的破坏程度随循环温度的变化

图 5-10 表明，由于循环幅度为 12.0%，对应的增湿含水率为 27.0%，增湿后红土样含水较多。因此破坏后各个循环温度下，干-湿循环红土呈直立的圆柱状，表面产生竖向裂缝，周围有碎块掉落。循环温度较低(10℃、20℃)时，土柱表面较光滑、紧密，裂缝较少；循环温度较高(30℃、40℃)时，土柱表面较粗糙、松散，裂缝较多。随循环温度由 10℃升高到 40℃，干-湿循环红土呈现出整体性变差、破碎程度高、裂缝增多的劈裂破坏特征。

5.2.2.4 不同初始含水率

图 5-11 给出了 UCS 试验结束后，初始干密度 ρ_d 为 1.39g/cm^3，循环次数 N_{gs} 为 12 次，循环幅度 A_{gs} 为 12.0%，循环温度 T_{gs} 为 40℃时，干-湿循环红土样的破坏程度随初始含水率 ω_0 的变化情况。

(a)ω_0=23.0%   (b)ω_0=25.0%   (c)ω_0=27.0%   (d)ω_0=29.0%   (e)ω_0=31.0%

图 5-11   UCS 试验后干-湿循环红土的破坏程度随初始含水率的变化

由图 5-11 可知，因循环幅度为 12.0%，对应的增湿含水率为 27.0%，增湿后红土样含水较多。破坏后，各个初始含水率下，干-湿循环红土样仍呈直立的圆柱状，表面产生裂缝。初始含水率为 23.0%时，土柱具有明显的倾斜裂缝，伴随着较多的碎块掉落和坍塌；初始含水率较大时，土柱较完整，存在贯穿性的竖向裂缝。随初始含水率由 25.0%增大到31.0%，干-湿循环红土呈现出整体性变好、松软、裂缝增多的劈裂破坏特征。

5.2.2.5　不同初始干密度

图 5-12 给出了 UCS 试验结束后，初始含水率 ω_0 为 27.0%，循环次数 N_{gs} 为 12 次，循环幅度 A_{gs} 为 17.0%，循环温度 T_{gs} 为 40℃时，干-湿循环红土样的破坏程度随初始干密度 ρ_d 的变化情况。

(a)ρ_d=1.30g/cm³　　(b)ρ_d=1.36g/cm³　　(c)ρ_d=1.39g/cm³　　(d)ρ_d=1.42g/cm³　　(e)ρ_d=1.45g/cm³

图 5-12　UCS 试验后干-湿循环红土的破坏程度随初始干密度的变化

图 5-12 表明，由于循环幅度为 17.0%时，对应的增湿含水率为 32.0%，增湿后红土样的含水较高，因此破坏后各个初始干密度下，干-湿循环红土仍呈直立的圆柱状，表面产生竖向裂缝。初始干密度较小时，土柱较粗糙、密实性较低；初始干密度较大时，土柱较光滑、密实性较高。随初始干密度由 1.39g/cm³ 增大到 1.45g/cm³，干-湿循环红土呈现出整体性变好、密实性增强、裂缝减少的劈裂破坏特征。

5.2.3　湿-干循环红土与干-湿循环红土的破坏特性对比

5.2.3.1　相同循环次数

图 5-13 给出了 UCS 试验结束后，初始含水率 ω_0 为 27.0%，初始干密度 ρ_d 为 1.39g/cm³，循环幅度 A 为 17.0%，循环温度 T 为 40℃，循环次数 N 相同时，湿-干循环红土与干-湿循环红土的破坏程度对比。

这里的循环幅度 A 指的是湿-干循环幅度 A_{sg} 和干-湿循环幅度 A_{gs}，循环次数 N 指的是湿-干循环次数 N_{sg} 和干-湿循环次数 N_{gs}，循环温度 T 指的是湿-干循环温度 T_{sg} 和干-湿循环温度 T_{gs}。以下同。

(a)N_{sg}=1次，湿-干　　(b)N_{gs}=1次，干-湿　　(c)N_{sg}=8次，湿-干　　(d)N_{gs}=8次，干-湿

图 5-13　相同循环次数下湿-干循环红土与干-湿循环红土的破坏程度对比

由图 5-13 可知，由于循环幅度为 17.0%时，对应的含水率范围为 15.0%～32.0%，增湿后红土样的含水较高，脱湿后红土样含水率较少，因此破坏后，湿-干循环红土直接坍塌成块体，仅有土柱下部直立，呈典型的脆性破坏特征；干-湿循环红土仍呈直立的圆柱状，表面产生竖向裂缝，仅有少量碎块脱落，呈劈裂破坏特征。表明相同循环次数下，湿-干循环红土的破坏程度大于干-湿循环红土的破坏程度。

5.2.3.2　相同循环幅度

图 5-14 给出了 UCS 试验结束后，初始含水率 ω_0 为 27.0%，初始干密度 ρ_d 为 1.39g/cm³，循环次数 N 为 12 次，循环温度 T 为 40℃，循环幅度 A 相同时，湿-干循环红土与干-湿循环红土的破坏程度对比。

(a)A_{sg}=7.0%，湿-干　　(b)A_{gs}=7.0%，干-湿　　(c)A_{sg}=17.0%，湿-干　　(d)A_{gs}=17.0%，干-湿

图 5-14　相同循环幅度下湿-干循环红土与干-湿循环红土的破坏程度对比

由图 5-14 可知，由于循环幅度为 7.0%时，对应的含水率范围为 20.0%～27.0%，脱湿含水率较高，与增湿含水率相差不大，因此破坏后，湿-干循环红土和干-湿循环红土都呈较完整的直立圆柱状，表面产生竖向裂缝，没有坍塌，呈现劈裂破坏特征；但湿-干循环红土较紧密，干-湿循环红土较松软。由于循环幅度为 17.0%时，对应的含水率范围为 15.0%～32.0%，脱湿含水率较低，增湿含水率较高，因此湿-干循环红土破坏后直接坍塌呈碎块，仅有底部土块直立，呈典型的脆性破坏特征；干-湿循环红土破坏后仍呈直立的圆柱状，表面产生贯穿性的竖向裂缝，呈劈裂破坏特征。表明相同循环幅度下，循环幅度较小时，湿-干循环红土与干-湿循环红土的破坏状态差异性不大；循环幅度较大时，湿-干循环红土的破坏程度大于干-湿循环红土的破坏程度。

5.2.3.3　相同循环温度

图 5-15 给出了 UCS 试验结束后，初始含水率 ω_0 为 27.0%，初始干密度 ρ_d 为 1.39g/cm³，循环次数 N 为 12 次，循环幅度 A 为 12.0%，循环温度 T 相同时，湿-干循环红土与干-湿循环红土的破坏程度对比。

(a)T_{sg}=40℃，湿-干　　　　　　　　(b)T_{gs}=40℃，干-湿

图 5-15　相同循环温度下湿-干循环红土与干-湿循环红土的破坏程度对比

由图 5-15 可知，由于循环幅度为 12.0%时，对应的含水率范围为 15.0%～27.0%，脱湿含水率较小，增湿含水率较大，因此破坏后，湿-干循环红土直接坍塌成碎块，仅有底部小块土柱直立，呈典型的脆性破坏特征；干-湿循环红土仍呈直立的圆柱状，表面产生贯穿性竖向裂缝，呈劈裂破坏特征。表明相同循环温度下，湿-干循环红土的破坏程度大于干-湿循环红土的破坏程度。

5.2.3.4　相同初始含水率

图 5-16 给出了 UCS 试验结束后，初始干密度 ρ_d 为 1.39g/cm³，循环次数 N 为 12 次，循环幅度 A 为 12.0%，循环温度 T 为 40℃，初始含水率 ω_0 相同时，湿-干循环红土与干-湿循环红土的破坏程度对比。

(a)ω_0=27.0%，湿-干　　(b)ω_0=27.0%，干-湿　　(c)ω_0=31.0%，湿-干　　(d)ω_0=31.0%，干-湿

图 5-16　相同初始含水率下湿-干循环红土与干-湿循环红土的破坏程度对比

由图 5-16 可知，由于循环幅度为 12.0%时，对应的含水率范围为 15.0%～27.0%，脱湿含水率较小，增湿含水率较大，因此破坏后，湿-干循环红土直接坍塌成碎块，仅有底部小块土柱直立，呈典型的脆性破坏特征；干-湿循环红土仍呈直立的圆柱状，整体性较好，表面产生竖向裂缝，仅有少量细小颗粒掉落，呈劈裂破坏特征。表明相同初始含水率下，湿-干循环红土的破坏程度大于干-湿循环红土的破坏程度。

5.2.3.5　相同初始干密度

图 5-17 给出了 UCS 试验结束后，初始含水率 ω_0 为 27.0%，循环次数 N 为 12 次，循环幅度 A 为 17.0%，循环温度 T 为 40℃，初始干密度 ρ_d 相同时，湿-干循环红土与干-湿循环红土的破坏程度对比。

(a)ρ_d=1.30g/cm³，湿-干   (b)ρ_d=1.30g/cm³，干-湿   (c)ρ_d=1.45g/cm³，湿-干   (d)ρ_d=1.45g/cm³，干-湿

图 5-17　相同初始干密度下湿-干循环红土与干-湿循环红土的破坏程度对比

由图 5-17 可知，由于循环幅度为 17.0%时，对应的含水率范围为 15.0%～32.0%，脱湿含水率较小，增湿含水率较大，因此破坏后，湿-干循环红土直接坍塌成碎块，仅有底部小块土柱直立，呈典型的脆性破坏特征；干-湿循环红土仍呈直立的圆柱状，整体性较好，表面产生裂缝，呈劈裂破坏特征。表明相同初始干密度下，湿-干循环红土的破坏程度大于干-湿循环红土的破坏程度。

5.3　湿-干循环红土的无侧限抗压强度特性

5.3.1　湿-干循环次数的影响

5.3.1.1　轴向应力-轴向应变特性

图 5-18 给出了 UCS 试验条件下，初始干密度 ρ_d 为 1.39g/cm³，循环幅度 A_{sg} 为 12.0%，循环温度 T_{sg} 为 40℃，初始含水率 ω_0 相同时，湿-干循环红土的轴向应力-轴向应变（σ_1-ε_1）关系随循环次数 N_{sg} 的变化情况。图中，N_{sg}=0 次时对应的曲线代表湿-干循环前素红土的轴向应力-轴向应变关系。

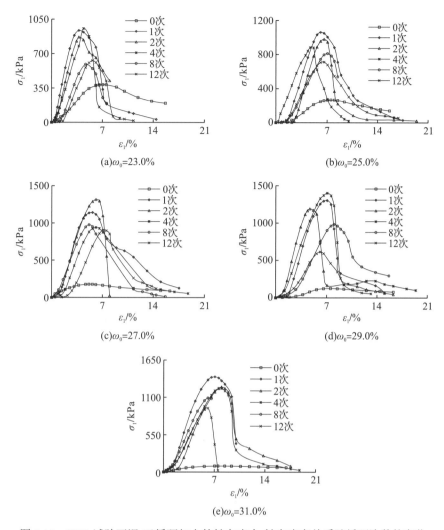

图 5-18　UCS 试验下湿-干循环红土的轴向应力-轴向应变关系随循环次数的变化

图 5-18 表明,初始含水率一定时,循环前,素红土的轴向应力-轴向应变关系曲线的位置较低,较平缓,应变软化程度较低,峰值不明显。循环后,由于循环幅度为 12.0%时,对应的脱湿含水率为 15.0%,脱湿后红土样含水较少,因此各个循环次数下,湿-干循环红土的轴向应力-轴向应变曲线的位置显著上升,呈缓慢升高-快速升高-快速降低-趋于稳定的变化趋势,表现出典型的应变软化特征,峰值明显,试样呈脆性破坏。随着循环次数由 1 次增加到 12 次,湿-干循环红土的轴向应力-轴向应变曲线的位置下降,峰值点波动性右移降低,应变软化程度增强。

5.3.1.2　峰值参数特性

图 5-19 给出了 UCS 试验条件下,初始干密度 ρ_d 为 1.39g/cm³,循环幅度 A_{sg} 为 12.0%,循环温度 T_{sg} 为 40℃,初始含水率 ω_0 不同时,湿-干循环红土的无侧限抗压强度 q_u 以及峰值应变 ε_{1f} 两个特征参数随循环次数 N_{sg} 的变化情况。这里的峰值特征参数指的是湿-干循

环红土的轴向应力-轴向应变$(\sigma_1\text{-}\varepsilon_1)$关系曲线的峰值对应的应力$\sigma_{1f}$以及应变$\varepsilon_{1f}$。其中，峰值应力就称为无侧限抗压强度$q_u$，即$q_u=\sigma_{1f}$。以下同。

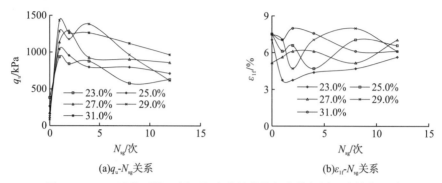

(a)$q_u\text{-}N_{sg}$关系   (b)$\varepsilon_{1f}\text{-}N_{sg}$关系

图 5-19　UCS 试验下湿-干循环红土的峰值特征参数与循环次数的关系

图 5-19 表明，各个初始含水率下，循环前后，随着循环次数的增多，湿-干循环红土的无侧限抗压强度呈急剧增大-缓慢波动减小的变化趋势，存在极大值；峰值应变则呈先减小后波动增大的变化趋势，存在极小值。其变化程度见表 5-5、表 5-6。

表 5-5　UCS 试验下湿-干循环红土的无侧限抗压强度随循环次数的变化程度($q_{u\text{-}N}$/%)

湿-干循环次数 (N_{sg}) /次	初始含水率 (ω_0) /%					$q_{u\text{-}j\omega\text{-}N}$/%
	23.0	25.0	27.0	29.0	31.0	
0→1	143.5	288.8	539.0	925.5	1483.1	497.3
0→12	63.7	166.3	383.5	390.4	967.2	285.7
1→12	-32.8	-31.5	-24.3	-52.2	-32.6	-35.4

注：$q_{u\text{-}N}$、$q_{u\text{-}j\omega\text{-}N}$分别代表 UCS 试验条件下，初始含水率不同时，湿-干循环红土的无侧限抗压强度以及初始含水率加权值随循环次数的变化程度。

表 5-6　UCS 试验下湿-干循环红土的峰值应变随循环次数的变化程度($\varepsilon_{1f\text{-}N}$/%)

湿-干循环次数 (N_{sg}) /次	初始含水率 (ω_0) /%					$\varepsilon_{1f\text{-}j\omega\text{-}N}$/%
	23.0	25.0	27.0	29.0	31.0	
0→1	-46.7	-18.8	9.1	-6.3	-6.3	-12.4
0→12	-20.0	-12.5	36.4	-18.7	-18.8	-6.8
1→12	50.0	7.7	25.0	-13.3	-13.3	9.0

注：$\varepsilon_{1f\text{-}N}$、$\varepsilon_{1f\text{-}j\omega\text{-}N}$分别代表 UCS 试验条件下，初始含水率不同时，湿-干循环红土的峰值应变以及初始含水率加权值随循环次数的变化程度。

由表 5-5、表 5-6 可知，初始含水率为 23.0%～31.0%，相比循环前，循环 1 次时，湿-干循环红土的无侧限抗压强度增大了 143.5%～1483.1%，经过初始含水率加权，无侧限抗压强度平均增大了 497.3%；峰值应变变化程度为-46.7%～9.1%，经过初始含水率加权，峰值应变平均减小了 12.4%。说明先增湿后脱湿的湿-干循环作用引起红土的脱湿含水率减小，本试验的脱湿含水率分别为 20.0%、15.0%、8.0%，均小于初始含水率（23.0%～31.0%）。

所以，与素红土相比，湿-干循环红土的结构稳定性增强，承受外荷载的能力提高，抵抗压缩变形的能力增强，体现为无侧限抗压强度的增大以及峰值应变的减小。

循环 12 次时，无侧限抗压强度增大了 63.7%～967.2%，经过初始含水率加权，无侧限抗压强度平均增大了 285.7%；峰值应变变化程度为-20.0%～36.4%，经过初始含水率加权，峰值应变平均减小了 6.8%。说明反复的湿-干循环作用，因先增湿后脱湿，所以仍然增大了红土的无侧限抗压强度，减小了峰值应变。

当循环次数由 1 次→12 次时，无侧限抗压强度则减小了 24.3%～52.2%，经过初始含水率加权，无侧限抗压强度平均减小了 35.4%；峰值应变变化程度为-13.3%～50.0%，经过初始含水率加权，峰值应变平均增大了 9.0%。说明湿-干循环次数越多，对红土微结构的损伤作用越强，最终引起红土的无侧限抗压强度减小、峰值应变增大。

本试验条件下，循环 1 次时，湿-干循环红土的无侧限抗压强度存在极大值，峰值应变存在极小值；循环 12 次时，湿-干循环红土的无侧限抗压强度仍大于循环前的相应值，峰值应变仍小于循环前的相应值。

5.3.2　湿-干循环幅度的影响

5.3.2.1　轴向应力-轴向应变特性

图 5-20 给出了 UCS 试验条件下，初始干密度为 ρ_d 为 1.39g/cm^3，初始含水率为 ω_0 为 27.0%，循环温度 T_{sg} 为 40℃，循环次数 N_{sg} 相同时，湿-干循环红土的轴向应力-轴向应变（σ_1-ε_1）关系随循环幅度 A_{sg} 的变化情况。

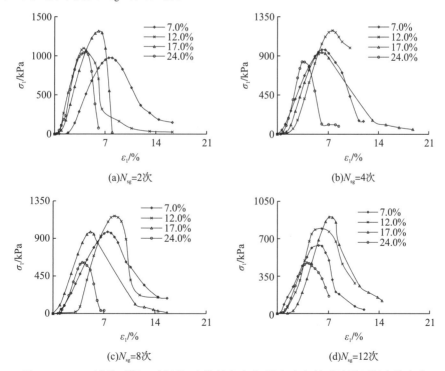

图 5-20　UCS 试验下湿-干循环红土的轴向应力-轴向应变关系随循环幅度的变化

图 5-20 表明，循环次数一定时，各个循环幅度下，湿-干循环红土的轴向应力-轴向应变曲线呈缓慢升高-快速升高-快速降低的凸形变化趋势，峰值点突出，呈典型的应变软化特征。随着循环幅度由 7.0%提高到 24.0%，总体上，湿-干循环红土的轴向应力-轴向应变曲线的位置波动下降，峰值点波动性左移、降低，应变软化程度增强。

5.3.2.2　峰值参数特性

图 5-21 给出了 UCS 试验条件下，初始干密度 ρ_d 为 1.39g/cm^3，初始含水率 ω_0 为 27.0%，循环温度 T_{sg} 为 40℃，循环次数 N_{sg} 不同时，湿-干循环红土的无侧限抗压强度 q_u 以及峰值应变 ε_{1f} 两个特征参数随循环幅度 A_{sg} 的变化情况。

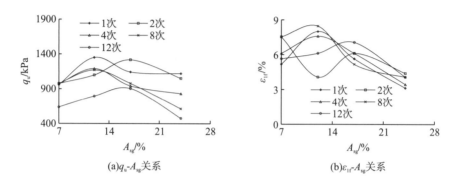

图 5-21　UCS 试验下湿-干循环红土的峰值特征参数与循环幅度的关系

图 5-21 表明，各个循环次数下，随着循环幅度的增大，湿-干循环红土的无侧限抗压强度呈先增大后减小的变化趋势，相应的峰值应变呈波动减小的变化趋势，循环幅度为 12.0%～17.0%时存在极大值。其变化程度见表 5-7。

表 5-7　UCS 试验下湿-干循环红土的峰值特征参数随循环幅度的变化程度

湿-干循环幅度 (A_{sg})/%	峰值参数的变化	湿-干循环次数(N_{sg})/次					循环次数加权
		1	2	4	8	12	
7.0→24.0	$q_{u\text{-}A}$/%	16.8	7.7	-14.3	-37.5	-25.5	-23.4
	$\varepsilon_{1f\text{-}A}$/%	-39.5	-41.6	-43.7	-45.9	-27.8	-37.0

注：$q_{u\text{-}A}$、$\varepsilon_{1f\text{-}A}$ 分别代表 UCS 试验条件下，循环次数不同时，湿-干循环红土的无侧限抗压强度以及峰值应变随循环幅度的变化程度。

由表 5-7 可知，循环次数为 1～12 次，当循环幅度由 7.0%→24.0%时，湿-干循环红土的无侧限抗压强度变化程度为-37.5%～16.8%，经过循环次数加权，无侧限抗压强度平均减小了 23.4%；峰值应变减小了 27.8%～45.9%，经过循环次数加权，峰值应变平均减小了 37.0%。说明湿-干循环作用下，循环幅度的增大，导致红土在较小的轴向应变下就发生破坏，体现为红土的无侧限抗压强度和峰值应变的减小。

5.3.3　湿-干循环温度的影响

5.3.3.1　轴向应力-轴向应变特性

图 5-22 给出了 UCS 试验条件下，初始干密度 ρ_d 为 1.39g/cm^3，初始含水率 ω_0 为 27.0%，循环幅度 A_{sg} 为 7.0%，循环次数 N_{sg} 相同时，湿-干循环红土的轴向应力-轴向应变（σ_1-ε_1）关系随循环温度 T_{sg} 的变化情况。

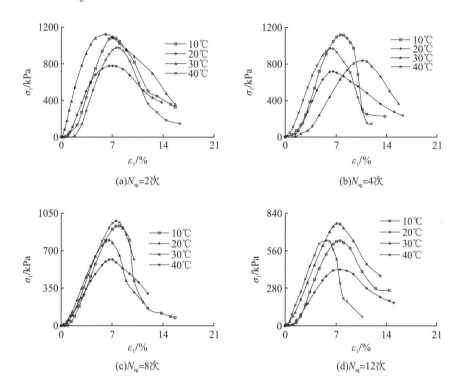

图 5-22　UCS 试验下湿-干循环红土的轴向应力-轴向应变关系随循环温度的变化

图 5-22 表明，循环次数一定时，各个循环温度下，湿-干循环红土的轴向应力-轴向应变曲线呈缓慢升高-快速升高-快速降低的凸形变化趋势，峰值明显，呈典型的应变软化特征。随着循环温度由 10℃升高到 40℃，总体上，湿-干循环红土的轴向应力-轴向应变曲线的位置波动下降，峰值点波动性左移、降低，应变软化程度增强。

5.3.3.2　峰值参数特性

图 5-23 给出了 UCS 试验条件下，初始干密度 ρ_d 为 1.39g/cm^3，初始含水率 ω_0 为 27.0%，循环幅度 A_{sg} 为 7.0%，循环次数 N_{sg} 不同时，湿-干循环红土的无侧限抗压强度 q_u 以及峰值应变 ε_{1f} 两个峰值特征参数随循环温度 T_{sg} 的变化关系。

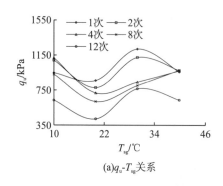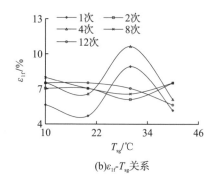

(a)q_u-T_{sg}关系   (b)ε_{1f}-T_{sg}关系

图 5-23   UCS 试验下湿-干循环红土的峰值特征参数与循环温度的关系

图 5-23 表明，各个循环次数下，随着循环温度的升高，湿-干循环红土的无侧限抗压强度以及峰值应变呈波动减小的变化趋势。其变化程度见表 5-8。

表 5-8   UCS 试验下湿-干循环红土的峰值特征参数随循环温度的变化程度

湿-干循环温度 (T_{sg})/℃	峰值参数的变化	湿-干循环次数 (N_{sg})/次					循环次数加权
		1	2	4	8	12	
10→40	$q_{u\text{-}T}$/%	1.2	-10.7	-13.3	5.0	0.3	-1.1
	$\varepsilon_{1f\text{-}T}$/%	-8.3	6.7	-18.8	-5.9	-25.0	-15.5

注：$q_{u\text{-}T}$、$\varepsilon_{1f\text{-}T}$ 分别代表 UCS 试验条件下，循环次数不同时，湿-干循环红土的无侧限抗压强度以及峰值应变随循环温度的变化程度。

由表 5-8 可知，循环次数为 1～12 次，当循环温度由 10℃→40℃时，湿-干循环红土的无侧限抗压强度变化程度为 -10.7%～5.0%，经过循环次数加权，无侧限抗压强度平均减小了 1.1%；峰值应变变化程度为 -25.0%～6.7%，经过循环次数加权，峰值应变平均减小了 15.5%。说明湿-干循环作用下，循环温度越高，红土微结构的稳定性越差，承受外荷载的能力越低，抵抗压缩变形的能力越弱，在较小的轴向应变下就达到破坏，表现为无侧限抗压强度以及相应的峰值应变的减小。

5.3.4   初始含水率的影响

5.3.4.1   轴向应力-轴向应变特性

图 5-24 给出了 UCS 试验条件下，初始干密度 ρ_d 为 1.39g/cm³，循环幅度 A_{sg} 为 12.0%，循环温度 T_{sg} 为 40℃，循环次数 N_{sg} 相同时，湿-干循环红土的轴向应力-轴向应变 (σ_1-ε_1) 关系随初始含水率 ω_0 的变化。图中，N_{sg}=0 次时对应的曲线代表湿-干循环前素红土的应力-应变关系。

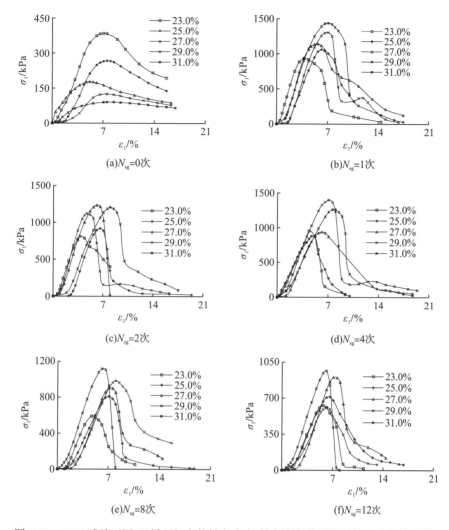

图 5-24 UCS 试验下湿-干循环红土的轴向应力-轴向应变关系随初始含水率的变化

图 5-24 表明，循环次数一定时，各个初始含水率下，循环前，素红土的轴向应力-轴向应变曲线相对较平缓，呈缓慢升高-快速升高-缓慢降低的弱软化特征，峰值点不突出；而循环 1~12 次，湿-干循环红土的轴向应力-轴向应变曲线变陡，呈缓慢升高-快速升高-快速降低-趋于稳定的典型软化特征，峰值点突出。随着初始含水率由 23.0%增大到 31.0%，素红土的轴向应力-轴向应变曲线的位置下降，峰值点波动性右移、降低，应变软化程度减弱；湿-干循环红土的轴向应力-轴向应变曲线的位置波动上升，峰值点升高、波动右移，应变软化程度增强。

5.3.4.2 峰值参数特性

图 5-25 给出了 UCS 试验条件下，初始干密度 ρ_d 为 1.39g/cm^3，循环幅度 A_{sg} 为 12.0%，循环温度 T_{sg} 为 40℃，循环次数 N_{sg} 不同时，湿-干循环红土的无侧限抗压强度 q_u 以及峰值应变 ε_{1f} 两个峰值特征参数随初始含水率 ω_0 的变化关系。

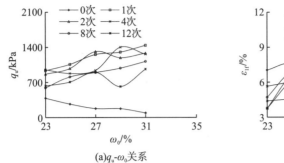 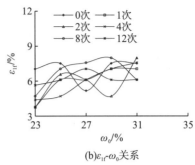

$$(a)q_u\text{-}\omega_0 关系 \qquad\qquad (b)\varepsilon_{1f}\text{-}\omega_0 关系$$

图 5-25 UCS 试验下湿-干循环红土的峰值特征参数与初始含水率的关系

图 5-25 表明，随着初始含水率的增大，循环前，素红土的无侧限抗压强度呈减小的变化趋势，峰值应变呈波动增大的变化趋势；循环后，循环次数为 1～12 次时，湿-干循环红土的无侧限抗压强度以及峰值应变呈波动增大的变化趋势。其变化程度见表 5-9。

表 5-9 UCS 试验下湿-干循环红土的峰值特征参数随初始含水率的变化程度

| 初始含水率 (ω_0)/% | 峰值参数的变化 | 湿-干循环次数 (N_{sg})/次 | | | | | | 循环次数加权 |
		0	1	2	4	8	12	
23.0→31.0	$q_{u\text{-}\omega}$/%	−76.5	53.9	48.2	32.3	89.4	53.5	60.6
	$\varepsilon_{1f\text{-}\omega}$/%	6.7	87.5	112.5	72.7	30.0	8.3	34.9

注：$q_{u\text{-}\omega}$、$\varepsilon_{1f\text{-}\omega}$ 分别代表 UCS 试验条件下，循环次数不同时，湿-干循环红土的无侧限抗压强度以及峰值应变随初始含水率的变化程度。

由表 5-9 可知，当初始含水率由 23.0%→31.0%时，循环前，素红土的无侧限抗压强度减小了 76.5%，峰值应变增大了 6.7%。循环次数为 1～12 次时，湿-干循环红土的无侧限抗压强度增大了 32.3%～89.4%，经过循环次数加权，无侧限抗压强度平均增大了 60.6%；峰值应变增大了 8.3%～112.5%，经过循环次数加权，峰值应变平均增大了 34.9%。说明初始含水率的增大，引起素红土的无侧限抗压强度减小，而导致湿-干循环红土在较大的轴向应变下才发生破坏，表现为无侧限抗压强度以及峰值应变的增大。

5.3.5 初始干密度的影响

5.3.5.1 轴向应力-轴向应变特性

图 5-26 给出了 UCS 试验条件下，初始含水率 ω_0 为 27.0%，循环幅度 A_{sg} 为 12.0%，循环温度 T_{sg} 为 40℃，循环次数 N_{sg} 相同时，湿-干循环红土的轴向应力-轴向应变 $(\sigma_1\text{-}\varepsilon_1)$ 关系随初始干密度 ρ_d 的变化。

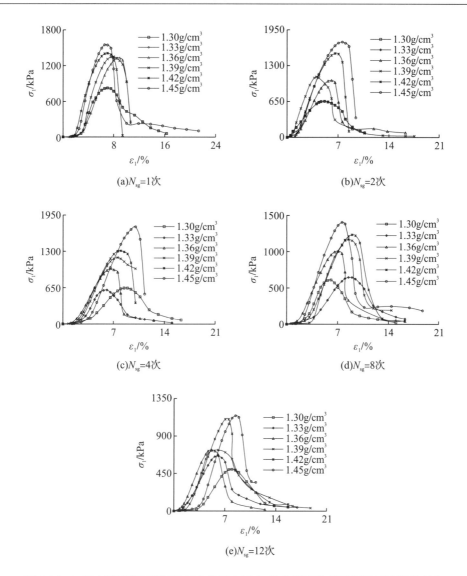

图 5-26 UCS 试验下湿-干循环红土的轴向应力-轴向应变关系随初始干密度的变化

图 5-26 表明，本试验条件下，由于循环幅度为 12.0%时，对应的脱湿含水率为 15.0%，脱湿后红土样含水较少，所以，循环次数一定时，各个初始干密度下，湿-干循环红土的轴向应力-轴向应变曲线均呈缓慢升高-快速升高-快速降低-趋于稳定的凸形变化趋势，呈典型的应变软化特征。随着初始干密度由 1.30g/cm³ 增大到 1.45g/cm³，湿-干循环红土的轴向应力-轴向应变曲线的位置波动上升，峰值点抬高、波动性右移，应变软化程度增强。

5.3.5.2 峰值参数特性

图 5-27 给出了 UCS 试验条件下，初始含水率 ω_0 为 27.0%，循环幅度 A_{sg} 为 12.0%，循环温度 T_{sg} 为 40℃，循环次数 N_{sg} 不同时，湿-干循环红土的无侧限抗压强度 q_u 以及峰值应变 ε_{1f} 两个峰值特征参数随初始干密度 ρ_d 的变化关系。

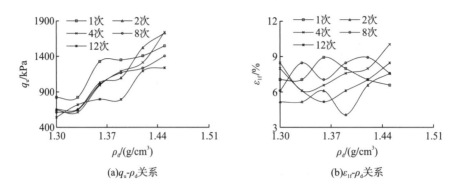

图 5-27　UCS 试验下湿-干循环红土的峰值特征参数与初始干密度的关系

图 5-27 表明，各个循环次数下，随着初始干密度的增大，湿-干循环红土的无侧限抗压强度以及峰值应变呈波动增大的变化趋势。其变化程度见表 5-10。

表 5-10　UCS 试验下湿-干循环红土的峰值特征参数随初始干密度的变化程度

初始干密度 ρ_d/(g/cm^3)	峰值参数的变化	湿-干循环次数(N_{sg})/次					循环次数加权
		1	2	4	8	12	
1.30→1.45	$q_{u\text{-}\rho d}$/%	87.8	163.8	169.5	129.8	128.6	136.1
	$\varepsilon_{1f\text{-}\rho d}$/%	-6.7	46.6	18.6	24.1	5.9	15.7

注：$q_{u\text{-}pd}$、$\varepsilon_{1f\text{-}pd}$ 分别代表 UCS 试验条件下，循环次数不同时，湿-干循环红土的无侧限抗压强度以及峰值应变随初始干密度的变化程度。

由表 5-10 可知，循环次数为 1～12 次，当初始干密度从 1.30g/cm^3→1.45g/cm^3 时，湿-干循环红土的无侧限抗压强度增大了 87.8%～169.5%，经过循环次数加权，无侧限抗压强度平均增大了 136.1%；除循环 1 次时的峰值应变减小了 6.7%，其余循环次数下的峰值应变增大了 5.9%～46.6%，经过循环次数加权，峰值应变平均增大了 15.7%。说明初始干密度越大，湿-干循环红土体的密实程度越高，抵抗压缩变形的能力越强，在较大的轴向应变下才会发生破坏，表现为无侧限抗压强度以及峰值应变的增大。

5.4　干-湿循环红土的无侧限抗压强度特性

5.4.1　干-湿循环次数的影响

5.4.1.1　轴向应力-轴向应变特性

图 5-28 给出了 UCS 试验条件下，初始干密度 ρ_d 为 1.39g/cm^3，循环幅度 A_{gs} 为 17.0%，循环温度 T_{gs} 为 40℃，初始含水率 ω_0 相同时，干-湿循环红土的轴向应力-轴向应变（σ_1-ε_1）关系随循环次数 N_{gs} 的变化。图中，N_{sg}=0 次时对应的曲线代表干-湿循环前素红土的轴向应力-轴向应变关系。

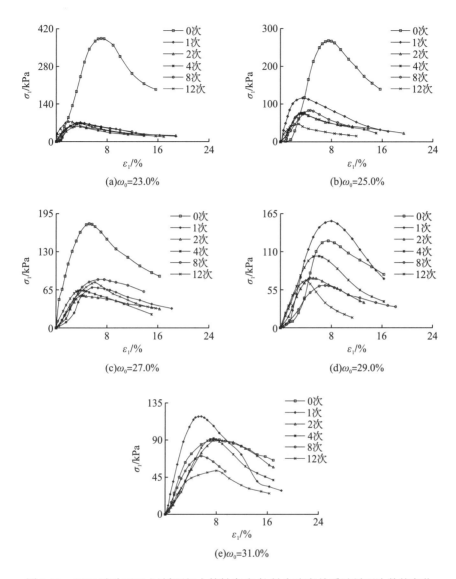

图 5-28　UCS 试验下干-湿循环红土的轴向应力-轴向应变关系随循环次数的变化

　　图 5-28 表明，本试验条件下，由于循环幅度为 17.0%时，对应的增湿含水率为 32.0%，均大于循环前素红土的初始含水率，所以，初始含水率一定时，增湿后红土样含水较多，各个循环次数下，素红土和干-湿循环红土的轴向应力-轴向应变曲线均呈缓慢升高-快速升高-缓慢降低的变化趋势，呈应变软化现象。初始含水率为 23.0%、25.0%、27.0%时，循环前，素红土的轴向应力-轴向应变曲线的位置显著高于干-湿循环红土的轴向应力-轴向应变曲线的位置；初始含水率为 29.0%、31.0%，循环 1 次时，干-湿循环红土的轴向应力-轴向应变曲线的位置最高。随着循环次数由 1 次增加到 12 次，干-湿循环红土的轴向应力-轴向应变曲线的位置波动下降，峰值点降低、波动性左移，应变软化程度增强。

5.4.1.2　峰值参数特性

图 5-29 给出了 UCS 试验条件下，初始干密度 ρ_d 为 1.39g/cm³，循环幅度 A_{gs} 为 17.0%，循环温度 T_{gs} 为 40℃，初始含水率 ω_0 不同时，干-湿循环红土的无侧限抗压强度 q_u 和峰值应变 ε_{1f} 两个峰值特征参数随循环次数 N_{gs} 的变化情况。

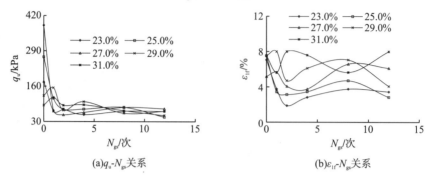

(a)q_u-N_{gs}关系　　　　　(b)ε_{1f}-N_{gs}关系

图 5-29　UCS 试验下干-湿循环红土的无侧限抗压强度与循环次数的关系

图 5-29 表明，相比循环前的素红土，循环后，各个初始含水率下，随着循环次数的增多，干-湿循环红土的无侧限抗压强度呈快速减小-缓慢减小的变化趋势，峰值应变呈波动减小的变化趋势。其变化程度见表 5-11、表 5-12。

表 5-11　UCS 试验下干-湿循环红土的无侧限抗压强度随循环次数的变化程度（q_{u-N}/%）

干-湿循环次数 (N_{gs})/次	初始含水率 (ω_0)/%					$q_{u-j\omega-N}$/%
	23.0	25.0	27.0	29.0	31.0	
0→1	−81.5	−56.7	−61.2	23.0	31.2	−11.3
0→12	−82.2	−82.4	−56.1	−45.3	−41.5	−59.7
1→12	−4.1	−59.3	12.9	−55.5	−55.4	−33.7

注：q_{u-N}、$q_{u-j\omega-N}$ 分别代表 UCS 试验条件下，初始含水率不同时，干-湿循环红土的无侧限抗压强度以及初始含水率加权值随循环次数的变化程度。

表 5-12　UCS 试验下干-湿循环红土的峰值应变随循环次数的变化程度（ε_{1f-N}/%）

干-湿循环次数 (N_{gs})/次	初始含水率 (ω_0)/%					$\varepsilon_{1f-j\omega-N}$/%
	23.0	25.0	27.0	29.0	31.0	
0→1	−46.7	−54.3	9.1	6.3	25.0	−9.1
0→12	−51.2	−62.5	18.2	−45.9	6.3	−25.1
1→12	−8.5	−18.0	8.3	−49.1	41.7	−4.1

注：ε_{1f-N}、$\varepsilon_{1f-j\omega-N}$ 分别代表 UCS 试验条件下，初始含水率不同时，干-湿循环红土的峰值应变以及初始含水率加权值随循环次数的变化程度。

由表 5-11、表 5-12 可知，初始含水率为 23.0%～31.0%，相比于循环前，循环 1 次时，干-湿循环红土的无侧限抗压强度变化程度为−81.5%～31.2%，经过初始含水率加权，无侧限抗压强度平均减小了 11.3%；峰值应变变化程度为-54.3%～25.0%，经过初始含水率加权，峰值应变平均减小了 9.1%。说明循环幅度为 17.0%，对应的增湿含水率为 32.0%时，干-湿循环作用后土体偏软，红土体抵抗压缩变形的能力减弱，引起干-湿循环红土的无侧限抗压强度和峰值应变的减小。

循环 12 次时，干-湿循环红土的无侧限抗压强度减小了 41.5%～82.4%，经过初始含水率加权，无侧限抗压强度平均减小了 59.7%；峰值应变变化程度为-62.5%～18.2%，经过初始含水率加权，峰值应变平均减小了 25.1%。说明反复的干-湿循环作用，引起干-湿循环红土的无侧限抗压强度和峰值应变的减小。

当循环次数由 1 次→12 次时，干-湿循环红土的无侧限抗压强度变化程度为-59.3%～12.9%，经过初始含水率加权，无侧限抗压强度平均减小了 33.7%；峰值应变变化程度为-49.1%～41.7%，经过初始含水率加权，峰值应变平均减小了 4.1%。说明干-湿循环次数越多，对红土体微结构的损伤作用越强，红土体承受外荷载的能力越弱，在较小的轴向应变下就发生破坏，引起干-湿循环红土的无侧限抗压强度和峰值应变的减小。本试验条件下，无侧限抗压强度快速减小-缓慢减小对应的循环次数为 1 次。

5.4.2　干-湿循环幅度的影响

5.4.2.1　轴向应力-轴向应变特性

图 5-30 给出了 UCS 试验条件下，初始含水率 ω_0 为 27.0%，初始干密度 ρ_d 为 1.39g/cm^3，循环温度 T_{gs} 为 40℃时，干-湿循环红土的轴向应力-轴向应变（σ_1-ε_1）关系随循环幅度 A_{gs} 的变化情况。

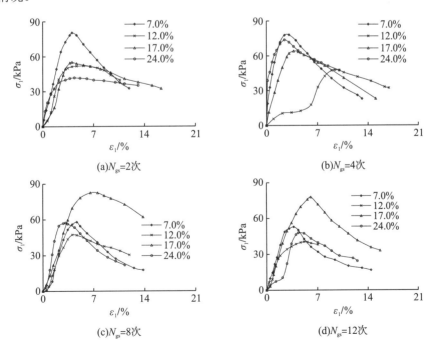

图 5-30　UCS 试验下干-湿循环红土的轴向应力-轴向应变关系随循环幅度的变化

图 5-30 表明，循环次数一定时，各个循环幅度下，干-湿循环红土的轴向应力-轴向应变曲线均呈先升高后降低的应变软化特征。循环 2 次、4 次时，循环幅度为 7.0%对应的曲线位置最高；循环 8 次、12 次时，循环幅度为 17.0%对应的曲线位置最高。随着循环幅度由 7.0%增大到 24.0%，干-湿循环红土的轴向应力-轴向应变曲线的位置波动下降，峰值点突出、波动性左移降低。

5.4.2.2 峰值参数特性

图 5-31 给出了 UCS 试验条件下，初始干密度 ρ_d 为 1.39g/cm^3，初始含水率 ω_0 为 27.0%，循环温度 T_{gs} 为 40℃，循环次数 N_{gs} 不同时，干-湿循环红土的无侧限抗压强度 q_u 以及峰值应变 ε_{1f} 两个峰值特征参数随循环幅度 A_{gs} 的变化情况。

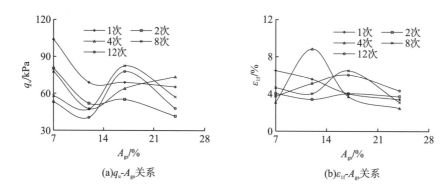

(a)q_u-A_{gs}关系　　　　　　　　　(b)ε_{1f}-A_{gs}关系

图 5-31　UCS 试验下干-湿循环红土的峰值特征参数与循环幅度的关系

图 5-31 表明，各个循环次数下，随着循环幅度的增大，总体上，干-湿循环红土的无侧限抗压强度以及峰值应变呈波动减小的变化趋势。其变化程度见表 5-13。

表 5-13　UCS 试验下干-湿循环红土的峰值特征参数随循环幅度的变化程度

干-湿循环幅度 (A_{gs})/%	峰值参数的变化	干-湿循环次数 (N_{gs})/次					循环次数加权
		1	2	4	8	12	
7.0→24.0	$q_{u\text{-}A}$/%	−37.0	−48.2	−5.5	−1.1	−9.6	−10.3
	$\varepsilon_{1f\text{-}A}$/%	−47.7	−7.6	−20.1	−33.4	16.8	−7.7

注：$q_{u\text{-}A}$、$\varepsilon_{1f\text{-}A}$ 分别代表 UCS 试验条件下，循环次数不同时，干-湿循环红土的无侧限抗压强度以及峰值应变随循环幅度的变化程度。

由表 5-13 可知，循环次数为 1～12 次，当循环幅度由 7.0%→24.0%时，干-湿循环红土的无侧限抗压强度减小了 1.1%～48.2%，经过循环次数加权，无侧限抗压强度平均减小了 10.3%；峰值应变变化程度为−47.7%～16.8%，经过循环次数加权，峰值应变则平均减小了 7.7%。说明干-湿循环幅度越大，对红土微结构的损伤越强，导致红土体抵抗压缩变形的能力降低，在较小的轴向应变下就发生破坏，表现为无侧限抗压强度以及峰值应变的减小。

5.4.3　干-湿循环温度的影响

5.4.3.1　轴向应力-轴向应变特性

图 5-32 给出了 UCS 试验条件下,初始含水率 ω_0 为 27.0%,初始干密度 ρ_d 为 1.39g/cm^3,循环幅度 A_{gs} 为 7.0%,循环次数 N_{gs} 相同时,干-湿循环红土的轴向应力-轴向应变(σ_1-ε_1)关系随循环温度 T_{gs} 的变化情况。

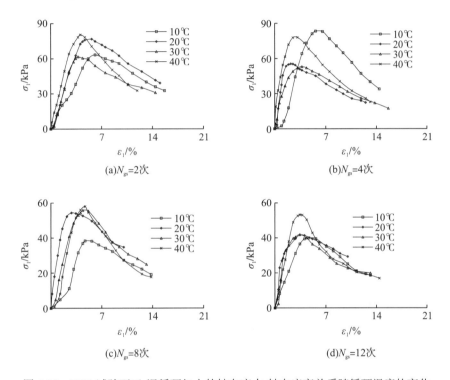

图 5-32　UCS 试验下干-湿循环红土的轴向应力-轴向应变关系随循环温度的变化

图 5-32 表明,循环次数一定时,各个循环温度下,干-湿循环红土的轴向应力-轴向应变曲线呈先升高后降低的软化特征。随着循环温度由 10℃升高到 40℃,轴向应力-轴向应变曲线的位置波动上升,峰值点波动性左移、升高,应变软化程度增强。

5.4.3.2　峰值参数特性

图 5-33 给出了 UCS 试验条件下,初始含水率 ω_0 为 27.0%,初始干密度 ρ_d 为 1.39g/cm^3,循环幅度 A_{gs} 为 7.0%,循环次数 N_{gs} 不同时,干-湿循环红土的无侧限抗压强度 q_u 以及峰值应变 ε_{1f} 两个峰值特征参数随循环温度 T_{gs} 的变化关系。

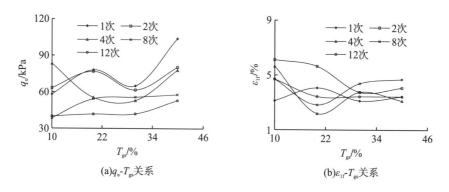

图 5-33　UCS 试验下干-湿循环红土的峰值特征参数与循环温度的关系

图 5-33 表明，本试验条件下，循环幅度为 7.0%时，对应的增湿含水率为 27.0%，与初始含水率一致，所以，各个循环次数下，随着循环温度的升高，干-湿循环红土的无侧限抗压强度呈波动增大的变化趋势，峰值应变呈波动减小的变化趋势，其变化程度见表 5-14。

表 5-14　UCS 试验下干-湿循环红土的峰值特征参数随循环温度的变化程度

干-湿循环温度 (T_{gs})/℃	峰值参数的 变化	干-湿循环次数 (N_{gs})/次					循环次数 加权
		1	2	4	8	12	
10→40	$q_{u\text{-}T}$/%	78.9	27.1	−6.3	51.0	33.1	33.8
	$\varepsilon_{1f\text{-}T}$/%	9.9	−33.4	−44.5	0.0	−26.8	−20.6

注：$q_{u\text{-}T}$、$\varepsilon_{1f\text{-}T}$ 分别代表 UCS 试验条件下，循环次数不同时，干-湿循环红土的无侧限抗压强度以及峰值应变随循环温度的变化程度。

由表 5-14 可知，循环次数为 1～12 次，当循环温度由 10℃→40℃时，干-湿循环红土的无侧限抗压强度变化程度为−6.3%～78.9%，经过循环次数加权，无侧限抗压强度平均增大了 33.8%；峰值应变变化程度为−44.5%～9.9%，经过循环次数加权，峰值应变平均减小了 20.6%。说明 UCS 试验下，干-湿循环温度的升高，引起红土的无侧限抗压强度增大、峰值应变减小。

5.4.4　初始含水率的影响

5.4.4.1　轴向应力-轴向应变特性

图 5-34 给出了 UCS 试验条件下，初始干密度 ρ_d 为 1.39g/cm³，循环幅度 A_{gs} 为 17.0%，循环温度 T_{gs} 为 40℃，循环次数 N_{gs} 相同时，干-湿循环红土的轴向应力-轴向应变（σ_1-ε_1）关系随初始含水率 ω_0 的变化情况。

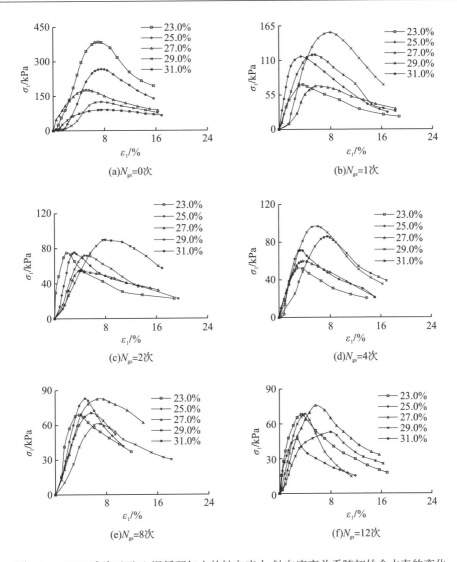

图 5-34　UCS 试验下下干-湿循环红土的轴向应力-轴向应变关系随初始含水率的变化

图 5-34 表明，循环次数一定时，各个初始含水率下，素红土和干-湿循环红土的轴向应力-轴向应变曲线呈先升高后降低的应变软化特征，但素红土的软化程度较低，干-湿循环红土的软化现象显著、峰值点突出。随着初始含水率由 23.0%增大到 31.0%，循环前后，素红土和干-湿循环红土的轴向应力-轴向应变曲线的位置下降、峰值点波动性右移下降，应变软化程度减弱。

5.4.4.2　峰值参数特性

图 5-35 给出了 UCS 试验条件下，初始干密度 ρ_d 为 1.39g/cm^3，循环幅度 A_{gs} 为 17.0%，循环温度 T_{gs} 为 40℃，循环次数 N_{gs} 不同时，干-湿循环红土的无侧限抗压强度 q_u 以及峰值应变 ε_{1f} 两个峰值特征参数随初始含水率 ω_0 的变化情况。

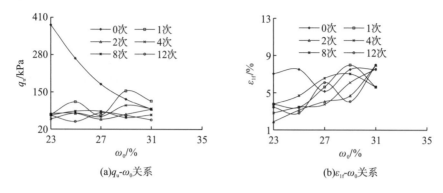

图 5-35　UCS 试验下干-湿循环红土的峰值特征参数与初始含水率的关系

图 5-35 表明，随着初始含水率的增大，循环前，素红土的无侧限抗压强度逐渐减小；循环后，干-湿循环红土的无侧限抗压强度呈波动增大的变化趋势；循环前后，素红土和干-湿循环红土的峰值应变呈波动增大的变化趋势。其变化程度见表 5-15。

表 5-15　UCS 试验下干-湿循环红土的峰值特征参数随初始含水率的变化程度

初始含水率 (ω_0) /%	峰值参数的变化	干-湿循环次数 (N_{gs}) /次						循环次数加权
		0	1	2	4	8	12	
23.0→31.0	$q_{u-\omega}$ /%	-76.5	66.7	20.0	64.5	2.6	-22.4	4.3
	$\varepsilon_{1f-\omega}$ /%	6.7	50.0	325.0	168.8	50.0	132.3	124.5

注：$q_{u-\omega}$、$\varepsilon_{1f-\omega}$ 分别代表 UCS 试验条件下，循环次数不同时，干-湿循环红土的无侧限抗压强度以及峰值应变随初始含水率的变化程度。

由表 5-15 可知，初始含水率由 23.0%→31.0% 时，循环前，素红土的无侧限抗压强度减小了 76.5%，峰值应变增大了 6.7%。循环 1～8 次，干-湿循环红土的无侧限抗压强度增大了 2.6%～66.7%；循环 12 次，无侧限抗压强度减小了 22.4%；经过循环次数加权后，无侧限抗压强度则平均增大了 4.3%。循环 1～12 次的峰值应变增大了 50.0%～325.0%，经过循环次数加权，峰值应变平均增大了 124.5%。说明初始含水率越大的红土试样，经历干-湿循环作用后，在较大的轴向应变下才会发生破坏，就循环次数加权值来看，表现为无侧限抗压强度的略微增大、峰值应变的显著增大。

5.4.5　初始干密度的影响

5.4.5.1　轴向应力-轴向应变特性

图 5-36 给出了 UCS 试验条件下，初始含水率 ω_0 为 27.0%，循环幅度 A_{gs} 为 12.0%，循环温度 T_{gs} 为 40℃，循环次数 N_{gs} 相同时，干-湿循环红土的轴向应力-轴向应变 $(\sigma_1\text{-}\varepsilon_1)$ 关系随初始干密度 ρ_d 的变化情况。

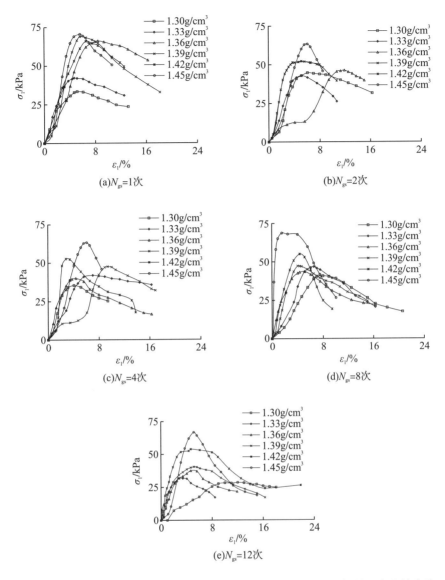

图 5-36　UCS 试验下干-湿循环红土的轴向应力-轴向应变关系随初始干密度的变化

图 5-36 表明，循环次数一定时，各个初始干密度下，干-湿循环红土的轴向应力-轴向应变曲线呈先升高后降低的应变软化特征。随着初始干密度由 1.30g/cm³ 增大到 1.45g/cm³，轴向应力-轴向应变曲线的位置波动上升，峰值点波动性左移、升高，应变软化程度增强。

5.4.5.2　峰值参数特性

图 5-37 给出了 UCS 试验条件下，初始含水率 ω_0 为 27.0%，循环幅度 A_{gs} 为 12.0%，循环温度 T_{gs} 为 40℃，循环次数 N_{gs} 不同时，干-湿循环红土的无侧限抗压强度 q_u 以及峰值应变 ε_{1f} 两个峰值特征参数与初始干密度 ρ_d 的变化关系。

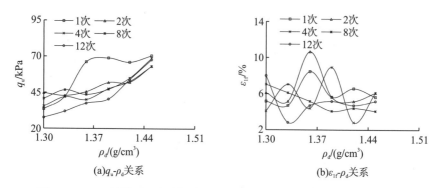

图 5-37　UCS 试验下干-湿循环红土的峰值特征参数与初始干密度的关系

图 5-37 表明，各个循环次数下，随着初始干密度的增大，干-湿循环红土的无侧限抗压强度呈波动增大的变化趋势，峰值应变呈波动减小的变化趋势。其变化程度见表 5-16。

表 5-16　UCS 试验下干-湿循环红土的峰值特征参数随初始干密度的变化程度

初始干密度 $(\rho_d)/(g/cm^3)$	峰值参数 的变化	干–湿循环次数 (N_{gs})/次					循环次数 加权
		1	2	4	8	12	
1.30→1.45	$q_{u\text{-}pd}$/%	110.6	40.4	77.1	66.8	134.0	92.0
	$\varepsilon_{1f\text{-}pd}$/%	9.1	0.0	50.1	-42.3	-35.4	-20.5

注：$q_{u\text{-}pd}$、$\varepsilon_{1f\text{-}pd}$ 分别代表 UCS 试验条件下，循环次数不同时，干-湿循环红土的无侧限抗压强度以及峰值应变随初始干密度的变化程度。

由表 5-16 可知，循环次数为 1~12 次，当初始干密度从 1.30g/cm³→1.45g/cm³ 时，干-湿循环红土的无侧限抗压强度增大了 40.4%~134.0%，经过循环次数加权，无侧限抗压强度平均增大了 92.0%。而循环 1~4 次，峰值应变增大了 0.0%~50.1%；循环 8~12 次，峰值应变减小了 35.4%~42.3%；但经过循环次数加权后，干-湿循环红土的峰值应变平均减小了 20.5%。说明无侧限 UCS 试验条件下，初始干密度越大，素红土越密实，经过干-湿循环作用后，抵抗压缩变形的能力仍较强，外荷载作用下不容易产生变形，相应地，达到破坏时的轴向应变就较小。就循环次数加权值来看，表现出无侧限抗压强度的增大、峰值应变的减小。

5.4.6　干湿循环顺序的影响

这里的干湿循环顺序指的是先增湿、后脱湿的湿-干循环作用和先脱湿、后增湿的干-湿循环作用两种。相应的循环次数 N 指的是干-湿循环次数 N_{gs} 和湿-干循环次数 N_{sg}，循环幅度 A 指的是干-湿循环幅度 A_{gs} 和湿-干循环幅度 A_{sg}，循环温度 T 指的是干-湿循环温度 T_{gs} 和湿-干循环温度 T_{sg}。以下同。

图 5-38 给出了 UCS 试验条件下，初始含水率 ω_0、初始干密度 ρ_d、循环幅度 A、循环次数 N、循环温度 T 等影响因素相同时，湿-干循环红土与干-湿循环红土的无侧限抗压强度 q_u 对比情况。

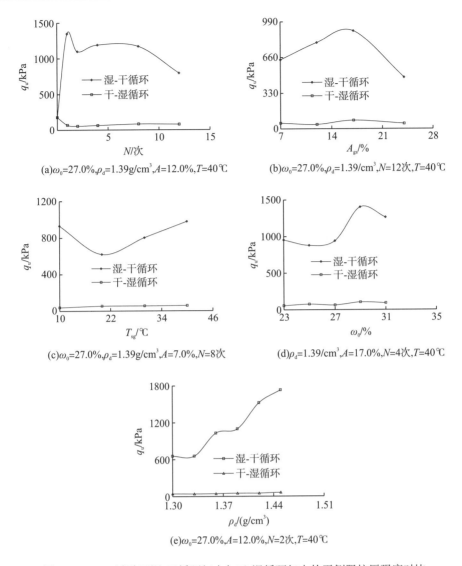

图 5-38　UCS 试验下湿-干循环红土与干-湿循环红土的无侧限抗压强度对比

图 5-38 表明，相同影响因素下，湿-干循环红土的无侧限抗压强度曲线位于干-湿循环红土的无侧限抗压强度曲线的上方，表明湿-干循环红土的无侧限抗压强度明显大于干-湿循环红土的无侧限抗压强度。其变化程度见表 5-17～表 5-21。

表 5-17　相同循环次数下红土的无侧限抗压强度干-湿循环→湿-干循环的变化程度($q_{\text{u-s-g}}$/%)

循环顺序	循环幅度 (A)/%	循环次数(N)/次					$q_{\text{u-jN-s-g}}$/%
		1	2	4	8	12	
干-湿→湿-干	12.0	1855.4	1890.6	1758.2	1316.5	919.4	1267.9

注：$q_{\text{u-s-g}}$、$q_{\text{u-jN-s-g}}$ 分别代表 UCS 试验条件下，循环次数相同时，相比干-湿循环红土，湿-干循环红土的无侧限抗压强度以及循环次数加权值的变化程度。

表 5-18   相同循环幅度下红土的无侧限抗压强度干-湿循环→湿-干循环的变化程度($q_{u\text{-s-g}}$/%)

循环顺序	循环次数 (N)/次	循环幅度(A)/%				$q_{u\text{-jA-s-g}}$/%
		7	12	17	24	
干-湿→湿-干	12	1101.4	1860.3	1059.7	890.2	1156.9

注：$q_{u\text{-s-g}}$、$q_{u\text{-jA-s-g}}$分别代表 UCS 试验条件下，循环幅度相同时，相比干-湿循环红土，湿-干循环红土的无侧限抗压强度以及循环幅度加权值的变化程度。

表 5-19   相同循环温度下红土的无侧限抗压强度干-湿循环→湿-干循环的变化程度($q_{u\text{-s-g}}$/%)

循环顺序	循环次数 (N)/次	循环温度(T)/℃				$q_{u\text{-jT-s-g}}$/%
		10	20	30	40	
干-湿→湿-干	8	2327.5	1039.3	1338.0	1587.7	1477.1

注：$q_{u\text{-s-g}}$、$q_{u\text{-jT-s-g}}$分别代表 UCS 试验条件下，循环温度相同时，相比干-湿循环红土，湿-干循环红土的无侧限抗压强度以及循环温度加权值的变化程度。

表 5-20   相同初始含水率下红土的无侧限抗压强度干-湿循环→湿-干循环的变化程度($q_{u\text{-s-g}}$%)

循环顺序	循环次数 (N)/次	初始含水率(ω_0)/%					$q_{u\text{-j}\omega\text{-s-g}}$/%
		23.0	25.0	27.0	29.0	31.0	
干-湿→湿-干	4	1607.8	1056.0	1369.4	1255.9	1274.0	1305.7

注：$q_{u\text{-s-g}}$、$q_{u\text{-j}\omega\text{-s-g}}$分别代表 UCS 试验条件下，初始含水率相同时，相比干-湿循环红土，湿-干循环红土的无侧限抗压强度以及初始含水率加权值的变化程度。

表 5-21   相同初始干密度下红土的无侧限抗压强度干-湿循环→湿-干循环的变化程度($q_{u\text{-s-g}}$/%)

循环顺序	循环次数 (N)/次	初始干密度(ρ_d)/(g/cm³)						$q_{u\text{-j}\rho\text{d-s-g}}$/%
		1.30	1.33	1.36	1.39	1.42	1.45	
干-湿→湿-干	2	1364.6	1428.8	2165.4	2014.0	2812.4	2631.6	2088.3

注：$q_{u\text{-s-g}}$、$q_{u\text{-j}\rho\text{d-s-g}}$分别代表 UCS 试验条件下，初始干密度相同时，相比干-湿循环红土，湿-干循环红土的无侧限抗压强度以及初始干密度加权值的变化程度。

由表 5-17～表 5-21 可知，相比于干-湿循环红土，循环次数为 1～12 次，循环幅度为 12.0%时，湿-干循环红土的无侧限抗压强度显著增大了 919.4%～1890.6%，经过循环次数加权，无侧限抗压强度平均增大了 1267.9%；循环幅度为 7.0%～24.0%，循环 12 次时，湿-干循环红土的无侧限抗压强度显著增大了 890.2%～1860.3%，经过循环幅度加权，无侧限抗压强度平均增大了 1156.9%；循环温度为 10～40℃，循环 8 次时，湿-干循环红土的无侧限抗压强度显著增大了 1039.3%～2327.5%，经过循环温度加权，无侧限抗压强度平均增大了 1477.1%；初始含水率为 23.0%～31.0%，循环 4 次时，湿-干循环红土的无侧限抗压强度显著增大了 1056.0%～1607.8%，经过初始含水率加权，无侧限抗压强度平均增大了 1305.7%；初始干密度为 1.30～1.45g/cm³，循环 2 次时，湿-干循环红土的无侧限抗压强度显著增大了 1364.6%～2812.4%，经过初始干密度加权，无侧限抗压强度平均增大了 2088.3%。说明 UCS 试验条件下，干湿循环顺序对红土的无侧限抗压强度影响极大，先增湿、后脱湿的湿-干循环顺序可以显著提高红土的无侧限抗压强度。

第6章　干湿循环作用下红土的酸雨蚀变特性

6.1　试　验　方　案

6.1.1　试验材料

6.1.1.1　试验红土

试验用土选取昆明世博园地区红土,该红土料的基本特性见表6-1,化学组成见表6-2。可知,该红土料以粉粒和黏粒为主,含量占90.6%;塑性指数为15.3,介于10.0~17.0,液限为47.2%,小于50.0%;土颗粒的比重较大、最大干密度较大,最优含水率较小。分类属于低液限粉质红黏土,富含石英、三水铝石、赤铁矿、钛铁矿、白云母等物质。

表6-1　红土样的基本特性

比重 (G_S)	颗粒组成(P_g)/%			界限含水指标			最佳击实指标	
	砂粒/mm 0.075~2.0	粉粒/mm 0.005~0.075	黏粒/mm <0.005	液限 (ω_L)/%	塑限 (ω_p)/%	塑性指数 (I_p)	最大干密度 (ρ_{dmax})/(g/cm³)	最优含水率 (ω_{op})/%
2.77	9.4	45.7	44.9	47.2	31.9	15.3	1.49	27.4

表6-2　红土样的化学组成

	石英	三水铝石	赤铁矿	钛铁矿	白云母	其他
化学式	SiO_2	$Al(OH)_3$	Fe_2O_3	$FeTiO_3$	$KAl_2Si_3AlO_{10}(OH)_2$	—
含量(H_c)/%	54.81	26.96	7.14	2.43	5.66	3.00

6.1.1.2　酸雨溶液

以分析纯硫酸、硝酸、盐酸作为溶质,用水溶液稀释后,配制成 SO_4^{2-}、NO_3^-、Cl^- 浓度比分别为 5:1:1、5:3:1、5:5:1、5:7:1、5:10:1 的一系列不同 pH 的酸雨模拟溶液。其中,SO_4^{2-} 浓度设定为 5mol/L,Cl^- 浓度设定为 1mol/L,NO_3^- 浓度设定为 1~10mol/L。

6.1.2 试验方案

6.1.2.1 酸雨增湿红土试验方案

以云南红土为研究对象，以酸雨浸泡增湿作为控制条件，考虑酸雨溶液 pH、浸泡增湿时间、硝酸根等因素的影响，制备酸雨增湿红土试样，通过直剪试验的快剪(QQ)方法，研究不同影响因素下酸雨增湿红土的直接剪切特性。其中，初始含水率ω_0控制为 26.9%，初始干密度ρ_d控制为 1.35g/cm^3，浸泡增湿时间t_z设定为 1～30d，pH 设定为 1.5～4.5，酸雨中硝酸根浓度a_x设定为 1～10mol/L，垂直压力σ控制为 100～400kPa。

试验过程中，根据设定的初始含水率和初始干密度，先采用分层击实法制备直径为 61.8mm、高度为 20.0mm 的素红土直剪试样；然后将素红土试样两端铺设滤纸和透水石并捆扎紧实后，放入不同 pH 的酸雨溶液中浸泡增湿不同时间，以模拟酸雨增湿红土的过程，制备增湿红土试样。利用应变控制式直剪仪，开展不同影响因素下酸雨增湿红土的快剪试验，剪切速率控制为 6r/min，测试分析不同影响因素对酸雨增湿红土的直剪 QQ 特性的影响。

6.1.2.2 酸雨干-湿循环红土试验方案

以云南红土为研究对象，以酸雨溶液先浸泡增湿后低温脱湿的湿-干循环作为控制条件，考虑酸雨溶液 pH、湿-干循环次数、硝酸根等因素的影响，制备酸雨湿-干循环红土试样，通过快剪(QQ)的方法，研究不同影响因素下酸雨湿-干循环红土的直接剪切特性。其中，初始含水率ω_0控制为 26.9%，初始干密度ρ_d控制为 1.35g/cm^3，湿-干循环次数N_{sg}控制为 1～30 次，pH 设定为 1.5～4.5，酸雨中硝酸根浓度a_x设定为 1～10mol/L，垂直压力σ控制为 100～400kPa。

试验过程中，根据设定的初始含水率和初始干密度，先采用分层击实法制备直径为 61.8mm、高度为 20.0mm 的素红土直剪试样。然后将素红土试样两端铺设滤纸和透水石并捆扎紧实后，放入不同 pH 的酸雨溶液中浸泡增湿 12h，以模拟酸雨增湿过程；增湿结束后，取出试样，放入 40℃的烘箱中低温脱湿 12h，以模拟酸雨脱湿过程。经过一次增湿过程、一次脱湿过程，即完成一次酸雨湿-干循环过程。反复进行多次的先酸雨增湿、后脱湿的过程，可完成多次的湿-干循环过程，制备湿-干循环红土试样。利用应变控制式直剪仪，开展不同影响因素下酸雨湿-干循环红土的快剪(QQ)试验，剪切速率控制为 6r/min，测试分析不同影响因素对酸雨湿-干循环红土的直剪 QQ 特性的影响。

6.1.2.3 微观特性试验方案

与酸雨增湿红土和酸雨湿-干循环红土的直剪 QQ 试验相对应，在垂直压力σ为 200kPa、SO_4^{2-}、NO_3^-、Cl^-浓度比为 5：1：1 的条件下，选取剪切后的试样制备微结构试样和电导率试样，通过扫描电镜试验和电极试验的方法，开展微观结构试验，测试分析酸雨增湿红土和酸雨湿-干循环红土的微结构特性和电导率特性。

6.2　增湿红土的酸雨蚀变特性

6.2.1　抗剪强度的变化

6.2.1.1　pH 的影响

1. 不同增湿时间

图 6-1 给出了直剪 QQ 试验条件下，初始含水率 ω_0 为 26.9%，初始干密度 ρ_d 为 1.35g/cm³，酸雨中硝酸根浓度 a_x 为 1mol/L，垂直压力 σ 相同、增湿时间 t_z 不同时，酸雨增湿红土的抗剪强度 τ_f 随酸雨 pH 的变化情况。图中，pH=0 时对应的数值代表酸雨增湿前素红土的抗剪强度。

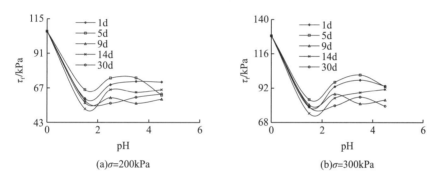

(a)σ=200kPa　　　　　　　　(b)σ=300kPa

图 6-1　直剪 QQ 试验下酸雨增湿红土的抗剪强度随 pH 的变化

图 6-1 表明，相同垂直压力、不同增湿时间下，相比于增湿前，酸雨浸泡增湿后，红土的抗剪强度显著减小；pH 达到 1.5 时，存在极小值，随着酸雨 pH 的增大，酸雨增湿红土的抗剪强度呈波动增大的变化趋势。其变化程度见表 6-3。

表 6-3　直剪 QQ 试验下酸雨增湿红土的抗剪强度随 pH 的变化程度（$\tau_{f\text{-}pH}$/%）

| pH | 垂直压力（σ）/kPa | 增湿时间（t_z）/d | | | | | $\tau_{f\text{-}jt\text{-}pH}$/% |
		1	5	9	14	30	
0→1.5	200	-43.9	-38.1	-46.6	-50.6	-45.2	-46.1
	300	-38.8	-34.6	-37.4	-42.1	-38.5	-38.9
1.5→4.5	200	19.3	-5.9	4.3	25.5	7.9	10.6
	300	18.8	10.9	4.1	22.6	0.5	7.5

注：$\tau_{f\text{-}pH}$、$\tau_{f\text{-}jt\text{-}pH}$ 分别代表直剪 QQ 试验条件下，酸雨增湿红土的抗剪强度以及时间加权值随 pH 的变化程度。

由表 6-3 可知，增湿时间为 1～30d，垂直压力为 200kPa、300kPa，相比于酸雨增湿前的素红土，当酸雨的 pH 为 1.5 时，酸雨增湿红土的抗剪强度减小了 34.6%～50.6%，经过时间加权，抗剪强度平均减小了 46.1%、38.9%。酸雨增湿后，当 pH 由 1.5→4.5 时，酸雨增湿红土的抗剪强度以增大为主，变化程度为-5.9%~25.5%，经过时间加权，抗剪强度平均增大了 10.6%、7.5%。说明由于酸雨的浸泡作用，损伤了红土的微结构，降低了红土抵抗剪切破坏的能力，引起红土的抗剪强度减小。而酸雨的 pH 越小，对红土微结构的损伤作用越强，抗剪强度越小；酸雨 pH 增大，损伤作用减弱，抗剪强度有所恢复，但仍然小于浸泡前素红土的抗剪强度。

2. 不同硝酸根浓度

图 6-2 给出了直剪 QQ 试验条件下，垂直压力 σ 为 200kPa，增湿时间 t_z 相同、酸雨中硝酸根浓度 a_x 不同时，酸雨增湿红土的抗剪强度 τ_f 随酸雨 pH 的变化情况。图中，pH=0 时对应的数值代表酸雨浸泡前素红土的抗剪强度。

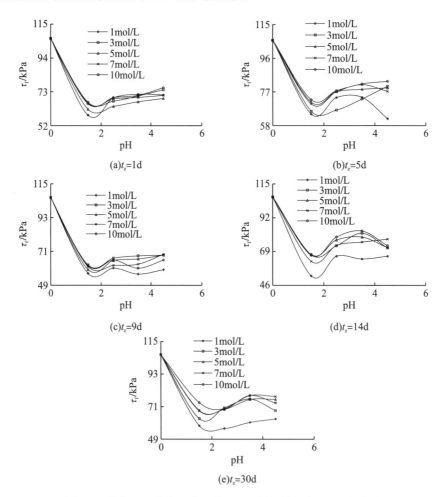

图 6-2 直剪 QQ 试验下酸雨增湿红土的抗剪强度随 pH 的变化

图 6-2 表明，增湿时间一定时，不同硝酸根浓度下，相比于增湿前的素红土(以 pH 为 0 表示)，各个 pH 的酸雨浸泡后，红土的抗剪强度明显减小，约在 pH 为 1.5 时存在极小值，之后随 pH 的增加，酸雨增湿红土的抗剪强度呈波动增大的变化趋势。

1）酸雨增湿前后抗剪强度的变化

表 6-4 给出了直剪 QQ 试验条件下，浸泡增湿前后，酸雨 pH 为 1.5 时，相比于素红土（以 pH=0 表示），酸雨增湿红土的抗剪强度 τ_f 的变化情况。

表 6-4　直剪 QQ 试验下酸雨增湿前后红土的抗剪强度随 pH 的变化程度（$\tau_{f\text{-}pH}$/%）

| pH | 增湿时间 (t_z)/d | 硝酸根浓度 (a_x)/(mol/L) | | | | | $\tau_{f\text{-}jax\text{-}pH}$/% |
		1	3	5	7	10	
0→1.5	1	−44.8	−37.4	−41.4	−37.8	−38.2	−38.9
	5	−39.3	−37.8	−33.0	−33.9	−31.6	−33.5
	9	−46.6	−41.4	−44.3	−42.5	−41.9	−42.6
	14	−50.6	−37.1	−36.9	−41.3	−37.5	−38.9
	30	−45.2	−40.7	−35.5	−35.8	−30.5	−34.6
	$\tau_{f\text{-}jt\text{-}pH}$/%	−46.2	−39.7	−37.1	−38.0	−34.1	−36.8

注：$\tau_{f\text{-}pH}$、$\tau_{f\text{-}jax\text{-}pH}$、$\tau_{f\text{-}jt\text{-}pH}$ 分别代表直剪 QQ 试验条件下，酸雨增湿红土的抗剪强度以及硝酸根浓度加权值和时间加权值随 pH 的变化程度。

由表 6-4 可知，增湿时间为 1~30d，硝酸根浓度为 1~10mol/L，相比于增湿前的素红土（pH=0），当酸雨 pH 为 1.5 时，酸雨增湿红土的抗剪强度减小了 30.5%~50.6%，经过硝酸根浓度加权，抗剪强度平均减小了 34.6%~42.6%，经过时间加权，抗剪强度平均减小了 34.1%~46.2%。综合硝酸根浓度加权、时间加权后，总体上，pH 由 0→1.5 时的抗剪强度平均减小了 36.8%。说明不同 pH 的酸雨溶液浸泡，显著减小了红土的抗剪强度。

2）酸雨增湿后抗剪强度的变化

表 6-5 给出了直剪 QQ 试验条件下，浸泡增湿后，酸雨增湿红土的抗剪强度 τ_f 随 pH 的变化情况。

表 6-5　直剪 QQ 试验下酸雨增湿红土的抗剪强度随 pH 的变化程度（$\tau_{f\text{-}pH}$/%）

| pH | 增湿时间 (t_z)/d | 硝酸根浓度 (a_x)/(mol/L) | | | | | $\tau_{f\text{-}jax\text{-}pH}$/% |
		1	3	5	7	10	
1.5→4.5	1	21.3	11.7	10.8	7.1	15.2	12.0
	5	−4.0	21.5	11.4	10.1	14.5	12.8
	9	4.3	10.3	15.9	13.3	6.0	10.3
	14	25.5	6.9	6.9	24.2	9.8	13.4
	30	7.9	8.6	10.9	14.2	−0.3	7.1
	$\tau_{f\text{-}jt\text{-}pH}$/%	10.7	9.6	10.8	16.0	4.6	9.6

注：$\tau_{f\text{-}pH}$、$\tau_{f\text{-}jax\text{-}pH}$、$\tau_{f\text{-}jt\text{-}pH}$ 分别代表直剪 QQ 试验条件下，酸雨增湿红土的抗剪强度以及硝酸根浓度加权值和时间加权值随 pH 的变化程度。

由表 6-5 可知，增湿时间为 1~30d，硝酸根浓度为 1~10mol/L，当 pH 由 1.5→4.5 时，酸雨增湿红土的抗剪强度以增大为主，变化程度为-4.0%~25.5%，经过硝酸根浓度加权，抗剪强度平均增大了 7.1%~13.4%,经过时间加权，抗剪强度平均增大了 4.6%~16.0%。综合硝酸根浓度加权、时间加权后，总体上，酸雨增湿红土的抗剪强度平均增大了 9.6%。说明酸雨浸泡条件下，提高酸雨的 pH，降低酸性，有利于减弱酸雨对红土结构的损伤，相应的抗剪强度有所恢复，但仍低于浸泡前素红土的抗剪强度。

6.2.1.2　增湿时间的影响

1. 相同垂直压力-不同 pH

图 6-3 给出了直剪 QQ 试验条件下，酸雨中硝酸根浓度 a_x 为 1mol/L，垂直压力 σ 相同、pH 不同时，酸雨增湿红土的抗剪强度 τ_f 随增湿时间 t_z 的变化情况。图中，$t_z=0d$ 时对应的数值代表酸雨浸泡前素红土的抗剪强度。

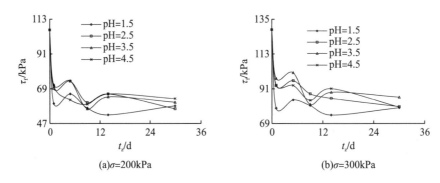

(a)$\sigma=200kPa$　　　　　　(b)$\sigma=300kPa$

图 6-3　直剪 QQ 试验下酸雨增湿红土的抗剪强度随增湿时间的变化

图 6-3 表明，相同垂直压力、不同酸雨 pH 下，相比于增湿前，酸雨增湿后，红土的抗剪强度降低；随增湿时间的增长，酸雨增湿红土的抗剪强度呈波动减小的变化趋势，约在增湿 5d、14d 时存在极大值，增湿 9d 时存在极小值。其变化程度见表 6-6。

表 6-6　直剪 QQ 试验下酸雨增湿红土的抗剪强度随增湿时间的变化程度（$\tau_{f\text{-}t}$/%）

| 增湿时间 (t_z)/d | 垂直压力 (σ)/kPa | pH | | | | $\tau_{f\text{-}jpH\text{-}t}$/% |
		1.5	2.5	3.5	4.5	
0→1	200	-43.9	-34.8	-32.7	-33.1	-34.7
	300	-38.8	-27.6	-24.0	-27.3	-27.8
1→30	200	-2.4	-18.7	-15.5	-11.7	-13.1
	300	0.4	-14.8	-12.2	-15.1	-12.3

注：$\tau_{f\text{-}t}$、$\tau_{f\text{-}jpH\text{-}t}$ 分别代表直剪 QQ 试验条件下，酸雨增湿红土的抗剪强度以及 pH 加权值随增湿时间的变化程度。

由表 6-6 可知，酸雨 pH 为 1.5~4.5，垂直压力为 200kPa、300kPa，当增湿时间由 0d→1d 时，酸雨增湿红土的抗剪强度减小了 24.0%~43.9%，经过 pH 加权，抗剪强度平均减小了

34.7%、27.8%；当增湿时间由 1d→30d 时，抗剪强度以减小为主，变化程度为-18.7%～0.4%，经过 pH 加权后，总体上，酸雨增湿红土抗剪强度平均减小了 13.1%、12.3%。说明红土在不同 pH 的酸雨溶液中浸泡，增湿时间越长，对红土结构的侵蚀作用越强，红土的结构稳定性越低，相应的抗剪强度越小。

2. 相同硝酸根浓度-不同 pH

图 6-4 给出了直剪 QQ 试验条件下，垂直压力 σ 为 200kPa，酸雨中硝酸根浓度 a_x 相同、pH 不同时，酸雨增湿红土的抗剪强度 τ_f 随增湿时间 t_z 的变化情况。图中，t_z=0d 时对应的数值代表酸雨浸泡前素红土的抗剪强度。

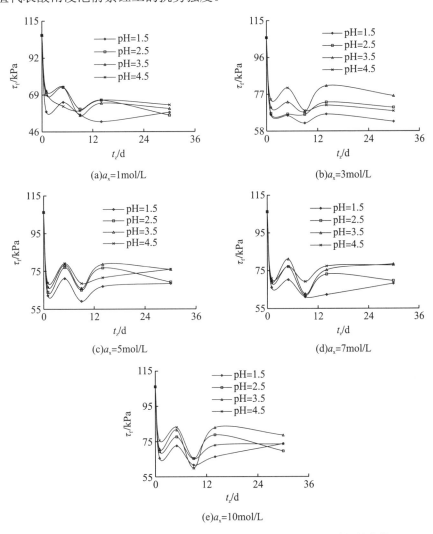

图 6-4　直剪 QQ 试验下酸雨增湿红土的抗剪强度随增湿时间的变化

图 6-4 表明，相同硝酸根浓度、不同酸雨 pH 下，相比于增湿前（t_z=0d），酸雨增湿后，红土的抗剪强度降低；随增湿时间的延长，酸雨增湿红土的抗剪强度呈波动减小的变化趋势，除个别情况外，约在增湿 5d、14d 时存在极大值，增湿 9d 时存在极小值。

1)酸雨增湿前后抗剪强度的变化

表 6-7 给出了直剪 QQ 试验条件下，酸雨增湿前后，增湿时间 t_z 达到 1d 时，相比于素红土(t_z=0d)，酸雨增湿红土的抗剪强度 τ_f 的变化程度。

表 6-7　直剪 QQ 试验下酸雨增湿前后红土的抗剪强度随增湿时间的变化程度($\tau_{f\text{-}t}$/%)

| 增湿时间 (t_z)/d | 硝酸根浓度 (a_x)/(mol/L) | pH | | | | $\tau_{f\text{-}jpH\text{-}t}$/% |
		1.5	2.5	3.5	4.5	
0→1	1	-44.8	-34.8	-32.7	-33.1	-34.8
	3	-37.4	-36.7	-33.7	-30.0	-33.4
	5	-41.4	-39.7	-37.1	-35.1	-37.4
	7	-37.8	-35.3	-34.6	-33.3	-34.7
	10	-38.2	-34.7	-33.3	-28.8	-32.5
	$\tau_{f\text{-}jax\text{-}t}$/%	-38.9	-36.1	-34.4	-31.5	-34.2

注：$\tau_{f\text{-}t}$、$\tau_{f\text{-}jpH\text{-}t}$、$\tau_{f\text{-}jax\text{-}t}$ 分别代表直剪 QQ 试验条件下，酸雨增湿前后，红土的抗剪强度以及 pH 加权值和硝酸根浓度加权值随增湿时间的变化程度。

由表 6-7 可知，硝酸根浓度为 1~10mol/L，酸雨 pH 为 1.5~4.5，当增湿时间由 0d→1d 时，酸雨增湿红土的抗剪强度减小了 28.8%~44.8%，经过 pH 加权，抗剪强度平均减小了 32.5%~37.4%，经过硝酸根浓度加权，抗剪强度平均减小了 31.5%~38.9%。综合 pH 加权、硝酸根浓度加权后，总体上，增湿 1d 时，酸雨增湿红土的抗剪强度比素红土的抗剪强度平均减小了 34.2%。说明酸雨溶液的浸泡，损伤了红土的微结构，降低了红土抵抗剪切破坏的能力，引起红土的抗剪强度减小。

2)酸雨增湿后抗剪强度的变化

表 6-8 给出了直剪 QQ 试验条件下，浸泡增湿后，酸雨增湿红土的抗剪强度 τ_f 随增湿时间 t_z 的变化情况。

表 6-8　直剪 QQ 试验下酸雨增湿红土的抗剪强度随增湿时间的变化程度($\tau_{f\text{-}t}$/%)

| 增湿时间 (t_z)/d | 硝酸根浓度 (a_x)/(mol/L) | pH | | | | $\tau_{f\text{-}jpH\text{-}t}$/% |
		1.5	2.5	3.5	4.5	
1→30	1	-0.7	-18.7	-15.5	-11.7	-12.9
	3	-5.3	4.5	8.2	-7.9	-0.3
	5	10.1	8.1	13.6	10.3	10.8
	7	3.2	1.3	12.9	10.0	8.2
	10	12.5	0.3	11.0	-2.6	3.9
	$\tau_{f\text{-}jax\text{-}t}$/%	7.0	1.8	10.7	2.3	5.2

注：$\tau_{f\text{-}t}$、$\tau_{f\text{-}jpH\text{-}t}$、$\tau_{f\text{-}jax\text{-}t}$ 分别代表直剪 QQ 试验条件下，酸雨增湿红土的抗剪强度以及 pH 加权值和硝酸根浓度加权值随增湿时间的变化程度。

由表 6-8 可知，酸雨 pH 为 1.5~4.5，当增湿时间由 1d→30d 时，硝酸根浓度为 1mol/L、3mol/L 时，酸雨增湿红土的抗剪强度以减小为主，变化程度为-18.7%~8.2%，经过 pH 加权，抗剪强度平均减小了 12.9%、0.3%；硝酸根浓度为 5～10mol/L 时，抗剪强度以增大为主，变化程度为-2.6%～13.6%，经过 pH 加权，抗剪强度平均增大了 3.9%～10.8%。综合 pH 加权、硝酸根浓度加权后，总体上，随增湿时间的延长，酸雨增湿红土的抗剪强度平均增大了 5.2%。说明红土在硝酸根浓度较低(1mol/L)的酸雨中浸泡时间越长，抵抗剪切破坏的能力越弱，相应地抗剪强度越小；而在硝酸根浓度较高(3～10mol/L)的酸雨中浸泡时间越长，抵抗剪切破坏的能力越强，相应的抗剪强度也越大。

6.2.1.3　硝酸根浓度的影响

图 6-5 给出了直剪 QQ 试验条件下，垂直压力 σ 为 200kPa，增湿时间 t_z 相同、pH 不同时，酸雨增湿红土的抗剪强度 τ_f 随酸雨中硝酸根浓度 a_x 的变化情况。图中，$a_x=0mol/L$ 时对应的数值代表酸雨浸泡前素红土的抗剪强度。

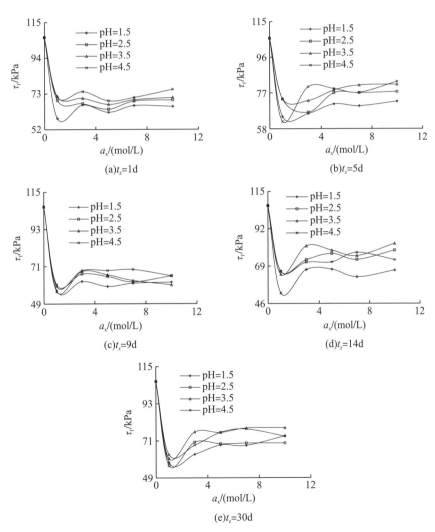

图 6-5　直剪 QQ 试验下酸雨增湿红土的抗剪强度随硝酸根浓度的变化

图 6-5 表明，相同增湿时间、不同酸雨 pH 下，相比于浸泡前的素红土(以硝酸根浓度为 0mol/L 表示)，浸泡后，酸雨增湿红土的抗剪强度降低，约在硝酸根浓度为 1mol/L 时存在极小值，之后，随硝酸根浓度的增大，酸雨增湿红土的抗剪强度呈波动增大的变化趋势。

1)酸雨增湿前后抗剪强度的变化

表 6-9 给出了直剪 QQ 试验条件下，酸雨增湿前后，硝酸根浓度 a_x 为 1mol/L 时，相比素红土，酸雨增湿红土的抗剪强度 τ_f 的变化程度。

表 6-9　直剪 QQ 试验下酸雨增湿前后红土的抗剪强度随硝酸根浓度的变化程度($\tau_{f\text{-}ax}$/%)

硝酸根浓度 (a_x)/(mol/L)	增湿时间 (t_z)/d	pH				$\tau_{f\text{-jpH-}ax}$/%
		1.5	2.5	3.5	4.5	
0→1	1	-44.8	-34.8	-32.7	-33.1	-34.8
	5	-39.3	-30.5	-30.4	-41.7	-35.8
	9	-46.6	-43.3	-47.0	-44.3	-45.2
	14	-50.6	-38.1	-39.8	-38.1	-40.2
	30	-45.2	-47.0	-43.1	-40.9	-43.4
	$\tau_{f\text{-jt-}ax}$/%	-46.2	-42.7	-41.7	-40.7	-42.1

注：$\tau_{f\text{-}ax}$、$\tau_{f\text{-jpH-}ax}$、$\tau_{f\text{-jt-}ax}$ 分别代表直剪 QQ 试验条件下，酸雨增湿前后，红土的抗剪强度以及 pH 加权值和时间加权值随硝酸根浓度的变化程度。

由表 6-9 可知，酸雨 pH 为 1.5～4.5，增湿时间为 1～30d，相比于增湿前的素红土(a_x=0mol/L)，当酸雨中的硝酸根浓度为 1mol/L 时，酸雨增湿红土的抗剪强度减小了 30.4%～50.6%，经过 pH 加权，抗剪强度平均减小了 34.8%～45.2%，经过时间加权，抗剪强度平均减小了 40.7%～46.2%。综合 pH 加权、时间加权后，总体上，硝酸根浓度由 0mol/L→1mol/L 时，酸雨增湿红土的抗剪强度比素红土的抗剪强度平均减小了 42.1%。说明酸雨溶液的浸泡，削弱了红土抵抗剪切破坏的能力，引起红土的抗剪强度减小。

2)酸雨增湿后抗剪强度的变化

表 6-10 给出了直剪 QQ 试验条件下，浸泡增湿后，酸雨增湿红土的抗剪强度 τ_f 随硝酸根浓度 a_x 的变化情况。

表 6-10　直剪 QQ 试验下酸雨增湿红土的抗剪强度随硝酸根浓度的变化程度($\tau_{f\text{-}ax}$/%)

硝酸根浓度 (a_x)/(mol/L^1)	增湿时间 (t_z)/d	pH				$\tau_{f\text{-jpH-}ax}$/%
		1.5	2.5	3.5	4.5	
1→10	1	12.0	0.3	-1.0	6.4	3.7
	5	12.6	5.3	10.3	34.3	18.5
	9	8.8	8.7	6.8	10.5	8.8
	14	26.7	19.8	29.7	10.8	20.2
	30	26.9	23.6	30.0	17.3	23.5
	$\tau_{f\text{-jt-}ax}$/%	22.6	18.5	24.2	16.0	19.7

注：$\tau_{f\text{-}ax}$、$\tau_{f\text{-jpH-}ax}$、$\tau_{f\text{-jt-}ax}$ 分别代表直剪 QQ 试验条件下，酸雨增湿红土的抗剪强度以及 pH 加权值和时间加权值随硝酸根浓度的变化程度。

由表 6-10 可知，酸雨 pH 为 1.5～4.5，增湿时间为 1～30d，当硝酸根浓度由 1mol/L→10mol/L 时，酸雨增湿红土的抗剪强度以增大为主，变化程度为-1.0%～34.3%，经过 pH 加权，抗剪强度平均增大了 3.7%～23.5%，经过时间加权，抗剪强度平均增大了 16.0%～24.2%。综合 pH 加权、时间加权后，总体上，随硝酸根浓度的增大，酸雨增湿红土的抗剪强度平均增大了 19.7%。说明浸泡作用下，提高酸雨溶液中的硝酸根浓度，有利于增强酸雨增湿红土抵抗剪切破坏的能力。

6.2.2　抗剪强度指标的变化

6.2.2.1　pH 的影响

1. 黏聚力的变化

图 6-6 给出了直剪 QQ 试验条件下，酸雨中硝酸根浓度 a_x 为 1mol/L，垂直压力 σ 为 100～400kPa，增湿时间 t_z 不同时，酸雨增湿红土的黏聚力 c 随酸雨 pH 的变化情况。图中，pH=0 时对应的数值表示酸雨浸泡前素红土的黏聚力。

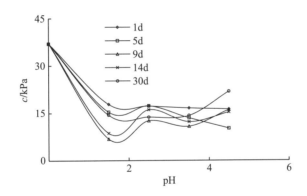

图 6-6　直剪 QQ 试验下酸雨增湿红土的黏聚力随 pH 的变化

图 6-6 表明，各个增湿时间下，相比于酸雨浸泡前的素红土，不同 pH 的酸雨浸泡后，总体上，酸雨增湿红土的黏聚力波动减小，约在 pH 为 1.5 时存在极小值；随 pH 的增大，黏聚力呈波动增大的变化趋势。其变化程度见表 6-11。

表 6-11　直剪 QQ 试验下酸雨增湿红土的黏聚力随 pH 的变化程度（c_{pH}/%）

| pH | 增湿时间 (t_z)/d | | | | | $c_{jt\text{-}pH}$/% |
	1	5	9	14	30	
0→1.5	−51.9	−58.5	−81.6	−76.7	−61.2	−67.5
0→4.5	−57.4	−72.7	−56.6	−58.7	−41.1	−50.6
1.5→4.5	−8.9	−34.1	135.8	77.4	52.0	62.5

注：c_{pH}、$c_{jt\text{-}pH}$ 分别代表直剪 QQ 试验条件下，增湿时间不同时，酸雨增湿红土的黏聚力以及时间加权值随 pH 的变化程度。

由表 6-11 可知，增湿时间为 1～30d，相比于增湿前的素红土，当酸雨的 pH 为 1.5 时，酸雨增湿红土的黏聚力减小了 51.9%～81.6%，经过时间加权，黏聚力平均减小了 67.5%；当 pH 达到 4.5 时，黏聚力减小了 41.1%～72.7%，经过时间加权，黏聚力平均减小了 50.6%。当 pH 由 1.5→4.5 时，黏聚力变化程度为-34.1%～135.8%，经过时间加权，黏聚力平均增大了 62.5%。说明红土在不同 pH 的酸雨溶液中浸泡，损伤了颗粒之间的连接能力，引起黏聚力的减小；而提高酸雨溶液的 pH，有利于增强红土颗粒之间的连接能力，相应的黏聚力增大。

2. 内摩擦角的变化

图 6-7 给出了直剪 QQ 试验条件下，酸雨中硝酸根浓度 a_x 为 1mol/L，垂直压力 σ 为 100～400kPa，增湿时间 t_z 不同时，酸雨增湿红土的内摩擦角 φ 随酸雨 pH 的变化情况。图中，pH=0 时对应的数值表示酸雨浸泡前素红土的内摩擦角。

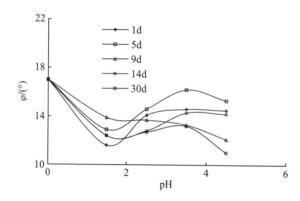

图 6-7　直剪 QQ 试验下酸雨增湿红土的内摩擦角随 pH 的变化

图 6-7 表明，各个增湿时间下，相比酸雨浸泡前的素红土，不同 pH 的酸雨浸泡后，总体上，酸雨增湿红土的内摩擦角波动减小，约在 pH 为 1.5 时存在极小值；随 pH 的增大，内摩擦角呈波动减小的变化趋势。其变化程度见表 6-12。

表 6-12　直剪 QQ 试验下酸雨增湿红土的内摩擦角随 pH 的变化程度（φ_{pH}/%）

| pH | 增湿时间（t_z）/d | | | | | $\varphi_{t\text{-}pH}$/% |
	1	5	9	14	30	
0→1.5	-31.8	-24.1	-18.2	-27.1	-27.1	-25.6
0→4.5	-14.7	-10.0	-28.8	-16.5	-35.3	-27.4
1.5→4.5	25.0	18.6	-12.9	14.5	-11.3	-2.3

注：φ_{pH}、$\varphi_{t\text{-}pH}$ 分别代表直剪 QQ 试验条件下，增湿时间不同时，酸雨增湿红土的内摩擦角以及时间加权值随 pH 的变化程度。

由表 6-12 可知，增湿时间为 1～30d，相比于增湿前的素红土，当酸雨的 pH 为 1.5 时，酸雨增湿红土的内摩擦角减小了 18.2%～31.8%，经过时间加权，内摩擦角平均减小了 25.6%；当 pH 达到 4.5 时，内摩擦角减小了 10.0%～35.3%，经过时间加权，内摩擦角平均减小了 27.4%。而当 pH 由 1.5→4.5 时，内摩擦角变化程度为-12.9%～25.0%，经过时间加权，内摩擦角平均减小了 2.3%。说明红土在不同 pH 的酸雨溶液中浸泡，削弱了颗粒之间的摩擦能力，引起内摩擦角的减小。

6.2.2.2　增湿时间的影响

1. 黏聚力的变化

图 6-8 给出了直剪 QQ 试验条件下，酸雨中硝酸根浓度 a_x 为 1mol/L，垂直压力 σ 为 100～400kPa，pH 不同时，酸雨增湿红土的黏聚力 c 随增湿时间 t_z 的变化情况。图中，t_z=0d 时对应的数值表示酸雨浸泡前素红土的黏聚力。

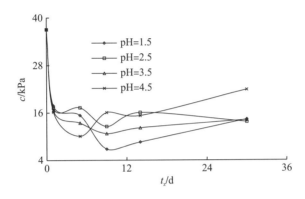

图 6-8　直剪 QQ 试验下酸雨增湿红土的黏聚力随增湿时间的变化

图 6-8 表明，不同 pH 下，相比于酸雨浸泡前的素红土，浸泡后，酸雨增湿红土的黏聚力波动减小；随增湿时间的延长，酸雨增湿红土的黏聚力呈波动增减的变化趋势。其变化程度见表 6-13。

表 6-13　直剪 QQ 试验下酸雨增湿红土的黏聚力随增湿时间的变化程度（c_t/%）

增湿时间 (t_z)/d	pH				c_{jpH-t}/%
	1.5	2.5	3.5	4.5	
0→1	-51.9	-53.5	-55.2	-56.2	-54.8
0→30	-61.2	-63.0	-61.6	-41.1	-54.1
1→30	-19.4	-20.4	-14.3	34.5	2.1

注：c_t、c_{jpH-t} 分别代表直剪 QQ 试验条件下，pH 不同时，酸雨增湿红土的黏聚力以及 pH 加权值随增湿时间的变化程度。

由表 6-13 可知，pH 为 1.5～4.5，相比于酸雨增湿前，增湿 1d 时，酸雨增湿红土的黏聚力减小了 51.9%～56.2%，经过 pH 加权，黏聚力平均减小了 54.8%；增湿 30d 时，黏聚力减小了 41.1%～63.0%，经过 pH 加权，黏聚力平均减小了 54.1%。当增湿时间由 1d→30d 时，黏聚力变化程度为-20.4%～34.5%；经过 pH 加权后，黏聚力平均增大了 2.1%。说明酸雨溶液的浸泡，损伤了红土颗粒之间的连接能力，引起黏聚力的减小。而随着浸泡时间的延长，较低 pH（1.5～3.5）下，引起黏聚力减小；较高 pH（4.5）下，引起黏聚力增大。

2. 内摩擦角的变化

图 6-9 给出了直剪 QQ 试验条件下，酸雨中硝酸根浓度 a_x 为 1mol/L，垂直压力 σ 为 100～400kPa，pH 不同时，酸雨增湿红土的内摩擦角 φ 随增湿时间 t_z 的变化情况。图中，t_z=0d 时对应的数值表示酸雨浸泡前素红土的内摩擦角。

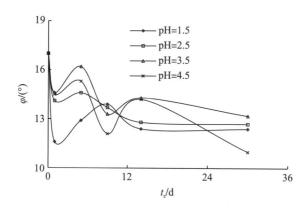

图 6-9　直剪 QQ 试验下酸雨增湿红土的内摩擦角随增湿时间的变化

图 6-9 表明，不同 pH 下，相比于酸雨浸泡前的素红土，浸泡后，酸雨增湿红土的内摩擦角波动减小；随增湿时间的延长，酸雨增湿红土的内摩擦角呈波动减小的变化趋势。其变化程度见表 6-14。

表 6-14　直剪 QQ 试验下酸雨增湿红土的内摩擦角随增湿时间的变化程度（φ_t/%）

增湿时间 (t_z)/d	pH				φ_{pH-t}/%
	1.5	2.5	3.5	4.5	
0→1	−31.8	−17.1	−14.1	−14.7	−17.2
0→30	−27.1	−25.3	−22.4	−35.3	−28.4
1→30	6.9	−9.9	−9.6	−24.1	−13.0

注：φ_t、φ_{pH-t} 分别代表直剪 QQ 试验条件下，pH 不同时，酸雨增湿红土的内摩擦角以及 pH 加权值随增湿时间的变化程度。

由表 6-14 可知，pH 为 1.5～4.5，相比于增湿前，增湿 1d 时，酸雨增湿红土的内摩擦角减小了 14.1%～31.8%，经过 pH 加权，内摩擦角平均减小了 17.2%；增湿 30d 时，内摩擦角减小了 22.4%～35.3%，经过 pH 加权，内摩擦角平均减小了 28.4。当增湿时间由 1d→30d 时，内摩擦角变化程度为-24.1%～6.9%；经过 pH 加权后，内摩擦角平均减小了 13.0%。说明酸雨溶液的浸泡，损伤了红土颗粒之间的摩擦能力，引起内摩擦角的减小；而随着浸泡时间的延长，进一步降低了颗粒之间的摩擦能力，相应的内摩擦角减小。

6.2.3　微结构的变化

6.2.3.1　pH 的影响

图 6-10 给出了直剪 QQ 试验结束后，初始含水率 ω_0 为 26.9%，初始干密度 ρ_d 为 1.35g/cm³，酸雨中硝酸根浓度 a_x 为 1mol/L，垂直压力 σ 为 200kPa，放大倍数为 2000X，增湿时间 t_z 相同时，酸雨增湿红土的微结构图像随 pH 的变化情况。

(a)t_z=1d,pH=1.5　　　　　　(b)t_z=1d,pH=2.5　　　　　　(c)t_z=5d,pH=1.5

(d)t_z=5d,pH=2.5　　　　　　(e)t_z=9d,pH=1.5　　　　　　(f)t_z=9d,pH=2.5

图 6-10　直剪 QQ 试验下酸雨增湿红土的微结构图像随 pH 的变化

图 6-10 表明，剪切后，相同增湿时间下，pH 为 1.5 时酸雨增湿红土的微结构比 pH 为 2.5 时的微结构更松散、孔隙更多更长、整体性更差。其微结构图像的孔隙比 e 随 pH 的变化情况见图 6-11。

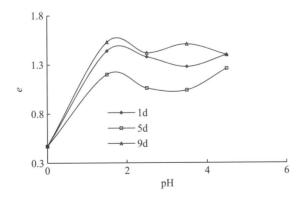

图 6-11　直剪 QQ 试验下酸雨增湿红土的微结构图像的孔隙比随 pH 的变化

图 6-11 表明，各个增湿时间下，相比于增湿前的素红土(以 pH 为 0 表示)，酸雨增湿后，各个 pH 下红土的微结构图像的孔隙比明显增大；随 pH 的增大，酸雨增湿红土的微结构图像的孔隙比呈波动增减的变化趋势。其变化程度见表 6-15。

表 6-15　直剪 QQ 试验下酸雨增湿红土的微结构图像的孔隙比随 pH 的变化程度(e_{pH}/%)

pH	增湿时间(t_z)/d			$e_{jt\text{-}pH}$/%
	1	5	9	
0→1.5	206.4	155.3	225.5	188.8
0→4.5	197.8	175.6	197.9	190.5
1.5→4.5	-2.8	5.0	-8.5	-3.6

注：e_{pH}、$e_{jt\text{-}pH}$ 分别代表直剪 QQ 试验条件下，增湿时间不同时，酸雨增湿红土的微结构图像的孔隙比以及时间加权值随 pH 的变化程度。

由表 6-15 可知，增湿时间为 1～9d，相比于增湿前的素红土，当酸雨的 pH 为 1.5 时，酸雨增湿红土的微结构图像的孔隙比显著增大了 155.3%～225.5%，经过时间加权，孔隙比平均增大了 188.8%；当 pH 由 1.5→4.5 时，微结构图像的孔隙比变化程度为-8.5%～5.0%，经过时间加权，孔隙比平均减小了 3.6%。说明酸雨浸泡损伤了红土的微结构，引起酸雨增湿红土的孔隙比增大；而酸雨 pH 的增大，对红土微结构的损伤减弱，相应的微结构图像的孔隙比减小。

6.2.3.2　增湿时间的影响

图 6-12、图 6-13 分别给出了直剪 QQ 试验结束后，初始含水率ω_0为 26.9%，初始干密度ρ_d为 1.35g/cm³，酸雨中硝酸根浓度a_x为 1mol/L，垂直压力σ为 200kPa，放大倍数为 2000X，pH 相同时，酸雨增湿红土的微结构图像随增湿时间t_z的变化情况。

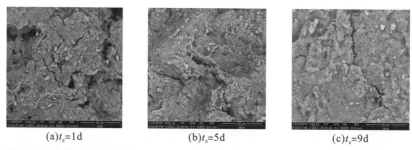

(a)t_z=1d　　　　　　(b)t_z=5d　　　　　　(c)t_z=9d

图 6-12　直剪 QQ 试验下酸雨增湿红土的微结构图像随增湿时间的变化(pH=1.5)

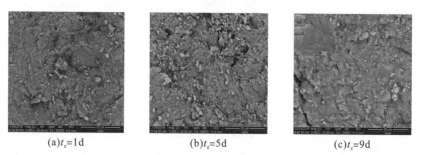

(a)t_z=1d　　　　　　(b)t_z=5d　　　　　　(c)t_z=9d

图 6-13　直剪 QQ 试验下酸雨增湿红土的微结构图像随增湿时间的变化(pH=2.5)

　　图 6-12、图 6-13 表明，剪切后，相同 pH 下，浸泡 1d、9d 时，酸雨增湿红土的微结构较松散、孔隙较多；而浸泡 5d 时的微结构较密实、孔隙较少。表明随增湿时间的延长，酸雨增湿红土的微结构呈松散-紧密-松散的波动变化特征。其微结构图像的孔隙比 e 随增湿时间 t_z 的变化情况见图 6-14。

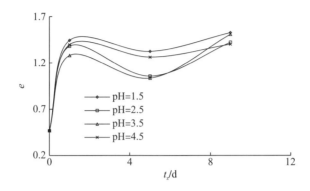

图 6-14　直剪 QQ 试验下酸雨增湿红土的微结构图像的孔隙比随增湿时间的变化

　　图 6-14 表明，各个 pH 下，相比于增湿前的素红土(t_z=0d)，酸雨增湿后，红土的微结构图像的孔隙比明显增大；随增湿时间的延长，酸雨增湿红土的微结构图像的孔隙比呈波动增大的变化趋势。其变化程度见表 6-16。

表 6-16　直剪 QQ 试验下酸雨增湿红土的微结构图像的孔隙比随增湿时间的变化程度(e_t/%)

增湿时间 (t_z)/d	pH				e_{jpH-t}/%
	1.5	2.5	3.5	4.5	
0→1	208.6	195.2	173.8	198.7	191.9
0→30	226.3	204.0	222.5	199.7	210.6
1→30	5.7	3.0	17.8	0.3	6.6

　　注：e_t、e_{jpH-t} 分别代表直剪 QQ 试验条件下，pH 不同时，酸雨增湿红土的微结构图像的孔隙比以及 pH 加权值随增湿时间的变化程度。

　　由表 6-16 可知，pH 为 1.5～4.5，相比于增湿前，增湿 1d 时，酸雨增湿红土的微结构图像的孔隙比显著增大了 173.8%～208.6%，经过 pH 加权，孔隙比平均增大了 191.9%；增湿 30d 时，微结构图像的孔隙比显著增大了 199.7%～226.3%，经过 pH 加权，孔隙比平均增大了 210.6%。而当增湿时间由 1d→30d 时，微结构图像的孔隙比略微增大了 0.3%～17.8%，经过 pH 加权，孔隙比平均增大了 6.6%。说明酸雨浸泡作用，损伤了红土体的微结构，引起孔隙比的增大。浸泡初期(0d→1d)对红土微结构的损伤较大，体现出孔隙比的显著增大；而随着浸泡增湿时间的延长(1d→30d)，对红土微结构的损伤程度减弱，引起孔隙比的略微增大。

6.2.4 电导率的变化

6.2.4.1 pH 的影响

图 6-15 给出了直剪 QQ 试验结束后，初始含水率 ω_0 为 26.9%，初始干密度 ρ_d 为 1.35g/cm³，酸雨中硝酸根浓度 a_x 为 1mol/L，垂直压力 σ 为 200kPa，放大倍数为 2000X，增湿时间 t_z 不同时，酸雨增湿红土的电导率 E_d 随酸雨 pH 的变化情况。

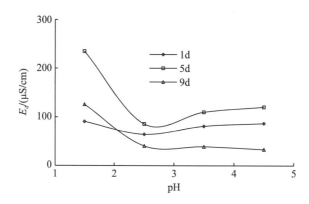

图 6-15　直剪 QQ 试验下酸雨增湿红土的电导率随 pH 的变化

图 6-15 表明，剪切后，各个增湿时间下，随酸雨 pH 的增大，总体上，酸雨增湿红土的电导率呈快速减小-缓慢增大的变化趋势，约在 pH 为 2.5 时存在极小值。其变化程度见表 6-17。

表 6-17　直剪 QQ 试验下酸雨增湿红土的电导率随 pH 的变化程度（$E_{d\text{-pH}}$/%）

pH	增湿时间 (t_z) /d			$E_{d\text{-jt-pH}}$/%
	1	5	9	
1.5→4.5	-4.2	-48.8	-73.7	-60.8
1.5→2.5	-29.1	-63.6	-68.0	-63.9
2.5→4.5	35.2	40.7	-17.9	5.2

注：$E_{d\text{-pH}}$、$E_{d\text{-jt-pH}}$ 分别代表直剪 QQ 试验条件下，酸雨增湿红土的电导率以及时间加权值随 pH 的变化程度。

可见，增湿时间为 1~9d，当 pH 由 1.5→4.5 时，酸雨增湿红土的电导率减小了 4.2%~73.7%，经过时间加权，电导率平均减小了 60.8%。其中，当 pH 由 1.5→2.5 时，电导率快速减小了 29.1%~68.0%，经过时间加权，电导率平均减小了 63.9；当 pH 由 2.5→4.5 时，电导率以增大为主，变化程度为-17.9%~40.7%，经过时间加权，电导率平均增大了 5.2%。说明酸雨浸泡条件下，pH 越小，酸性越强，对红土微结构的损伤越大，相应的电导率越大。

6.2.4.2　增湿时间的影响

图 6-16 给出了直剪 QQ 试验结束后，初始含水率 ω_0 为 26.9%，初始干密度 ρ_d 为 1.35g/cm^3，酸雨中硝酸根浓度 a_x 为 1mol/L，垂直压力 σ 为 200kPa，放大倍数为 2000X，pH 不同时，酸雨增湿红土的电导率 E_d 随增湿时间 t_z 的变化情况。

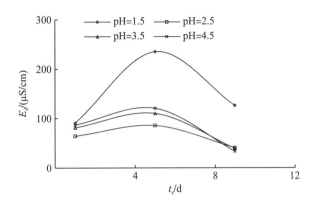

图 6-16　直剪 QQ 试验下酸雨增湿红土的电导率随增湿时间的变化

图 6-16 表明，剪切后，各个 pH 下，随增湿时间的延长，酸雨增湿红土的电导率呈凸形减小的变化趋势，约在增湿 5d 时存在极大值。其变化程度见表 6-18。

表 6-18　直剪 QQ 试验下酸雨增湿红土的电导率随增湿时间的变化程度（E_{d-t}/%）

增湿时间 (t_z)/d	pH				$E_{d-jpH-t}$/%
	1.5	2.5	3.5	4.5	
1→9	38.9	−37.2	−52.1	−61.9	−41.3
1→5	159.4	33.3	35.5	38.7	51.7
5→9	−46.5	−52.9	−64.6	−72.5	−62.9

注：E_{d-t}、$E_{d-jpH-t}$ 分别代表直剪 QQ 试验条件下，酸雨增湿红土的电导率以及 pH 加权值随增湿时间的变化程度。

由表 6-18 可知，pH 为 1.5～4.5，当增湿时间由 1d→9d 时，酸雨增湿红土的电导率以减小为主，变化程度为-61.9%～38.9%，经过 pH 加权，电导率平均减小了 41.3%。其中，当增湿时间由 1d→5d 时，酸雨增湿红土的电导率增大了 33.3%～159.4%，经过 pH 加权，电导率平均增大了 51.7%；当增湿时间由 5d→9d 时，电导率减小了 46.5%～72.5%，经过 pH 加权，电导率平均减小了 62.9%。说明酸雨浸泡红土，较短的增湿时间引起电导率增大，较长的增湿时间最终引起电导率减小。本试验条件下，增湿时间较短、较长的分界点为 5d。

6.3　湿-干循环红土的酸雨蚀变特性

6.3.1　抗剪强度的变化

6.3.1.1　pH 的影响

1. 相同垂直压力-不同湿-干循环次数

图 6-17 给出了直剪 QQ 试验条件下，初始含水率 ω_0 为 26.9%，初始干密度 ρ_d 为 1.35g/cm^3，酸雨中硝酸根浓度 a_x 为 1mol/L，垂直压力 σ 相同、循环次数 N_{sg} 不同时，酸雨湿-干循环红土的抗剪强度 τ_f 随 pH 的变化情况。图中，pH=0 时对应的数值代表酸雨湿-干循环前素红土的抗剪强度。

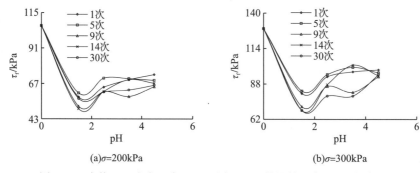

(a)σ=200kPa　　　　　　　　　(b)σ=300kPa

图 6-17　直剪 QQ 试验下酸雨湿-干循环红土的抗剪强度随 pH 的变化

图 6-17 表明，相同垂直压力、不同循环次数下，相比酸雨湿-干循环前的素红土，湿-干循环后，红土的抗剪强度明显降低，约在 pH 为 1.5 时存在极小值，之后，随 pH 的增大，酸雨湿-干循环红土的抗剪强度呈波动增大的变化趋势。其变化程度见表 6-19。

表 6-19　直剪 QQ 试验下酸雨湿-干循环红土的抗剪强度随 pH 的变化程度（$\tau_{f\text{-}pH}$/%）

| pH | 垂直压力（σ）/kPa | 湿-干循环次数（N_{sg}）/次 | | | | | $\tau_{f\text{-}jN\text{-}pH}$/% |
		1	5	9	14	30	
0→1.5	200	-45.6	-43.0	-51.5	-53.1	-46.5	-48.5
	300	-37.1	-35.5	-44.5	-46.7	-46.7	-45.3
1.5→4.5	200	26.5	14.3	26.0	34.8	15.9	22.0
	300	21.6	16.1	30.9	37.3	38.4	34.8

注：$\tau_{f\text{-}pH}$、$\tau_{f\text{-}jN\text{-}pH}$ 分别代表直剪 QQ 试验条件下，酸雨湿-干循环红土的抗剪强度以及循环次数加权值随 pH 的变化程度。

由表 6-19 可知，循环次数为 1～30 次，垂直压力为 200kPa、300kPa，当 pH 由 0→1.5 时，酸雨湿-干循环红土的抗剪强度减小了 35.5%～53.1%，经过循环次数加权，抗剪强度平均减小了 48.5%、45.3%；当 pH 由 1.5→4.5 时，抗剪强度增大了 14.3%~38.4%，经过循环次数加权，抗剪强度平均增大了 22.0%、34.8%。说明反复的酸雨湿-干循环作用，pH 较小时 (0→1.5) 损伤了红土体的微结构，引起酸雨湿-干循环红土的抗剪强度的减小；而增大酸雨的 pH(1.5→4.5)，有利于提高酸雨湿-干循环红土的抗剪强度。

2. 相同循环次数-不同硝酸根浓度

图 6-18 给出了直剪 QQ 试验条件下，初始含水率 ω_0 为 26.9%，初始干密度 ρ_d 为 1.35g/cm^3，垂直压力 σ 为 200kPa，循环次数 N_{sg} 相同、硝酸根浓度 a_x 不同时，酸雨湿-干循环红土的抗剪强度 τ_f 随酸雨 pH 的变化情况。图中，pH=0 时对应的数值代表酸雨湿-干循环前素红土的抗剪强度。

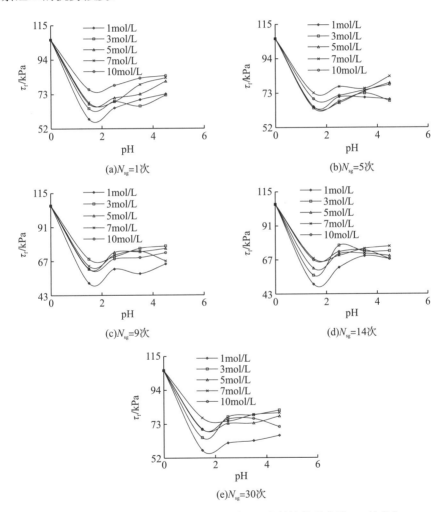

图 6-18　直剪 QQ 试验下酸雨湿-干循环红土的抗剪强度随 pH 的变化

图 6-18 表明，相同循环次数、不同硝酸根浓度下，相比于酸雨湿-干循环前的素红土，湿-干循环后，红土的抗剪强度明显降低，约在 pH 为 1.5 时存在极小值，之后，随 pH 的增大，酸雨湿-干循环红土的抗剪强度呈波动增大的变化趋势。

1）酸雨湿-干循环前后抗剪强度的变化

表 6-20 给出了直剪 QQ 试验条件下，循环前后，酸雨的 pH 为 1.5 时，相比于素红土（以 pH=0 表示），酸雨湿-干循环红土的抗剪强度 τ_f 的变化程度。

表 6-20　直剪 QQ 试验下酸雨湿-干循环前后红土的抗剪强度随 pH 的变化程度（$\tau_{f\text{-}pH}$/%）

pH	湿-干循环次数 (N_{sg})/次	硝酸根浓度（a_x）/(mol/L)					$\tau_{f\text{-}jax\text{-}pH}$/%
		1	3	5	7	10	
0→1.5	1	−45.6	−39.5	−36.7	−36.0	−28.5	−34.0
	5	−39.0	−39.9	−39.1	−31.2	−34.6	−35.3
	9	−51.5	−35.5	−42.1	−40.1	−42.0	−41.1
	14	−53.1	−47.2	−42.5	−36.0	−36.9	−39.5
	30	−46.5	−39.2	−34.2	−27.7	−34.4	−33.6
	$\tau_{f\text{-}jN\text{-}pH}$/%	−48.2	−40.6	−37.8	−32.0	−36.1	−36.3

注：$\tau_{f\text{-}pH}$、$\tau_{f\text{-}jax\text{-}pH}$、$\tau_{f\text{-}jN\text{-}pH}$ 分别代表直剪 QQ 试验条件下，酸雨湿-干循环前后，红土的抗剪强度以及硝酸根浓度加权值和循环次数加权值随 pH 的变化程度。

由表 6-20 可知，循环次数为 1～30 次，硝酸根浓度为 1～10mol/L，相比循环前（pH=0），当 pH 为 1.5 时，酸雨湿-干循环红土的抗剪强度减小了 27.7%～53.1%，经过硝酸根浓度加权，抗剪强度平均减小了 33.6%～41.1%，经过循环次数加权，抗剪强度平均减小了 32.0%～48.2%。综合硝酸根浓度加权、循环次数加权后，总体上，循环前后，pH 由 0→1.5 时，酸雨湿-干循环红土的抗剪强度比素红土的抗剪强度平均减小了 36.3%。说明酸雨湿-干循环作用，减小了红土的抗剪强度。

2）酸雨湿-干循环后抗剪强度的变化

表 6-21 给出了直剪 QQ 试验条件下，循环后，酸雨湿-干红土的抗剪强度 τ_f 随 pH 的变化程度。

表 6-21　直剪 QQ 试验下酸雨湿-干循环红土的抗剪强度随 pH 的变化程度（$\tau_{f\text{-}pH}$/%）

pH	湿-干循环次数 (N_{sg})/次	硝酸根浓度（a_x）/(mol/L)					$\tau_{f\text{-}jax\text{-}pH}$/%
		1	3	5	7	10	
1.5→4.5	1	26.5	12.6	20.2	21.9	10.9	16.4
	5	6.9	6.9	22.4	13.8	12.4	13.9
	9	26.0	13.3	23.3	5.3	18.2	15.4
	14	35.6	30.3	14.2	12.6	0.9	11.3
	30	15.9	26.0	11.3	3.9	2.2	7.7
	$\tau_{f\text{-}jN\text{-}pH}$/%	21.5	23.2	14.9	7.3	5.3	10.4

注：$\tau_{f\text{-}pH}$、$\tau_{f\text{-}jax\text{-}pH}$、$\tau_{f\text{-}jN\text{-}pH}$ 分别代表直剪 QQ 试验条件下，酸雨湿-干循环红土的抗剪强度以及硝酸根浓度加权值和循环次数加权值随 pH 的变化程度。

由表 6-21 可知，循环次数为 1～30 次，硝酸根浓度为 1～10mol/L，当 pH 由 1.5→4.5 时，酸雨湿-干循环红土的抗剪强度增大了 0.9%～35.6%，经过硝酸根浓度加权，抗剪强度平均增大了 7.7%～16.4%，经过循环次数加权，抗剪强度平均增大了 5.3%～23.2%。综合硝酸根浓度加权、循环次数加权后，总体上，循环后，随 pH 的增大，酸雨湿-干循环红土的抗剪强度平均增大了 10.4%。说明酸雨湿-干循环作用下，增大酸雨的 pH，有利于恢复红土的抗剪强度，但仍然小于循环前的相应值。

6.3.1.2　湿-干循环次数的影响

1. 相同垂直压力-不同 pH

图 6-19 给出了直剪 QQ 试验条件下，初始含水率 ω_0 为 26.9%，初始干密度 ρ_d 为 1.35g/cm³，垂直压力 σ 相同、pH 不同时，酸雨湿-干循环红土的抗剪强度 τ_f 随湿-干循环次数 N_{sg} 的变化情况。图中，$N_{sg}=0$ 次时对应的数值代表酸雨湿-干循环前素红土的抗剪强度。

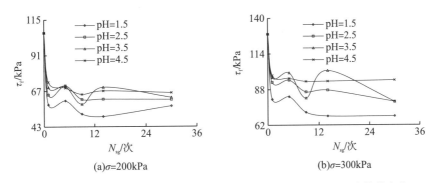

(a)σ=200kPa　　　　　　　　　(b)σ=300kPa

图 6-19　直剪 QQ 试验下酸雨湿-干循环红土的抗剪强度随循环次数的变化

图 6-19 表明，相同垂直压力、不同 pH 下，相比于酸雨湿-干循环前的素红土，湿-干循环后，红土的抗剪强度明显降低。随循环次数的增多，酸雨湿-干循环红土的抗剪强度呈波动减小的变化趋势。其变化程度见表 6-22。

表 6-22　直剪 QQ 试验下酸雨湿-干循环红土的抗剪强度随循环次数的变化程度（$\tau_{f\text{-}N}$/%）

湿-干循环次数 (N_{sg})/次	垂直压力 (σ)/kPa	pH				$\tau_{f\text{-}jpH\text{-}N}$/%
		1.5	2.5	3.5	4.5	
0→1	200	−45.6	−39.2	−34.4	−31.2	−35.6
	300	−37.1	−27.4	−24.6	−23.5	−26.3
1→30	200	−1.7	−5.2	−10.0	−9.9	−7.9
	300	−15.3	−15.3	−18.4	−3.6	−11.8

注：$\tau_{f\text{-}N}$、$\tau_{f\text{-}jpH\text{-}N}$ 分别代表直剪 QQ 试验条件下，酸雨湿-干循环红土的抗剪强度以及 pH 加权值随循环次数的变化程度。

由表 6-22 可知，pH 为 1.5～4.5，垂直压力为 200kPa、300kPa，当循环次数由 0 次→1 次时，酸雨湿-干循环红土的抗剪强度减小了 23.5%～45.6%，经过 pH 加权，抗剪强度平均减小了 35.6%、26.3%；当循环次数由 1 次→30 次时，抗剪强度减小了 1.7%～18.4%，经过 pH 加权，抗剪强度平均减小了 7.9%、11.8%。说明酸雨湿-干循环作用，降低了红土抵抗剪切破坏的能力，引起抗剪强度减小；湿-干循环初期(0 次→1 次)，抗剪强度显著减小；湿-干循环次数增多(1 次→30 次)，引起抗剪强度缓慢减小。

2.相同硝酸根浓度-不同 pH

图 6-20 给出了直剪 QQ 试验条件下，初始含水率ω_0 为 26.9%，初始干密度ρ_d 为 1.35g/cm^3，垂直压力σ 为 200kPa，酸雨中硝酸根浓度 a_x 相同、pH 不同时，酸雨湿-干循环红土的抗剪强度 τ_f 随循环次数 N_{sg} 的变化情况。图中，N_{sg}=0 次时对应的数值代表酸雨湿-干循环前素红土的抗剪强度。

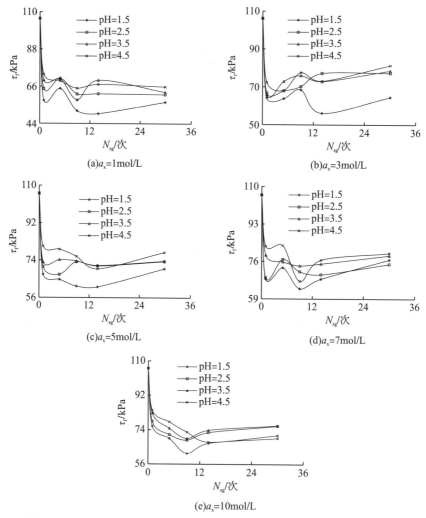

图 6-20　直剪 QQ 试验下酸雨湿-干循环红土的抗剪强度与循环次数的关系

图 6-20 表明，相同硝酸根浓度、不同 pH 下，相比酸雨湿-干循环前的素红土(N_{sg}=0 次)，湿-干循环后(N_{sg} 为 1~30 次)，红土的抗剪强度明显降低。随循环次数的增多，酸雨湿-干循环红土的抗剪强度呈波动增减的变化趋势。

1)酸雨湿-干循环前后抗剪强度的变化

表 6-23 给出了直剪 QQ 试验条件下，相比于循环前的素红土(N_{sg}=0 次)，循环后，循环次数 N_{sg} 为 1 次时，酸雨湿-干循环红土的抗剪强度 τ_f 的变化程度。

表 6-23　直剪 QQ 试验下酸雨湿-干循环前后红土的抗剪强度随循环次数的变化程度（$\tau_{\text{f-N}}$/%）

湿-干循环次数 (N_{sg})/次	硝酸根浓度 (a_{x})/(mol/L)	pH				$\tau_{\text{f-jpH-N}}$/%
		1.5	2.5	3.5	4.5	
0→1	1	-45.6	-39.2	-34.4	-31.2	-35.6
	3	-39.5	-37.1	-38.0	-31.8	-35.7
	5	-36.7	-33.3	-31.2	-23.9	-29.6
	7	-36.0	-35.4	-25.8	-21.9	-27.6
	10	-28.5	-26.2	-22.1	-20.7	-23.2
	$\tau_{\text{f-jax-N}}$/%	-34.0	-31.8	-27.2	-23.3	-27.5

注：$\tau_{\text{f-N}}$、$\tau_{\text{f-jpH-N}}$、$\tau_{\text{f-jax-N}}$ 分别代表直剪 QQ 试验条件下，酸雨湿-干循环前后，红土的抗剪强度以及 pH 加权值和硝酸根浓度加权值随循环次数的变化程度。

由表 6-23 可知，pH 为 1.5～4.5，硝酸根浓度为 1～10mol/L，相比于循环前，循环 1 次时，酸雨湿-干循环红土的抗剪强度减小了 20.7%～45.6%，经过 pH 加权，抗剪强度平均减小了 23.2%～35.7%，经过硝酸根浓度加权，抗剪强度平均减小了 23.3%～34.0%。综合 pH 加权、硝酸根浓度加权后，总体上，循环次数由 0 次→1 次时，酸雨湿-干循环红土的抗剪强度比素红土的抗剪强度平均减小了 27.5%。说明酸雨湿-干循环作用，降低了红土的抗剪强度。

2）酸雨湿-干循环后抗剪强度的变化

表 6-24 给出了直剪 QQ 试验条件下，循环后，酸雨湿-干循环红土的抗剪强度 τ_{f} 随循环次数 N_{sg} 的变化。

表 6-24　直剪 QQ 试验下酸雨湿-干循环红土的抗剪强度随循环次数的变化程度（$\tau_{\text{f-N}}$/%）

湿-干循环次数 (N_{sg})/次	硝酸根浓度 (a_{x})/(mol/L)	pH				$\tau_{\text{f-jpH-N}}$/%
		1.5	2.5	3.5	4.5	
1→30	1	-1.7	-5.2	-10.0	-9.9	-7.9
	3	0.5	15.9	19.5	12.4	13.7
	5	4.0	3.9	0.7	-3.7	0.1
	7	12.9	9.0	-0.1	-3.7	2.1
	10	-8.2	-2.9	-7.7	-15.4	-9.7
	$\tau_{\text{f-jax-N}}$/%	1.1	3.7	-1.0	-6.6	-1.9

注：$\tau_{\text{f-N}}$、$\tau_{\text{f-jpH-N}}$、$\tau_{\text{f-jax-N}}$ 分别代表直剪 QQ 试验条件下，酸雨湿-干循环红土的抗剪强度以及 pH 加权值和硝酸根浓度加权值随循环次数的变化程度。

由表 6-24 可知，pH 为 1.5～4.5，硝酸根浓度为 1～10mol/L，当循环次数由 1 次→30 次，硝酸根浓度为 1mol/L、10mol/L 时，酸雨湿-干循环红土的抗剪强度减小了 1.7%～15.4%，经过 pH 加权，抗剪强度平均减小了 7.9%、9.7%；硝酸根浓度为 3mol/L、5mol/L、7mol/L 时，抗剪强度以增大为主，变化程度为-3.7%～19.5%，经过 pH 加权，抗剪强度平均增大了 13.7%、0.1%、2.1%。综合 pH 加权、硝酸根浓度加权后，总体上，随循环次数的增多，酸雨湿-干循环红土的抗剪强度平均减小了 1.9%。说明反复的酸雨湿-干循环作用下，硝酸根浓度偏低（1mol/L）或偏高（10mol/L），都会引起红土的抗剪强度减小；只有硝酸根浓度适中时，红土的抗剪强度才稍有恢复,本试验条件下,这一适中的硝酸根浓度为3～7mol/L。

6.3.1.3　硝酸根浓度的影响

图 6-21 给出了直剪 QQ 试验条件下，初始含水率 ω_0 为 26.9%，初始干密度 ρ_d 为 1.35g/cm^3，垂直压力 σ 为 200kPa，循环次数 N_{sg} 相同、pH 不同时，酸雨湿-干循环红土的抗剪强度 τ_f 随酸雨中硝酸根浓度 a_x 的变化情况。图中，a_x=0mol/L 时对应的数值代表酸雨湿-干循环前素红土的抗剪强度。

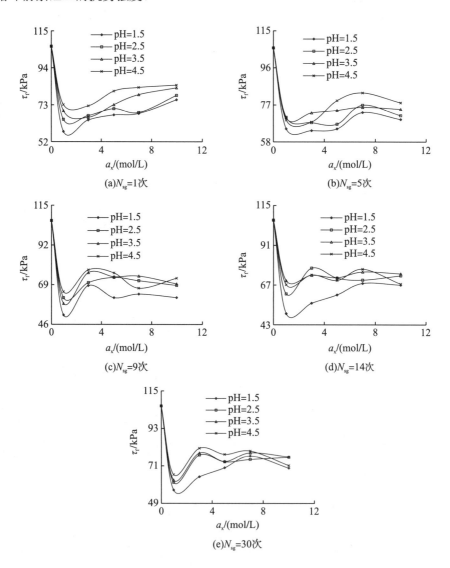

图 6-21　直剪 QQ 试验下酸雨湿-干循环红土的抗剪强度与硝酸根浓度的关系

图 6-21 表明，相同湿-干循环次数、不同 pH 下，相比于湿-干循环前的素红土（以硝酸根浓度为 0mol/L 表示），酸雨湿-干循环后，红土的抗剪强度明显降低，约在硝酸根浓度为 1mol/L 时存在极小值，之后，随硝酸根浓度的增大，酸雨湿-干循环红土的抗剪强度呈波动增大的变化趋势。

1. 酸雨湿-干循环前后抗剪强度的变化

表 6-25 给出了直剪 QQ 试验条件下，相比于循环前的素红土（以 $a_x=0$mol/L 表示），循环后，酸雨中硝酸根浓度 a_x 为 1mol/L 时，酸雨湿-干循环红土的抗剪强度 τ_f 的变化程度。

表 6-25　直剪 QQ 试验下酸雨湿-干循环前后红土的抗剪强度随硝酸根浓度的变化程度（$\tau_{f\text{-}ax}$/%）

| 硝酸根浓度 (a_x)/(mol/L) | 湿-干循环次数 (N_{sg})/次 | pH | | | | $\tau_{f\text{-}jpH\text{-}ax}$/% |
		1.5	2.5	3.5	4.5	
0→1	1	-45.6	-39.2	-34.4	-31.2	-35.6
	5	-39.0	-33.5	-33.7	-34.8	-34.7
	9	-51.5	-42.1	-45.2	-38.9	-43.0
	14	-53.1	-42.0	-34.4	-36.7	-39.2
	30	-46.5	-42.3	-41.0	-38.0	-40.8
	$\tau_{f\text{-}jN\text{-}ax}$/%	-48.2	-41.4	-39.3	-37.8	-40.2

注：$\tau_{f\text{-}ax}$、$\tau_{f\text{-}jpH\text{-}ax}$、$\tau_{f\text{-}jN\text{-}ax}$ 分别代表直剪 QQ 试验条件下，循环前后，酸雨湿-干红土的抗剪强度以及 pH 加权值和循环次数加权值随硝酸根浓度的变化程度。

由表 6-25 可知，pH 为 1.5～4.5，循环次数为 1～30 次，当硝酸根浓度由 0mol/L→1mol/L 时，酸雨湿-干循环红土的抗剪强度减小了 31.2%～53.1%，经过 pH 加权，抗剪强度平均减小了 34.7%～43.0%，经过循环次数加权，抗剪强度平均减小了 37.8%～48.2%。综合 pH 加权、硝酸根浓度加权后，总体上，相比循环前，循环后，酸雨湿-干循环红土的抗剪强度比素红土的抗剪强度平均减小了 40.2%。说明酸雨湿-干循环作用，削弱了红土抵抗剪切破坏的能力，降低了红土的抗剪强度。

2. 酸雨湿-干循环后抗剪强度的变化

表 6-26 给出了直剪 QQ 试验条件下，循环后，酸雨湿-干循环红土的抗剪强度 τ_f 随硝酸根浓度 a_x 的变化情况。

表 6-26　直剪 QQ 试验下酸雨湿-干循环红土的抗剪强度随硝酸根浓度的变化程度（$\tau_{f\text{-}ax}$/%）

| 硝酸根浓度 (a_x)/(mol/L) | 湿-干循环次数 (N_{sg})/次 | pH | | | | $\tau_{f\text{-}jpH\text{-}ax}$/% |
		1.5	2.5	3.5	4.5	
1→10	1	31.4	21.3	18.8	15.2	19.5
	5	7.4	1.2	6.3	12.8	7.8
	9	19.6	11.6	19.5	12.2	15.1
	14	34.4	17.8	6.0	0.6	10.0
	30	22.7	24.2	21.8	8.1	17.3
	$\tau_{f\text{-}jN\text{-}ax}$/%	23.9	18.8	16.3	7.5	14.5

注：$\tau_{f\text{-}ax}$、$\tau_{f\text{-}jpH\text{-}ax}$、$\tau_{f\text{-}jN\text{-}ax}$ 分别代表直剪 QQ 试验条件下，酸雨湿-干循环红土的抗剪强度以及 pH 加权值和循环次数加权值随硝酸根浓度的变化程度。

由表 6-26 可知, pH 为 1.5~4.5, 循环次数为 1~30 次, 当硝酸根浓度由 1mol/L→10mol/L 时, 酸雨湿-干循环红土的抗剪强度增大了 0.6%~34.4%, 经过 pH 加权, 抗剪强度平均增大了 7.8%~19.5%, 经过循环次数加权, 抗剪强度平均增大了 7.5%~23.9%。综合 pH 加权、硝酸根浓度加权后, 总体上, 酸雨湿-干循环红土的抗剪强度平均增大了 14.5%。说明酸雨湿-干循环作用下, 酸雨中硝酸根浓度的增大, 增强了红土抵抗剪切破坏的能力, 提高了酸雨湿-干循环红土的抗剪强度。

6.3.2 抗剪强度指标的变化

6.3.2.1 pH 的影响

1. 黏聚力的变化

图 6-22 给出了直剪 QQ 试验条件下, 初始含水率 ω_0 为 26.9%, 初始干密度 ρ_d 为 1.35g/cm^3, 酸雨中硝酸根浓度 a_x 为 1mol/L 时, 垂直压力 σ 为 100~400kPa, 循环次数 N_{sg} 不同时, 酸雨湿-干循环红土的黏聚力 c 随 pH 的变化情况。图中, pH=0 时对应的数值代表酸雨湿-干循环前素红土的黏聚力。

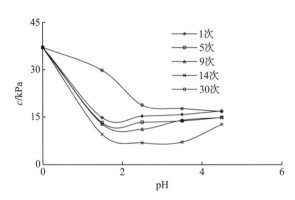

图 6-22 直剪 QQ 试验下酸雨湿-干循环红土的黏聚力随 pH 的变化

图 6-22 表明, 各个循环次数下, 相比于循环前的素红土(以 pH 为 0 表示), 酸雨湿-干循环后, 红土的黏聚力降低, 约在 pH 为 1.5 时存在极小值, 之后, 随 pH 的增大, 酸雨湿-干循环红土的黏聚力呈波动增减的变化趋势。其变化程度见表 6-27。

表 6-27 直剪 QQ 试验下酸雨湿-干循环红土的黏聚力随 pH 的变化程度(c_{pH}/%)

pH	湿-干循环次数(N_{sg})/次					$c_{jN\text{-}pH}$/%
	1	5	9	14	30	
0→1.5	−60.0	−64.3	−65.4	−74.3	−19.6	−44.0
0→4.5	−54.3	−59.9	−59.8	−65.7	−54.7	−58.5
1.5→4.5	14.2	12.3	16.0	33.2	−43.7	−10.6

注: c_{pH}、$c_{jN\text{-}pH}$ 分别代表直剪 QQ 试验条件下, 循环次数不同时, 酸雨湿-干循环红土的黏聚力以及循环次数加权值随 pH 的变化程度。

由表 6-27 可知，循环次数为 1～30 次，相比于循环前的素红土(以 pH 为 0 表示)，当 pH 为 1.5 时，酸雨湿-干循环红土的黏聚力减小了 19.6%～74.3%，经过循环次数加权，黏聚力平均减小了 44.0%；当 pH 达到 4.5 时，黏聚力减小了 54.3%～65.7%，经过循环次数加权，黏聚力平均减小了 58.5%。而当 pH 由 1.5→4.5 时，循环 1～14 次时黏聚力增大了 12.3%～33.2%，循环 30 次时的黏聚力则减小了 43.7%；经过循环次数加权后，黏聚力平均减小了 10.6%。说明酸雨湿-干循环作用，损伤了红土颗粒之间的连接能力，引起黏聚力的减小。提高酸雨的 pH(1.5→4.5)，较少的循环次数下引起黏聚力的增大，较多的循环次数下最终引起黏聚力的减小。

2. 内摩擦角的变化

图 6-23 给出了直剪 QQ 试验条件下，初始含水率 ω_0 为 26.9%，初始干密度 ρ_d 为 1.35g/cm^3，酸雨中硝酸根浓度 a_x 为 1mol/L 时，垂直压力 σ 为 100～400kPa，循环次数 N_{sg} 不同时，酸雨湿-干循环红土的内摩擦角 φ 随 pH 的变化情况。图中，pH=0 时对应的数值代表酸雨湿-干循环前素红土的内摩擦角。

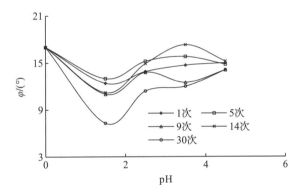

图 6-23　直剪 QQ 试验下酸雨湿-干循环红土的内摩擦角随 pH 的变化

图 6-23 表明，不同湿-干循环次数下，相比于循环前的素红土(以 pH 为 0 表示)，酸雨湿-干循环后，红土的内摩擦角减小，约在 pH 为 1.5 时存在极小值，之后，随 pH 的增大，酸雨湿-干循环红土的内摩擦角呈波动增大的变化趋势。其变化程度见表 6-28。

表 6-28　直剪 QQ 试验下酸雨湿-干循环红土的内摩擦角随 pH 的变化程度(φ_{pH}/%)

pH	湿-干循环次数(N_{sg})/次					$\varphi_{3N\text{-}pH}$/%
	1	5	9	14	30	
0→1.5	−27.1	−23.5	−35.3	−34.1	−57.1	−45.0
0→4.5	−11.8	−12.9	−17.1	−10.6	−17.0	−15.1
1.5→4.5	21.0	13.8	28.2	35.7	93.2	61.7

注：φ_{pH}、$\varphi_{N\text{-}pH}$ 分别代表直剪 QQ 试验条件下，循环次数不同时，酸雨湿-干循环红土的内摩擦角以及循环次数加权值随 pH 的变化程度。

由表 6-28 可知，循环次数为 1～30 次，相比于循环前的素红土，当 pH 为 1.5 时，酸雨湿-干循环红土的内摩擦角减小了 23.5%～57.1%，经过循环次数加权，内摩擦角平均减小了 45.0%；当 pH 达到 4.5 时，内摩擦角减小了 10.6%～17.1%，经过循环次数加权，内摩擦角平均减小了 15.1%。当 pH 由 1.5→4.5 时，内摩擦角增大了 13.8%～93.2%，经过循环次数加权，内摩擦角平均增大了 61.7%。说明酸雨湿-干循环作用，较小的 pH(0→1.5)，削弱了红土颗粒之间的摩擦能力，引起内摩擦角的减小；而提高酸雨的 pH(1.5→4.5)，有利于增强红土的颗粒间的摩擦能力，引起内摩擦角的增大。

6.3.2.2　湿-干循环次数的影响

1. 黏聚力的变化

图 6-24 给出了直剪 QQ 试验条件下，初始含水率 ω_0 为 26.9%，初始干密度 ρ_d 为 1.35g/cm³，酸雨中硝酸根浓度 a_x 为 1mol/L 时，垂直压力 σ 为 100～400kPa，pH 不同时，酸雨湿-干循环红土的黏聚力 c 随循环次数 N_{sg} 的变化情况。图中，$N_{sg}=0$ 次时对应的数值代表酸雨湿-干循环前素红土的黏聚力。

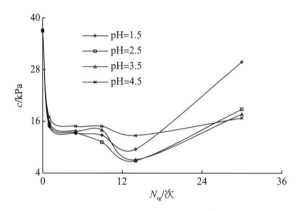

图 6-24　直剪 QQ 试验下酸雨湿-干循环红土的黏聚力随循环次数的变化

图 6-24 表明，各个 pH 下，与循环前的素红土($N_{sg}=0$ 次)相比，酸雨湿-干循环后，随循环次数的增加，酸雨湿-干循环红土的黏聚力呈快速减小-缓慢减小-快速增大的变化趋势，约在循环 14 次时存在极小值。其变化程度见表 6-29。

表 6-29　直剪 QQ 试验下酸雨湿-干循环红土的黏聚力随循环次数的变化程度(c_N/%)

湿-干循环次数 (N_{sg})/次	pH				c_{jpH-N}/%
	1.5	2.5	3.5	4.5	
0→1	-60.0	-58.7	-57.4	-54.3	-56.8
0→30	-19.6	-49.2	-52.3	-54.7	-48.5
1→30	100.9	23.0	11.9	-0.9	20.5
1→14	-35.7	-49.9	-55.0	-25.0	-40.3
14→30	212.3	173.4	148.7	32.0	118.0

注：c_N、c_{jpH-N} 分别代表直剪 QQ 试验条件下，pH 不同时，酸雨湿-干循环红土的黏聚力以及 pH 加权值随循环次数的变化程度。

　　由表 6-29 可知，pH 为 1.5～4.5，相比于循环前，循环 1 次时，酸雨湿-干循环红土的黏聚力减小了 54.3%～60.0%，经过 pH 加权，黏聚力平均减小了 56.8%；循环 30 次时，黏聚力减小了 19.6%～54.7%，经过 pH 加权，黏聚力平均减小了 48.5%。当循环次数由 1 次→30 次时，黏聚力以增大为主，变化程度为-0.9%～100.9%，经过 pH 加权，黏聚力平均增大了 20.5%。其中，当循环次数由 1 次→14 次时，黏聚力减小了 25.0%～55.0%，经过 pH 加权，黏聚力平均减小了 40.3%；当循环次数由 14 次→30 次时，黏聚力则显著增大了 32.0%～212.3%，经过 pH 加权，黏聚力平均增大了 118.0%。说明随循环过程的继续，循环前期引起黏聚力的减小，循环中后期引起黏聚力的增大。本试验条件下，循环前期与循环中后期分界的循环次数为 14 次。

　　2. 内摩擦角的变化

　　图 6-25 给出了直剪 QQ 试验条件下，初始含水率 ω_0 为 26.9%，初始干密度 ρ_d 为 1.35g/cm^3，酸雨中硝酸根浓度 a_x 为 1mol/L，垂直压力 σ 为 100～400kPa，pH 不同时，酸雨湿-干循环红土的内摩擦角 φ 随循环次数 N_{sg} 的变化情况。图中，N_{sg}=0 次时对应的数值代表酸雨湿-干循环前素红土的内摩擦角。

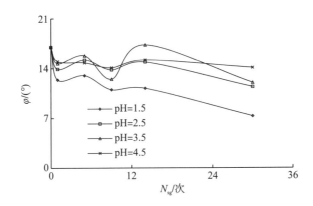

图 6-25　直剪 QQ 试验下酸雨湿-干循环红土的内摩擦角随循环次数的变化

　　图 6-25 表明，各个 pH 下，与循环前的素红土相比，酸雨湿-干循环后，随循环次数的增加，酸雨湿-干循环红土的内摩擦角呈波动减小的变化趋势。其变化程度见表 6-30。

表 6-30　直剪 QQ 试验下酸雨湿-干循环红土的内摩擦角随循环次数的变化程度（φ_N/%）

湿-干循环次数 (N_{sg})/次	pH				$\varphi_{pH\text{-}N}$/%
	1.5	2.5	3.5	4.5	
0→1	-27.1	-18.2	-13.5	-11.8	-15.5
0→30	-57.1	-32.9	-29.4	-17.1	-31.9
1→30	-41.1	-18.0	-18.4	-6.0	-16.5

　　注：φ_N、$\varphi_{pH\text{-}N}$ 分别代表直剪 QQ 试验条件下，pH 不同时，酸雨湿-干循环红土的内摩擦角以及 pH 加权值随循环次数的变化程度。

由表 6-30 可知，pH 为 1.5~4.5，相比于循环前，循环 1 次时，酸雨湿-干循环红土的内摩擦角减小了 11.8%~27.1%，经过 pH 加权，内摩擦角平均减小了 15.5%；循环 30 次时，内摩擦角减小了 17.1%~57.1%，经过 pH 加权，内摩擦角平均减小了 31.9%。当循环次数由 1 次→30 次时，内摩擦角则减小了 6.0%~41.1%，经过 pH 加权，内摩擦角平均减小了 16.5%。说明反复进行先增湿后脱湿的酸雨湿-干循环作用，减弱了红土颗粒的摩擦能力，引起内摩擦角的减小。

6.3.3　微结构的变化

6.3.3.1　pH 的影响

图 6-26 分别给出了直剪 QQ 试验结束后，初始含水率 ω_0 为 26.9%，初始干密度 ρ_d 为 1.35g/cm³，酸雨中硝酸根浓度 a_x 为 1mol/L，垂直压力 σ 为 200kPa，放大倍数为 2000X，循环次数 N_{sg} 相同时，酸雨湿-干循环红土的微结构图像随 pH 的变化情况。

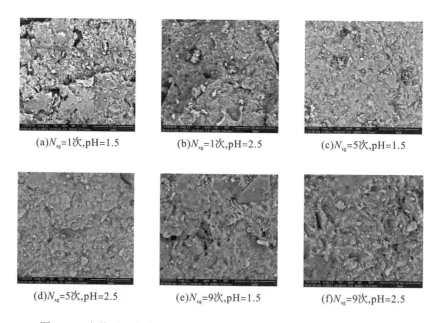

(a)N_{sg}=1次,pH=1.5   (b)N_{sg}=1次,pH=2.5   (c)N_{sg}=5次,pH=1.5

(d)N_{sg}=5次,pH=2.5   (e)N_{sg}=9次,pH=1.5   (f)N_{sg}=9次,pH=2.5

图 6-26　直剪 QQ 试验下酸雨湿-干循环红土的微结构图像随 pH 的变化

图 6-26 表明，剪切后，相同循环次数下，pH 为 1.5 时，酸雨湿-干循环红土的微结构的整体性较差、孔隙较多、密实程度较低；pH 为 2.5 时，微结构的整体性较好、密实程度较高。表现出随 pH 的增大，酸雨对红土微结构的损伤程度降低的特征。其微结构图像的孔隙比 e 随 pH 的变化情况见图 6-27。

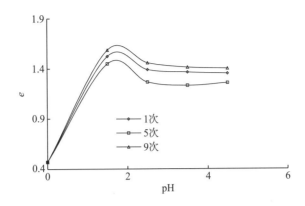

图 6-27　直剪 QQ 试验下酸雨湿-干循环红土的微结构图像的孔隙比随 pH 的变化

图 6-27 表明，相比于循环前的素红土(以 pH=0 表示)，循环后，各个循环次数下，酸雨湿-干循环红土的微结构图像的孔隙比呈显著增大的变化趋势；pH 达到 1.5 后，随 pH 的增大，酸雨湿-干循环红土的微结构图像的孔隙比呈波动减小的变化趋势。其变化程度见表 6-31。

表 6-31　直剪 QQ 试验下酸雨湿-干循环红土的微结构图像的孔隙比随 pH 的变化程度($e_{pH}/\%$)

pH	湿-干循环次数(N_{sg})/次			$e_{jN\text{-}pH}/\%$
	1	5	9	
0→1.5	224.2	208.5	237.5	226.9
1.5→4.5	−11.2	−13.2	−11.6	−12.1

注：e_{pH}、$e_{jN\text{-}pH}$ 分别代表直剪 QQ 试验条件下，循环次数不同时，酸雨湿-干循环红土的微结构图像的孔隙比以及循环次数加权值随 pH 的变化程度。

由表 6-31 可知，循环次数为 1～9 次，当 pH 由 0→1.5 时，酸雨湿-干循环红土的微结构图像的孔隙比增大了 208.5%～237.5%，经过循环次数加权，孔隙比平均增大了 226.9%；而 pH 由 1.5→4.5 时，微结构图像的孔隙比则减小了 11.2%～13.2%，经过循环次数加权，孔隙比平均减小了 12.1%。说明 pH 越小，酸性越强，对红土微结构的损伤程度越高，体现为孔隙比的增大；随 pH 的增大，酸性减弱，对红土微结构的损伤程度降低，体现为孔隙比的减小。

6.3.3.2　湿-干循环次数的影响

图 6-28、图 6-29 分别给出了直剪 QQ 试验结束后，初始含水率 ω_0 为 26.9%，初始干密度 ρ_d 为 1.35g/cm³，酸雨中硝酸根浓度 a_x 为 1mol/L，垂直压力 σ 为 200kPa，放大倍数为 2000X，pH 相同时，酸雨湿-干循环红土的微结构图像随循环次数 N_{sg} 的变化情况。

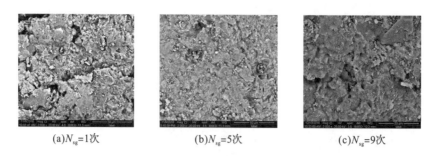

(a)N_{sg}=1次   (b)N_{sg}=5次   (c)N_{sg}=9次

图6-28   直剪QQ试验下酸雨湿-干循环红土的微结构图像随循环次数的变化(pH=1.5)

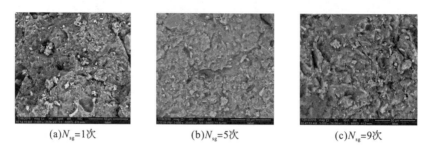

(a)N_{sg}=1次   (b)N_{sg}=5次   (c)N_{sg}=9次

图6-29   直剪QQ试验下酸雨湿-干循环红土的微结构图像随循环次数的变化(pH=2.5)

图6-28、图6-29表明，剪切后，相同pH下，循环1次、9次时，酸雨湿-干循环红土的微结构的整体性降低、粗糙性增加、密实程度降低；循环5次时，微结构的整体性较好、密实程度较高。体现出随循环次数的增多，微结构呈松散-密实-松散的波动变化特征。其微结构图像的孔隙比e随循环次数N_{sg}的变化情况见图6-30。

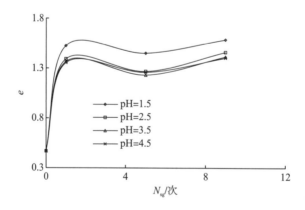

图6-30   直剪QQ试验下酸雨湿-干红土的微结构图像的孔隙比随循环次数的变化

图6-30表明，各个pH下，与循环前的素红土(N_{sg}=0次)相比，酸雨湿-干循环后，红土的微结构图像的孔隙比增大；随循环次数的增加，酸雨湿-干循环红土的微结构图像的孔隙比呈波动增大的变化趋势，约在循环5次时存在极小值。其变化程度见表6-32。

表 6-32　直剪 QQ 试验下酸雨湿-干循环红土的微结构图像的孔隙比随循环次数的变化程度(e_N/%)

湿-干循环次数 (N_{sg})/次	pH				$e_{jpH\text{-}N}$/%
	1.5	2.5	3.5	4.5	
0→1	225.7	197.3	191.8	189.2	196.2
0→9	239.0	212.0	202.3	199.8	208.0
1→9	4.1	4.9	3.6	3.7	4.0

注：e_N、$e_{jpH\text{-}N}$ 分别代表直剪 QQ 试验条件下，pH 不同时，酸雨湿-干循环红土的微结构图像的孔隙比以及 pH 加权值随循环次数的变化程度。

由表 6-32 可知，pH 为 1.5～4.5，相比于循环前的素红土(N_{sg}=0 次)，循环 1 次时，酸雨湿-干红土的微结构图像的孔隙比增大了 189.2%～225.7%，经过 pH 加权，孔隙比平均增大了 196.2%；循环达到 9 次时，微结构图像的孔隙比增大了 199.8%～239.0%，经过 pH 加权，孔隙比平均增大了 208.0%。而循环次数由 1 次→9 次时，微结构图像的孔隙比仅增大了 3.6%～4.9%，经过 pH 加权，孔隙比平均增大了 4.0%。说明酸雨湿-干循环作用损伤了红土的微结构，引起红土的孔隙比明显增大；而多次的酸雨湿-干循环作用(1 次→9 次)，对红土微结构的损伤程度减弱，仅引起孔隙比的缓慢增大。

6.3.4　电导率的变化

6.3.4.1　pH 的影响

图 6-31 给出了直剪 QQ 试验结束后，初始含水率 ω_0 为 26.9%，初始干密度 ρ_d 为 1.35g/cm^3，酸雨中硝酸根浓度 a_x 为 1mol/L，垂直压力 σ 为 200kPa，放大倍数为 2000X，循环次数 N_{sg} 不同时，酸雨湿-干循环红土的电导率 E_d 随 pH 的变化情况。

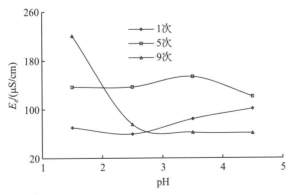

图 6-31　直剪 QQ 试验下酸雨湿-干循环红土的电导率随 pH 的变化

图 6-31 表明，随 pH 的增大，循环 1 次时，酸雨湿-干循环红土的电导率呈波动增大的变化趋势；循环 5 次时，电导率呈先增大后减小的变化趋势；循环 9 次时，电导率呈快速减小-缓慢减小的变化趋势。

表 6-33 直剪 QQ 试验下酸雨湿-干循环红土的电导率随 pH 的变化程度(E_{d-pH}/%)

| pH | 湿-干循环次数(N_{sg})/次 | | | $E_{d-jN-pH}$/% |
	1	5	9	
1.5→4.5	43.8	−11.5	−72.3	−44.3

注：E_{d-pH}、$E_{d-jN-pH}$ 分别代表直剪 QQ 试验条件下，循环次数不同时，酸雨湿-干循环红土的电导率以及循环次数加权值随 pH 的变化程度。

可见，当 pH 由 1.5→4.5，循环 1 次时，酸雨湿-干循环红土的电导率增大了 43.8%；循环 5 次、9 次时，电导率分别减小了 11.5%、72.3%。经过循环次数加权后，随 pH 的增大，酸雨湿-干循环红土的电导率平均减小了 44.3%。说明较高的酸雨 pH，较少次的湿-干循环作用，引起红土的电导率增大；而较低的酸雨 pH，较多次的湿-干循环作用，引起红土的电导率增大。

6.3.4.2 湿-干循环次数的影响

图 6-32 给出了直剪 QQ 试验结束后，初始含水率 ω_0 为 26.9%，初始干密度 ρ_d 为 1.35g/cm^3，酸雨中硝酸浓度 a_x 为 1mol/L，垂直压力 σ 为 200kPa，放大倍数为 2000X，pH 不同时，酸雨湿-干循环红土的电导率 E_d 随循环次数 N_{sg} 的变化情况。

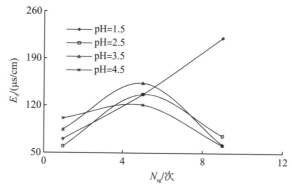

图 6-32 直剪 QQ 试验下酸雨湿-干循环红土的电导率随循环次数的变化

图 6-32 表明，剪切后，随循环次数的增加，pH 为 1.5 时，酸雨湿-干循环红土的电导率呈增大的变化趋势；pH 为 2.5～4.5，电导率呈先增大后减小的变化趋势，约在循环 5 次时存在极大值。其变化程度见表 6-34。

表 6-34 直剪 QQ 试验下酸雨湿-干循环红土的电导率随循环次数的变化程度(E_{d-N}/%)

| 湿-干循环次数 (N_{sg})/次 | pH | | | | $E_{d-jpH-N}$/% |
	1.5	2.5	3.5	4.5	
1→5	94.3	129.1	81.8	19.6	58.1
1→9	213.9	26.5	−26.3	−39.4	−19.3
5→9	61.5	−44.8	−59.4	−49.3	−51.6

注：E_{d-N}、$E_{d-jpH-N}$ 分别代表直剪 QQ 试验条件下，pH 不同时，酸雨湿-干循环红土的电导率以及 pH 加权值随循环次数的变化程度。

由表 6-34 可知，pH 为 1.5～4.5，相比于循环 1 次，循环 5 次时，酸雨湿-干循环红土的电导率增大了 19.6%～129.1%；循环 9 次时，电导率变化程度为−39.4%～213.9%；而循环次数由 5 次增加到 9 次时，pH 为 1.5 时电导率增大了 61.5%，pH 为 2.5～4.5 时电导率则减小了 44.8%～59.4%。就 pH 加权值来看，总体上，循环 1 次→5 次时的电导率平均增大了 58.1%，循环 1 次→9 次时的电导率平均减小了 19.3%，循环 5 次→9 次时的电导率平均减小了 51.6%。说明较低的酸雨 pH，较多次的湿-干循环作用，引起红土的电导率增大；而较高的酸雨 pH，较少次的湿-干循环作用，引起红土的电导率增大。

对比以上研究结果可知，酸雨增湿红土和酸雨湿-干循环红土的抗剪强度的变化不大。这是因为酸雨增湿红土只是在不同 pH 的酸雨溶液中浸泡不同时间，而酸雨湿-干循环红土是反复在不同 pH 的酸雨溶液中先浸泡 12h 再低温脱湿 12h。研究表明，浸泡增湿 3h，试样含水基本达到稳定；40℃脱湿 72h，试样含水还在发生变化。而本试验的湿-干循环过程中，试样始终捆扎着透水石和滤纸，浸泡 12h 后，试样含水已经达到稳定，但在 40℃的低温下脱湿时间较短，失水效果不明显，导致湿-干循环红土的试验结果与增湿红土的试验结果基本一致。所以，本试验的湿-干循环红土可以模拟土体内部经过长时间的雨水浸泡后再经过短时脱湿的问题。

参 考 文 献

边加敏. 2018. 弱膨胀土干湿循环直剪强度试验研究[J]. 长江科学院院报, 35(6): 81-85, 91.

曹豪荣, 李新明, 樊友杰, 等. 2012. 考虑干湿循环路径的石灰改性红黏土路用性能试验研究[J]. 岩土力学, 33(9): 2619-2624.

曹玲, 罗先启. 2007. 三峡库区千将坪滑坡滑带土干-湿循环条件下强度特性试验研究[J]. 岩土力学, 28(S1): 93-97.

陈开圣. 2016. 干湿循环作用下红黏土抗剪强度特性研究[J]. 公路, 61(2): 45-49.

陈开圣. 2017. 干湿循环下压实红黏土三轴试验[J]. 公路, 62(11): 215-220.

陈议城, 黄翔, 陈学军, 等. 2020. 干湿循环作用下红黏土无侧限抗压强度与电阻率关系研究[J]. 广西大学学报（自然科学版）, 45(6): 1267-1275.

陈永艾, 刘福春, 张会平. 2017. 膨胀土干湿循环试验研究[J]. 铁道工程学报, 34(8): 34-39.

程富阳, 黄英, 周志伟, 等. 2017. 干湿循环下饱和红土不排水三轴试验研究[J]. 工程地质学报, 25(4): 1017-1026.

程富阳. 2017. 干湿循环下红土的剪切特性及土-水特性研究[D]. 昆明: 昆明理工大学.

程佳明, 王银梅, 苗世超, 等. 2014. 固化黄土的干湿循环特性研究[J]. 工程地质学报, 22(2): 226-232.

崔可锐, 李国峰. 2013. 干湿循环对合肥马鞍山路膨胀土强度特性的影响[J]. 地质学刊, 37(4): 635-638.

邓欣, 黄英, 刘鹏. 2013. 云南红土浸泡条件下抗剪强度的损伤特性[J]. 岩土工程技术, 27(4): 196-200.

邓欣. 2013. 干湿循环条件下云南红土的强度变形特性研究[D]. 昆明: 昆明理工大学.

段涛. 2009. 干湿循环情况下黄土强度劣化特性研究[D]. 咸阳: 西北农林科技大学.

高玉琴, 王建华, 梁爱华. 2006. 干湿循环过程对水泥改良土强度衰减机理的研究[J]. 勘察科学技术, (2): 14-17.

勾丽杰, 胡甜, 吴亮. 2013. 干湿循环对路基不同液限粘土强度影响研究[J]. 中外公路, 33(1): 64-67.

郝延周, 王铁行, 汪朝, 等. 2021. 干湿循环作用下压实黄土三轴剪切特性试验研究[J]. 水利学报, 52(3): 359-368.

何金龙. 2015. 库水作用下云南库岸红土干湿循环特性研究[D]. 昆明: 昆明理工大学.

贺登芳, 黄英, 唐芸黎, 等. 2021. 干湿循环作用下土体的三轴剪切特性研究现状[J]. 中国水运, 21(5): 144-145.

贺登芳. 2021. 干湿循环红土的 CD 剪切特性及邓肯-张模型参数研究[D]. 昆明: 昆明理工大学.

侯令强, 黄翔. 2017. 干湿循环条件下红黏土力学性质影响因素的显著性和交互作用研究[J]. 桂林理工大学学报, 37(3): 456-460.

胡大为. 2017. 基于干湿循环效应的红黏土力学特性与孔隙结构研究[D]. 湘潭: 湖南科技大学.

胡文华, 刘超群, 刘中启, 等. 2017. 水泥或石灰改良红黏土的力学强度特性试验研究[J]. 路基工程, (5): 11-14, 19.

胡长明, 袁一力, 王雪艳, 等. 2018. 干湿循环作用下压实黄土强度劣化模型试验研究[J]. 岩石力学与工程学报, 37(12): 2804-2818.

黄文彪, 林京松. 2017. 干湿循环效应对膨胀土胀缩及裂隙性的影响研究[J]. 公路交通科技(应用技术版), 13(11): 11-12.

简文彬, 胡海瑞, 罗阳华, 等. 2017. 干湿循环下花岗岩残积土强度衰减试验研究[J]. 工程地质学报, 25(3): 592-597.

姜彤, 李艳会, 张俊然, 等. 2015. 干湿循环对豫东路基粉土无侧限抗压强度的影响[J]. 华北水利水电大学学报(自然科学版), 36(2): 44-48.

李丽, 张坤, 张青龙, 等. 2016. 干湿和冻融循环作用下黄土强度劣化特性试验研究[J]. 冰川冻土, 38(4): 1142-1149.

李艳会. 2015. 干湿循环条件下路基粉土无侧限抗压强度及土水特征曲线的研究[D]. 郑州: 华北水利水电大学.

李焱, 汤红英, 邹晨阳. 2018. 多次干湿循环对红土裂隙性和力学特性影响[J]. 南昌大学学报(工科版), 40(3): 253-256, 261.

李子农. 2017. 不同温度下干湿循环对红黏土力学性质影响[D]. 桂林: 桂林理工大学.

李祖勇, 王磊. 2017. 干湿循环作用西安特殊黄土的力学特性[J]. 科学技术与工程, 17(32): 315-319.

梁谏杰, 张祖莲, 黄英, 等. 2019. 干湿循环作用下加砂对红土抗剪强度及微结构特性的影响[J]. 山地学报, 37(6): 848-857.

梁谏杰, 张祖莲, 邱观贵, 等. 2017. 干湿循环下云南加砂红土物理力学特性研究[J]. 水文地质工程地质, 44(5): 100-106.

梁仕华, 曾伟华. 2018. 干湿循环条件下水泥粉煤灰固化南沙淤泥土试验研究[J]. 工业建筑, 48(7): 83-86, 43.

刘宏泰, 张爱军, 段涛, 等. 2010. 干湿循环对重塑黄土强度和渗透性的影响[J]. 水利水运工程学报, (4): 38-42.

刘文化, 杨庆, 孙秀丽, 等. 2017. 干湿循环条件下干燥应力历史对粉质黏土饱和力学特性的影响[J]. 水利学报, 48(2): 203-208.

刘文化, 杨庆, 唐小微, 等. 2014. 干湿循环条件下不同初始干密度土体的力学特性[J]. 水利学报, 45(3): 261-268.

刘之葵, 李永豪. 2014. 不同pH条件下干湿循环作用对桂林红粘土力学性质的影响[J]. 自然灾害学报, 23(5): 107-112.

吕海波, 曾召田, 赵艳林, 等. 2009. 膨胀土强度干湿循环试验研究[J]. 岩土力学, 30(12): 3797-3802.

慕焕东, 邓亚虹, 李荣建. 2018. 干湿循环对地裂缝带黄土抗剪强度影响研究[J]. 工程地质学报, 26(5): 1131-1138.

慕现杰, 张小平. 2008. 干湿循环条件下膨胀土力学性能试验研究[J]. 岩土力学, 28(S): 580-582.

穆坤, 孔令伟, 张先伟, 等. 2016. 红黏土工程性状的干湿循环效应试验研究[J]. 岩土力学, 37(8): 2247-2253.

潘振兴, 杨更社, 叶万军, 等. 2020. 干湿循环作用下原状黄土力学性质及细观损伤研究[J]. 工程地质学报, 28(6): 1186-1192.

彭小平, 陈开圣. 2018. 干湿循环下红粘土力学特性衰减规律研究[J]. 工程勘察, 46(2): 1-7.

施水彬. 2007. 合肥非饱和膨胀土干湿循环强度特性试验研究[D]. 南京: 东南大学.

唐芸黎. 2021. 干湿循环作用下云南红土的无侧限抗压强度特性研究[D]. 昆明: 昆明理工大学.

涂义亮, 刘新荣, 钟祖良, 等. 2017. 干湿循环下粉质黏土强度及变形特性试验研究[J]. 岩土力学, 38(12): 3581-3589.

万勇, 薛强, 吴彦, 等. 2015. 干湿循环作用下压实黏土力学特性与微观机制研究[J]. 岩土力学, 36(10): 2815-2824.

汪东林, 栾茂田, 杨庆. 2007. 非饱和重塑黏土干湿循环特性试验研究[J]. 岩石力学与工程学报, 9(9): 1862-1867.

王晓亮. 2017. 干湿循环对黄土抗剪强度和结构性及边坡稳定性影响的研究[D]. 西安: 西安理工大学.

韦秉旭, 刘斌, 欧阳运清, 等. 2015. 干湿循环作用对膨胀土结构性的影响及其导致的强度变化[J]. 工业建筑, 45(8): 99-103.

卫杰, 张晓明, 张鹤, 等. 2016. 干湿循环对崩岗不同层次土体无侧限抗压强度的影响[J]. 水土保持学报, 30(5): 107-111, 118.

魏丽, 柴寿喜, 李敏, 等. 2017. 冻融与干湿循环对SH固土剂固化后土抗压性能的影响[J]. 工业建筑, 47(1): 107-112.

吴道祥, 郭静芳, 熊福才, 等. 2017. 侧限条件对干湿循环过程中膨胀土强度的影响[J]. 合肥工业大学学报(自然科学版), 40(11): 1552-1556.

吴旺华, 袁俊平. 2013. 干湿循环下膨胀土现场大型剪切试验研究[J]. 岩土工程学报, 35(S1): 103-107.

吴文. 2018. 干湿循环下花岗岩残积土特性试验研究[D]. 南昌: 南昌大学.

武泽华. 2018. 公路工程压实红粘土强度衰减规律及细微观结构研究[D]. 贵阳: 贵州大学.

肖杰, 杨和平, 林京松, 等. 2019. 模拟干湿循环及含低围压条件的膨胀土三轴试验[J]. 中国公路学报, (1): 21-28.

徐丹, 唐朝生, 冷挺, 等. 2018. 干湿循环对非饱和膨胀土抗剪强度影响的试验研究[J]. 地学前缘, 25(1): 286-296.

杨成斌, 查甫生, 崔可锐. 2012. 改良膨胀土的干湿循环特性试验研究[J]. 工业建筑, 42(1): 98-102.

杨和平, 唐咸远, 王兴正, 等. 2018. 有荷干湿循环条件下不同膨胀土抗剪强度基本特性[J]. 岩土力学, 39(7): 2311-2317.

杨和平, 王兴正, 肖杰. 2014. 干湿循环效应对南宁外环膨胀土抗剪强度的影响[J]. 岩土工程学报, 36(5): 949-954.

杨俊, 童磊, 张国栋, 等. 2014. 干湿循环对风化砂改良膨胀土无侧限抗压强度的影响[J]. 武汉大学学报(工学版), 47(4): 532-536.

袁志辉, 倪万魁, 唐春, 等.2017. 干湿循环下黄土强度衰减与结构强度试验研究[J]. 岩土力学, 38(7): 1894-1902, 1942.

袁志辉. 2015. 干湿循环下黄土的强度及微结构变化机理研究[D]. 西安: 长安大学.

曾广颜. 2020. 干湿循环作用下尼日利亚红黏土力学性能试验研究[J]. 铁道建筑技术, (5): 39-42.

曾召田, 刘发标, 吕海波, 等. 2015. 干湿交替环境下膨胀土变形试验研究[J]. 水利与建筑工程学报, 13(3): 72-76.

曾召田, 吕海波, 赵艳林, 等. 2012. 膨胀土干湿循环效应及其对边坡稳定性的影响[J]. 工程地质学报, 20(6): 934-939.

张芳枝, 陈晓平. 2010. 反复干湿循环对非饱和土的力学特性影响研究[J]. 岩土工程学报, 32(1): 41-46.

张浚枫, 黄英, 范本贤, 等.2017. 酸雨浸泡作用下云南红土的剪切特性[J]. 环境化学, 36(6): 1353-1361.

张浚枫. 2017. 酸雨作用下云南红土宏微观特性研究[D]. 昆明: 昆明理工大学.

张沛云. 2019. 干湿循环条件下重塑非饱和黄土强度演化机理及边坡稳定性研究[D]. 兰州: 兰州交通大学.

张祖莲, 梁谏杰, 黄英, 等. 2018. 干湿循环作用下红土抗剪强度与微结构关系研究[J]. 水文地质工程地质, 45(3): 78-85.

周丹, 黄英, 杨恒, 等. 2019. 干湿循环对云南饱和重塑红土固结不排水剪切特性的影响[J]. 工业建筑, 49(7): 89-96.

周丹. 2020. 干湿循环作用下云南红土的 CU 剪切特性研究[D]. 昆明: 昆明理工大学.

周昊. 2019. 干湿循环下红黏土力学特性及边坡稳定性研究[D]. 北京: 北京交通大学.

周雄, 胡海波. 2014. 干湿循环作用下高液限黏土抗剪强度试验研究[J]. 公路工程, 39(5): 352-355.

周志伟. 2017. 库水作用下云南红土型坝坡模型试验研究[D]. 昆明: 昆明理工大学.

朱建群, 冯浩, 龚琰, 等.2017. 基于干湿循环作用的红黏土强度特征分析[J]. 常州工学院学报, 30(3): 1-5.

Sayem H M. 2016. Effect of drying-wetting cycles on saturated shear strength of undisturbed residual soils[J]. American Journal of Civil Engineering, 4(4): 159-166.